Den første million cifre i pi

redigeret af

David E. McAdams

Yderligere oplysninger findes på http://www.piday.org.
Redaktørens websted er http://www.demcadams.com.

Denne bog er udelukkende beregnet til undervisnings- og underholdningsformål. Forlaget og forfatteren yder ikke matematisk rådgivning.

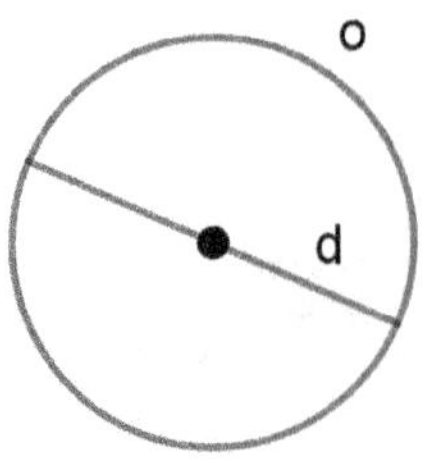

$$\Pi = \frac{o}{d}$$

$$\Pi = \frac{omkreds}{diameter}$$

Π ≈ 3.141592653589793238462643383279502884197169399375105820974944
592307816406286208998628034825342117067982148086513282306647093844
609550582231725359408128481117450284102701938521105559644622948954
930381964428810975665933446128475648233786783165271201909145648566
923460348610454326648213393607260249141273724587006606315588174881
520920962829254091715364367892590360011330530548820466521384146951
941511609433057270365759591953092186117381932611793105118548074462
379962749567351885752724891227938183011949129833673362440656643086
021394946395224737190702179860943702770539217176293176752384674818
467669405132000568127145263560827785771342757789609173637178721468
440901224953430146549585371050792279689258923542019956112129021960
864034418159813629774771309960518707211349999998372978049951059731
732816096318595024459455346908302642522308253344685035261931188171
010003137838752886587533208381420617177669147303598253490428755468
731159562863882353787593751957781857780532171226806613001927876611
195909216420198938095257201065485863278865936153381827968230301952
035301852968995773622599413891249721775283479131515574857242454150
695950829533116861727855889075098381754637464939319255060400927701
671139009848824012858361603563707660104710181942955596198946767837
449448255379774726847104047534646208046684259069491293313677028989
152104752162056966024058038150193511253382430035587640247496473263
914199272604269922796782354781636009341721641219924586315030286182
974555706749838505494588586926995690927210797509302955321165344987
202755960236480665499119881834797753566369807426542527862551818417
574672890977772793800081647060016145249192173217214772350141441973
568548161361157352552133475741849468438523323907394143334547762416
862518983569485562099219222184272550254256887671790494601653466804
988627232791786085784383827967976681454100953883786360950680064225
125205117392984896084128488626945604241965285022210661186306744278
622039194945047123713786960956364371917287467764657573962413890865
832645995813390478027590099465764078951269468398352595709825822620
522489407726719478268482601476990902640136394437455305068203496252
451749399651431429809190659250937221696461515709858387410597885959
772975498930161753928468138268683868942774155991855925245953959431
049972524680845987273644695848653836736222626099124608051243884390
451244136549762780797715691435997700129616089441694868555848406353
422072225828488648158456028506016842739452267467678895252138522549
954666727823986456596116354886230577456498035593634568174324112515
076069479451096596094025228879710893145669136867228748940560101503
308617928680920874760917824938589009714909675985261365549781893129
784821682998948722658804857564014270477555132379641451523746234364
542858444795265867821051141354735739523113427166102135969536231442
952484937187110145765403590279934403742007310578539062198387447808

REVUE SÉNÉGALAISE DE DROIT n° 38

REVUE SÉNÉGALAISE DE DROIT n° 38

Directeur de publication

Pr Isaac Yankhoba NDIAYE

REVUE SÉNÉGALAISE DE DROIT n° 38

L'Harmattan Sénégal

10 VDN, Sicap Amitié 3, Lotissement Cité Police, DAKAR

Direction@senharmattan.com
librairie@senlibrairie.com

ISBN : 978-2-336-46178-6
EAN : 9782336461786

Membres institutionnels

Ordre des avocats
Chambre des notaires
Ordre national des experts du Sénégal (ONES)
Ordre des huissiers
Ordre National des experts comptables et comptables agréés du Sénégal (ONECCAS)
Ordre des Commissaires-priseurs
Cour Suprême
Cour des Comptes
Médiature de la République
Comité Sénégalais des Droits de l'Homme

Bureau de l'ASERJ

- **Président** : Pr. Isaac Yankhoba NDIAYE
- **Vice-Président** : Me Mahmoudou Aly TOURE, Notaire
- **Secrétaire Général** : Me Corneille BADJI, Avocat
- **Secrétaire Général Adjoint** : M. Isma Daddis SAGNA, Expert maritime
- **Trésorier Général** : Pdt. Ibou SARR, Magistrat
- **Trésorier Adjoint** : Pr. Cheikh Abdou Wakhab NDIAYE

ASSOCIATION SENEGALAISE D'ETUDES
ET DE RECHERCHES JURIDIQUES

Sommaire

Doctrine

La crise de la démocratie

ADOUA-MBONGO Aubrey Sidney

Maître de Conférences en droit public à l'Université Marien

NGOUABI

Agrégé des Facultés de droit

Paul Valéry, s'interrogeant en 1932 sur le discrédit qui affectait toutes les traces écrites d'obligations[1], constatait que la société traverse une crise générale des valeurs[2]. Cette crise s'étend à tout : les sciences, le Code civil, la mécanique de Newton, les traditions diplomatiques[3], tout en est affecté. En somme, crise de confiance, crise des conceptions fondamentales, c'est bien une crise de tous les rapports humains, c'est-à-dire une crise des valeurs[4] données ou reçues par les esprits[5].

Le concept de crise[6] est devenu une notion d'application très générale, apparemment explicative, mais dont la généralité qui confine parfois à la banalité mérite que l'on s'y arrête[7]. Dans la langue religieuse de la Grèce antique, le terme *Krisis* signifiait l'interprétation (du vol des oiseaux, des songes), le choix (des victimes sacrificielles)[8].

---

[1] B. ANDRÉ, « Crises des valeurs, crises des mesures », *Communications*, n° 25, 1976, p. 39.

[2] P.-A FALL, « Crise des valeurs et éducation », *Akofena*, n° 005, vol. 3, 2022, pp. 316-318.

[3] G. GUILLAUME, *Les grandes crises internationales et le droit*, Paris, Seuil, 1994, pp. 19-22.

[4] G. MARCEL, « Crise des valeurs », *Actes du Premier Congrès National de Philosophie (Mendoza 1949),* Université Nationale de Cuyo, Buenos Aires 1950, volume II, pp. 1318-1321

[5] P. VALÉRY, *La politique de l'Esprit*, Paris, *Œuvre I, Pléiade,* Gallimard, 1932, pp. 1014-1040.

[6] P. ESCANDE-GAUQUIÉ, « La crise : les mots pour la dire », *Communication et langages*, 2009/4, n° 162, pp. 67-74.

[7] N. ORDIONI, « Le concept de crise : un paradigme explicatif obsolète ? Une approche sexospécifique », *Mondes en développement*, vol. 154, n° 2, 2011, pp. 137-150.

[8] B. ANDRÉ, E. MORIN, « Introduction », in *La notion de crise, Communications*, n° 25, 1976, p. 1.

Dans le vocabulaire de la médecine, la crise est le moment d'une maladie caractérisée par un changement subit où la pathologie cachée se révèle et où se décide l'issue en bien ou en mal de la maladie[9]. Au XVIIe siècle et surtout à partir du XVIIIe, la notion médicale de « crise » fut importée dans les analyses de la société. Ce transfert traduit par l'évocation de tout un capital d'observations positives sur les maladies de l'organisme, eut pour effet un surcroît d'imprécision dans l'emploi du terme « crise » afin que celui-ci fût susceptible de convenir analogiquement à l'appréhension d'une pathologie des organismes sociaux[10]. La crise peut être appréhendée de façon minimaliste ou de façon maximaliste.

De façon minimaliste, la crise peut intervenir dans le champ interne d'un savoir ou d'une discipline, et remet en cause un idéal, un paradigme scientifique[11]. De façon maximaliste, elle désigne une menace sérieuse qui va affecter les structures de base, les valeurs et normes fondamentales d'un système social[12]. A partir de la fin du XIXe siècle, la notion a été utilisée dans des analyses ambitieuses[13] qui renvoient à une faillite structurelle de la société[14].

La crise peut être qualifiée de structurelle lorsqu'elle concerne un système, une société donnée[15]. La crise structurelle n'est pas un écart à la norme, à une situation de référence, à des objectifs fixés, à une norme de comportement. Elle est de manière fondamentale une remise en cause de l'univers de référence. Les valeurs qui structuraient, contraignaient et orientaient tout à la fois le fonctionnement efficace de l'organisation, semblent ne plus pouvoir fournir l'univers de référence indispensable à l'orientation des comportements au sein de

---

[9] P. RICOEUR, « La crise : un phénomène spécifiquement moderne ? », *Revue de théologie et de philosophie*, n° 120, 1988, p. 5.
[10] B. ANDRÉ, E. MORIN, « Introduction », in *La notion de crise, op. cit.*, p. 3.
[11] A. MARIE-PIERRE, *La crise du droit administratif : entre discontinuité et continuité*, in H. Simonian-Gineste (dir.), *La (dis)continuité en Droit*, Toulouse, Presses de l'Université Toulouse Capitole, 2014, pp. 127-137.
[12] E. PLOTTU, « Les crises et leur gestion- Typologies et temporalités du processus de résolution », *Sciences de la Société,* n° 44, 1998, p. 146.
[13] B. ANDRÉ, E. MORIN, « Introduction », *op. cit.*, p. 1.
[14] R. GUÉNON, *La crise du monde moderne,* Paris, Editions Dervy, 2022, pp. 6-7.
[15] H. BRUHNS « Crise de la République romaine ? Quelle crise ? In *Fondements et crises du pouvoir,* Ausonius Éditions, 2003, pp. 365-378.

l'organisation[16]. La crise est une notion qui n'est pas autonome[17], elle n'existe que par la médiation de ce sur quoi elle porte. La gravité de la crise se mesure donc à l'aune de ses conséquences sur un élément fondamental de la vie en société[18] : la démocratie en tant que mode de gouvernement de l'État.

Faire le constat de la crise de la démocratie n'est pas nouveau[19], à chaque période tumultueuse de l'histoire de l'humanité, ce thème revient de manière récurrente[20]. Cependant il existe une différence certaine entre la crise de la démocratie telle qu'elle était évoquée dans le passé et celle à laquelle l'on assiste aujourd'hui. Pour la première fois, dans l'histoire de l'humanité, cette crise de la démocratie s'accompagne d'une amorce de déclin de l'Occident[21] et de son droit[22].

A rebours du constat triomphant, exprimé par une certaine doctrine, de la « fin de l'histoire »[23] et de la victoire définitive de l'idéologie occidentale, il semblerait que l'humanité n'a pas atteint la séquence ultime de son destin[24]. Bien au contraire la démocratie traverse une crise sans précédent[25] et cette crise est d'abord notionnelle avant d'être existentielle.

---

[16] E. PLOTTU, « Les crises et leur gestion- Typologies et temporalités du processus de résolution », *op. cit.*, p. 146.
[17] A. DE PILLOT DE COLIGNY, « De l'autonomie conceptuelle de la crise dans la dichotomie guerre-paix », *Revue Défense Nationale*, vol. 798, no. 3, 2017, pp. 112-116.
[18] M. REVAULT D'ALLONNES, *La crise sans fin. Essai sur l'expérience moderne du temps*, Paris, Seuil, 2008, 212 p.
[19] M. REVAULT D'ALLONNES, *Pourquoi nous n'aimons pas la démocratie,* Paris, Seuil, 2010, 160 p.
[20] R.-E. LACOMBE, *La crise de la démocratie*, Paris, Presses universitaires de France, 1948, 155 p.
[21] E. TODD, *La défaite de l'Occident*, Paris, Gallimard, 2024, 384 p.
[22]« Tout l'Occident n'a plus ces instincts d'où naissent les institutions, d'où nait l'avenir : rien n'est peut-être en opposition plus absolue à son « esprit moderne » ; v. NIETZSCHE, *Le crépuscule des idoles ou Comment philosopher à coups de marteau*, Paris, Éditions Folio Essai, 1988, p. 72.
[23] F. FUKUYAMA, *La fin de l'histoire et le dernier homme,* Paris, Flammarion, 1992, 456 p.
[24] J.-N. JEANNENEY, « La « fin de l'histoire » faribole ou forfanterie ? », *Vingtième Siècle. Revue d'histoire*, volume n° 69, no. 1, 2001, p.95.
[25] G. MARCEL, « Crise dans la démocratie », *La revue lacanienne*, vol. 2, n° 2, 2008, pp. 59-72.

La crise de la démocratie est d'abord notionnelle dans la mesure où il existe une grande ambiguïté au sujet de son classement dans l'une des deux grandes catégories que sont la notion et le concept[26]. A la différence du concept, la notion permet « l'objectivisation » de la réalité, sa matérialisation, en procédant à une classification ordonnée des éléments d'identification d'une réalité précise[27]. Le concept ne permet pas d'établir une « distance objective » entre la chose étudiée et la perception que l'on peut en avoir. La démocratie semble donc plus proche de la notion que du concept, à moins qu'elle soit plutôt comme le souligne une frange de la doctrine, une « idée-force »[28].

La clarté d'une définition ne relève pas de l'arbitraire[29]. Chaque fois qu'il s'agit de définir une notion, qui ne constitue pas un signe nouveau, mais qui préexiste dans le langage, avec tout son sens émotif[30], tout le prestige qui s'y attache, on ne pose pas un acte arbitraire[31], logiquement indifférent[32]. Toute définition d'une notion fortement colorée au point de vue affectif transporte cette coloration affective sur le sens conceptuel qu'on décide de lui attribuer[33]. En considérant toute définition comme l'affirmation d'un jugement analytique, pouvant être posé de façon arbitraire, on néglige ce transfert de l'émotion du terme que l'on définit sur le sens conceptuel qui lui sert de définition. Chaque fois qu'un tel transfert s'opère, la définition n'est ni analytique ni arbitraire car, par son intermédiaire, on affirme un jugement synthétique, l'existence d'un lien unissant un concept à une émotion. Il en résulte qu'une définition n'est analytique, donc arbitraire, que dans

---

26 B. BORIS, « La science et la doctrine juridiques à l'épreuve de la polysémie des concepts », *Revue interdisciplinaire d'études juridiques*, vol. 76, n° 1, 2016, pp. 5-47.

27 G. QUINTANE, « Les notions juridiques et les outils langagiers de la science du droit », in Guillaume Tusseau (dir.), *Les notions juridiques*, Paris, Economica, 2009, p. 12.

28 D. ROUSSEAU, *Radicaliser la démocratie-Propositions pour une refondation*, Paris, Éditions du Seuil, 2017, p. 12.

29 W. JERZY, « Les langages juridiques : une typologie », in : *Droit et société*, n° 8, 1988. pp. 13-27.

30 H. PICHARD, *Langage, engagement et émotions : les ressources de la génération linguistique et de l'intégration émotionnelle dans le discours scientifique*, Brest, 2012, Thèse mult., 2012, pp. 78-84.

31 R. CHRISTOPHE, « Le signe, « domaine fermé ». Saussure et le Cours de linguistique générale, cent ans après », *Poétique*, vol. 144, no. 4, 2005, pp. 391-393.

32 M. KAMTO, « La volonté de l'État », *Recueil des cours de l'Académie de droit international*, Leiden/Boston *Martinus Nijhoff Publishers*, Tome 310, 2004, p. 24

33 G. CORNU, *Linguistique juridique*, Paris, Montchrestien, 3e édition, 2005, p. 12.

la mesure où aucun sens émotif n'est attaché au terme défini[34]. La démocratie, en l'état actuel, ne fait pas l'objet d'une définition analytique mais renvoie à une multitude « d'idées » comme la liberté, l'égalité, la souveraineté. Cette polysémie a pour conséquence que chacun se fait une idée de ce que devrait être « la démocratie », contribuant ainsi à confirmer l'affirmation de Platon selon laquelle la perversion de la cité commence par la fraude des mots.

La démocratie est à la fois une notion et une idée. Au sens de la notion, la démocratie est un mode d'organisation d'une société politique dans laquelle les citoyens prennent de manière directe ou indirecte, les décisions que requiert la gestion des affaires publiques et adoptent, en conséquence, leur propre loi. Au sens de l'idée, la démocratie c'est un état d'esprit et un mode de vie sociale. Elle repose sur le dialogue[35] : celui qui doit s'instaurer entre les gouvernants et les gouvernés ; celui qui cherche à concilier des préoccupations qui ne sont pas toujours identiques ; celui qui contribue à instaurer le partage des savoirs, des préoccupations et des moyens[36]. Penser la démocratie en termes exclusivement politiques, ou mieux constitutionnels, ne suffit plus[37]. Définir la démocratie en la reliant à une idéologie précise, l'idéologie occidentale, entraîne un rejet de cette dernière par les autres civilisations[38]. Ce rejet est à l'origine de la crise existentielle de la démocratie.

La crise de la démocratie est existentielle dans la mesure où au-delà de la simple contestation d'un système de gouvernement l'on assiste à une véritable contestation[39] du droit produit par la société démocratique[40].

---

[34] C. PERELMAN, *Éthique et droit*, Bruxelles, Éditions de l'Université de Bruxelles, 2e édition, 2012, pp. 24-25.

[35] J. HABERMAS, *Espace public et démocratie délibérative : un tournant*, Paris, Gallimard, 2023, pp. 50-56.

[36] F. DELPÉRÉE, *Dictionnaire constitutionnel*, Bruxelles, Larcier, 2023, pp. 160-161.

[37] L. GUELLEC, *Tocqueville, l'apprentissage de la liberté*, Éditions Michalon, 1996, p. 14.

[38] I. SEMINATORE, « De la crise des fondements aux chocs de civilisations. Le temps des hypothèses et les débats dans la théorie », *Études internationales*, 26(3), 1995, pp. 543–562.

[39] V. BARBÉ, B.-L. COMBRADE, C.-E. SÉNAC, *La démocratie illibérale en droit constitutionnel,* Bruxelles, Larcier, 2023, 496 p.

[40] P. ROSANVALLON, *La contre-démocratie, la politique à l'âge de la défiance*, Paris, Éditions du Seuil, 2006, pp. 7-18.

Ce désenchantement du droit est lié à la conviction, par les individus, que le droit ne peut pas changer positivement leurs vies car il n'a aucune prise sur la réalité[41]. Cette conviction est renforcée par l'attitude d'une certaine doctrine qui prône la théorie du sous-réalisme du droit[42]. Le sous-réalisme consiste à réduire les règles à leur dispositif, au seul contenu de pensée dont elles sont faites. Cela revient à les néantiser, à annihiler leur « chosité » même, à gommer leur relief particulier, les traits distinctifs essentiels par quoi elles se donnent comme des choses d'un certain type, et à les traiter comme du pur logos, comme de simples séquences de pensée discursive, comme du tissu ou flux de pensée sécrété par notre activité mentale[43].

La crise de la démocratie s'accompagne d'une déshumanisation du droit[44] fondée sur le culte de la raison et la dévalorisation de l'émotion[45]. Cette déshumanisation du droit a pour conséquence une radicalisation du peuple[46].

Le peuple qui est au cœur même de la notion de démocratie est devenu le fer de lance de la contestation de la démocratie[47]. Cette réflexion sur la crise de la démocratie n'a d'intérêt que dans la mesure où elle va permettre de repenser[48] les fondements des identités constitutives de la démocratie[49] que sont l'individu[50] et la liberté[51].

---

41 B. OPPÉTIT, « L'hypothèse du déclin du droit », *Droits*, 1986, p. 9.

42 G. DAVY, « L'idéalisme et les conceptions réalistes du Droit », *Revue Philosophique de la France et de l'Étranger*, 1920, pp. 234-240.

43 P. AMSELEK, *Écrits de philosophie du droit*, Paris, Éditions Panthéon-Assas, 2019, p. 140.

44 Le professeur Denys de Béchillon n'hésite pas à affirmer que le droit est « froid » ; D. DE BÉCHILLON, *Qu'est-ce qu'une règle de droit ?,* Paris, Éditions Odile Jacob, 1997, p. 9.

45 M. COUDRAIS, *Réhumaniser le droit*, Paris, LGDJ, 2023, pp. 19-22.

46 D. ROUSSEAU, *Radicaliser la démocratie*, Paris, Éditions du Seuil, 2015, 240 p.

47 L. MATHIEU, *Démocratie protestataire,* Paris, Presses de Sciences Po, 2011, 174 p.

48 P. TROUDE-CHASTENET, *Penser et panser la démocratie,* Paris, Classiques Garnier, 2017, 354p.

49 E. DOCKÈS, *Valeurs de la démocratie*, Paris, Dalloz, 2004, 183 p.

50 P. LE GUÉRINEL, *Individualisme et crise des institutions*, Paris, PUF, 2000, pp. 22-24.

51 M. FABRE MAGNAN, *L'institution de la liberté*, Paris, PUF, 2e édition, 2023, pp. 77-132.

Comme toute société, la société démocratique repose sur une certaine conception de l'homme qui donne sens à la vie humaine[52]. D'un point de vue juridique, l'homme est considéré comme un sujet, doué de raison et titulaire de droits inaliénables et sacrés. Mais, d'un point de vue scientifique, il est considéré comme un objet de connaissance, dont la biologie, l'économie, les sciences sociales, permettent de découvrir et d'expliquer les lois de comportement. Ces deux versants, subjectif et objectif, de l'être humain sont les deux faces d'une même médaille. Il faut d'abord penser l'esprit pour considérer le corps comme une chose[53]. La crise de la démocratie est d'abord une triple crise de l'individu[54]. C'est une crise de l'individu en tant qu'individualité, c'est-à-dire qu'en tant qu'homme à la fois unique et semblable aux autres. C'est une crise de l'individu dans sa subjectivité, c'est-à-dire dans sa qualité de sujet à la fois souverain mais également assujetti aux lois. C'est une crise de l'individu en tant que personnalité, c'est-à-dire dans sa relation avec la transcendance.

Cette triple crise de l'individu entraine une profonde remise en cause de la démocratie en raison du fait que ce dernier est l'unité de mesure de ce système. Peut-on encore affirmer que la démocratie constitue l'horizon indépassable de notre humanité commune ?

La crise dans son déroulement peut avoir des vertus positives. Dans « Le crépuscule des idoles »[55], Nietzsche assigne au sage le rôle disruptif de casser l'une après l'autre, pour entreprendre leur déconstruction, ce qu'il appelle « les idoles »[56], c'est-à-dire les valeurs et croyances qui structurent une civilisation ou une époque[57]. La crise de la démocratie constitue une occasion pour tenter de déconstruire une « idée-force »[58] qui ne semble plus en adéquation avec la société

[52] N. LENOIR, *La démocratie et son histoire*, Paris, PUF, 2006, pp. 64-72.

[53] A. SUPIOT, *Homo juridicus-Essai sur la fonction anthropologique du Droit*, Paris, Éditions du Seuil, 2005, pp. 45-49.

[54] R. LAFORE, « Montée des individualismes : nos institutions sont-elles menacées ? », *Union Sociale*, Août-Septembre 2019, n°329, pp. 26-28.

[55] F. NIETZSCHE, *Le crépuscule des idoles ou Comment philosopher à coups de marteau*, *op. cit.*

[56] S. STÉPHANE, *Villey et les idoles. Petite introduction à la philosophie du droit de Michel Villey,* Paris, PUF, 2000, pp. 17-28.

[57] A. VIALA, « Une lecture nietzschéenne de la démocratie continue », *Constitution, justice, démocratie*, Paris, LGDJ, 2020, p. 579.

[58] D. ROUSSEAU, S. LAUGIER, *La démocratie-Une idée force*, Paris, Mare & Martin, 2023, 232 p.

humaine[59]. Persister dans une conception « libérale » de la démocratie[60], c'est courir le risque d'une « essentialisation » de cette dernière[61]. L'essentialisation, c'est-à-dire le repli sur un seul sens de la démocratie considéré comme premier, originel et exclusif, conduirait à accentuer le déclin de la démocratie[62].

La présente contribution se situe au carrefour de plusieurs disciplines, principalement le droit[63], la philosophie et la sociologie juridique[64]. L'approche juridique se justifie par le fait que la démocratie est une notion principalement (mais non exclusivement) saisie par le droit en général et le droit constitutionnel en particulier. L'approche philosophique est liée au fait que la démocratie possède une forte dimension philosophique[65] est également passionnelle qu'il est impossible d'occulter[66]. Le dépassement de la crise de la démocratique nécessite de sortir des schémas de pensées traditionnelles, d'étudier une dimension plus constructive de la crise[67], afin de « penser global »[68] ainsi que le recommande la sociologie juridique[69]. Cette triple approche sera conduite en s'appuyant sur la norme, la doctrine et la jurisprudence[70]. La démocratie étant un système très largement répandu, une approche comparative[71] paraît indispensable.

---

[59] F. WORMS, *Les maladies de la Démocratie,* Desclée De Brouwer, 2017, 254 p.
[60] S. GOYARD-FABRE, *Qu'est-ce que la démocratie ? La généalogie philosophique d'une grande aventure humaine*, Paris, Armand Collin, 1998, 234 p.
[61] B. DAUGERON, *Droit constitutionnel*, Paris, PUF, 2023, pp. 445-446.
[62] J-M. DONEGANI, SADOUN, *Critiques de la démocratie*, Paris, PUF, 2012, pp. 10-12.
[63] A. VIALA, *La démocratie : mais qu'en disent les juristes ? Forces et faiblesses de la rationalité juridique*, Paris, LGDJ, 2014, 282 p.
[64] Y.-Ch. ZARKA, *Repenser la démocratie*, Paris, Armand Collin, 2010, 616 p.
[65] F. GUÉNARD, *La démocratie universelle : philosophie d'un modèle politique*, Paris, Éditions du Seuil, 2016, 360 p.
[66] J.-P. LE GOFF, *Malaise dans la démocratie*, Paris, Stock, 2016, pp. 24-28.
[67] A. SALL, *Singularités juridiques africaines : Ce que l'Afrique apporte au droit*, Dakar, L'Harmattan, 2023, p. 259.
[68] E. MORIN, *Penser global*, Flammarion, 2015, 134 p.
[69] B. BARRAUD, *La sociologie du droit. La recherche juridique*, Paris, L'Harmattan, 2016, pp. 13-15.
[70] R. ENCINAS DE MUNAGORRI, « Qu'est-ce que la technique juridique ? : Observations sur l'apport des juristes au lien social. », *Recueil Dalloz*, 2004, pp. 711-715.
[71] X. MAGNON, *Contrôle de constitutionnalité et droit communautaire devant les juges constitutionnels français et italien*, Thèse de doctorat- Université Aix Marseille, 2002, p. 36.

La crise de la démocratie se manifeste par une remise en cause des concepts fondateurs de cette dernière (I). Le dépassement de la crise ne peut intervenir que par une prise en compte des valeurs (II).

I – La crise des concepts fondateurs de la démocratie

À la fois idéal normatif et régime politique empirique, système de valeurs et méthode de gouvernement, la démocratie traverse actuellement une crise qui ne saurait se réduire à la nature d'un modèle par essence inachevé parce que promis à un perpétuel dépassement[72]. Cette crise prend sa source dans les fondements même de la démocratie en fragilisant la norme[73] (A) et en remettant en cause la représentation[74] (B).

A – La crise de la normativité

Une formule célèbre de Portalis définit la vocation des normes juridiques, et plus généralement de toutes les règles de conduite ou normes éthiques : « la loi ordonne, permet ou interdit ». *Ordonner*, *permettre*, *interdire*, constituent les fonctions de la norme ou fonctions normatives[75]. L'idée même de « fonction normative » renvoie à la nature la plus essentielle des normes : la puissance[76].

La puissance de la norme c'est d'abord, la puissance du symbole qu'est la norme. Elle la tire de son origine latine, *norma*, une équerre, un outil de construction utilisé par les maçons et les charpentiers romains. Elle la tire aussi de son origine grecque. Norme vient en effet de *gnomona*, accusatif de *gnômôn* qui désigne l'aiguille du cadran solaire ou le cadran lui-même, voire un instrument astronomique formé d'une tige verticale et qui projette l'ombre du soleil et permet de déterminer la hauteur du soleil à l'horizon. Un obélisque, par exemple, est un *gnômôn*. Cette puissance-là est une puissance étymologique

---

[72] P. TROUDE-CHASTENET, *Penser et panser la démocratie, op. cit.*, p. 24.
[73] P. VIDAL-NAQUET, *Faire avec la fragilité du droit*, Rhizome, 2014, pp.16-19.
[74] D. BOUGOUX, *La crise de la représentation*, Paris, La Découverte, 2019, pp. 24-28.
[75] P. AMSELEK, « Les fonctions normatives ou catégories modales », *L'architecture du droit- Mélanges en l'honneur de Michel Troper*, Paris, Economica, 2006, p. 51.
[76] J. LE GOFF, S. ONNÉE, *Puissances de la norme. Défis juridiques et managériaux des systèmes normatifs contemporains,* Paris, EMS Éditions, 2017, 216 p.

d'évocation, celle d'un modèle de rectitude, d'alignement, de droiture, mais aussi de verticalité[77].

La puissance de la norme c'est ensuite, la puissance de ses fonctions, qui sont aussi bien celles de la *norma* concrète, l'équerre, que de la norme au sens abstrait. Deux fonctions, d'une part celle de permettre le tracé de lignes droites, d'angles droits, ou de lignes de conduite quand il s'agit d'une norme abstraite. Et d'autre part, la fonction de permettre la mesure, pour vérifier qu'une ligne est bien droite, qu'un angle est droit, pour vérifier la conformité. Cette puissance-là est une puissance opératoire, fonctionnelle, c'est une puissance d'orientation et de mesure qui est inhérente à la norme.

La puissance de la norme, c'est enfin la puissance de ses effets. Autrement dit, la puissance d'un instrument de notre rapport au monde. Les normes ont en effet en commun d'être porteuses d'une puissance de normalisation et de contrôle[78].

La norme a pendant longtemps été un modèle[79] avant de connaître une banalisation qui va se manifester sur le plan du droit par une concurrence des normativités (1) et, sur le plan politique, par un contournement de la séparation des pouvoirs (2).

1 – La concurrence des normativités

L'expression « démocratie » dénote une multitude de concepts[80]. Elle sera entendue ici comme la forme juridique de l'autonomie collective, c'est-à-dire le principe de la production des normes juridiques par leurs destinataires[81]. La spécificité de la démocratie réside dans le fait que, par l'entremise d'une fiction juridique, la production des normes est l'œuvre du peuple souverain par

---

[77] M. Revault d'Allonnes, *Le pouvoir des commencements-Essai sur l'autorité*, Paris, Éditions du Seuil, 2006, pp. 97-129.

[78] C. THIBIERGE, « Postface », J. LE GOFF, S. ONNÉE, *Puissances de la norme. Défis juridiques et managériaux des systèmes normatifs contemporains, op. cit.*, pp. 2-3.

[79] A. JEAMMAUD, « La règle de droit comme modèle », *RIEJ,* 1990, pp. 125-164.

[80] R. FREGA, L'élargissement du concept de démocratie », in *Le projet démocratique : Une approche pragmatiste*, Paris, Éditions de la Sorbonne, 2020, pp. 37-67.

[81] P. OTTO, « Normes juridiques et relativisme politique en démocratie », *Cités*, vol. 47-48, n° 3-4, 2011, p. 275

l'intermédiaire de ses représentants[82]. Cette norme est le fait du pouvoir constituant lorsqu'elle est constitutionnelle et du pouvoir législatif lorsqu'elle est législative. Pendant longtemps, dans une démocratie, la norme élaborée par les organes habilités se définissait comme : « une règle de conduite dans les rapports sociaux, générale, abstraite et obligatoire, dont la sanction est assurée par la puissance publique »[83]. La norme s'incarnait de manière parfaite dans la Constitution et dans la loi[84].

Le droit a pu apparaître dans le passé comme une instance normative dotée d'une certaine précellence sur les autres rationalités. Il était perçu comme l'architectonique du monde social, sa structure fondamentale. Il apparaissait comme la condition d'existence des autres rationalités, une rationalité élevée sinon supérieure car fixant le cadre général de compossibilité sociale des autres rationalités. Le droit, lorsqu'il s'appuyait sur l'idée d'une normativité omniprésente dans la société, prenait le parti de créer une méta-normativité[85], déterminant le cadre d'existence de tout discours. Aucune rationalité ne devait pouvoir entrer en concurrence avec la rationalité juridique, car cette dernière exprimait l'essence du lien social. En définitive, le droit était perçu comme le garant ultime de l'ordre social. De plus en plus, la normativité juridique cède face à des normativités hétérogènes qui, dans la société sont plus puissantes qu'elle[86].

Cette concurrence des normativités se manifeste dans un premier temps par la volonté des gouvernants de concurrencer le peuple souverain en sa qualité de producteur de la norme. Cette volonté se traduit par une instrumentalisation de la norme constitutionnelle[87] et une dégradation de la qualité de la loi[88].

La crise de la constitution rejaillit non seulement sur la démocratie, mais également sur le droit public. C'est ainsi que le professeur Georges

---

[82] B. DAUGERON, *Droit constitutionnel*, *op. cit.*, pp.135-159.

[83] S. GUINCHARD, T. DEBARD, *Lexique des termes juridiques*, Paris, Dalloz, 2014, p. 799.

[84] M. MICHEL, « La loi et la Constitution », in *Annuaire international de justice constitutionnelle*, 2004, pp. 504-524

[85] R. GUASTINI, « Lex superior », *Revus*, 21 | 2013, pp. 47–55.

[86] P. BRUNET, *La normativité en droit*, Paris, Mare&Martin, 2011, p. 495.

[87] F.-J. AÏVO, « La crise de normativité de la Constitution en Afrique », *Revue du droit public*, 2012, pp.141-180.

[88] F. TERRÉ, « La « crise de la loi » », *Archives de Philosophie du droit*, Tome 25, 1980, pp. 17-28.

Burdeau affirme : « Dès l'instant où mes maîtres m'initièrent à leur science, c'est dans un univers pathologique qu'ils me firent pénétrer. Il n'y était question que de crises, d'altérations et de déclins. Le domaine du droit public paraissait le plus atteint. Le mal (...) rongeait les nobles concepts du droit constitutionnel (...) Parmi toutes les notions dont nous observons la détérioration ou la décrépitude, il en est une pourtant dont nous pouvons moins allègrement accepter la déchéance. C'est la notion de Constitution »[89].

Le thème de la crise de la Constitution n'est pas nouveau, certains auteurs affirment que cette dernière est malmenée[90] ou maltraitée[91]. Elle est malmenée par les gouvernants, elle est maltraitée par le juge constitutionnel.

Elle est malmenée par les gouvernants qui instrumentalise cette dernière afin de la détourner de son objectif premier, faisant ainsi prévaloir la constitution formelle sur la constitution matérielle, le sens apparent sur la signification réelle[92]. Cette instrumentalisation se manifeste, particulièrement, par une généralisation des révisions « déconsolidantes » de la Constitution[93]. Une révision est qualifiée de « déconsolidante » lorsqu'elle a pour finalité de vider le régime politique de sa substance démocratique[94]. Il s'agit de réformes controversées car la majorité qui, lorsqu'elle les initie, ne recherche pas le consensus avec le reste de la classe politique. Elle procède de façon unilatérale et ne tient pas compte des vives contestations de l'opposition et d'une frange importante de l'opinion publique. Les révisions

---

[89] G. BURDEAU, « Une survivance : la notion de Constitution », in *L'évolution du droit public, Études en l'honneur d'Achille Mestre,* Sirey, 1956, pp. 53-54.

[90] F. HOURQUEBIE, « Le sens d'une constitution vu de l'Afrique », *Titre VII*, n° 1, *Le sens d'une constitution*, septembre, 2018, https://www.conseil-constitutionnel.fr/publications/titre-vii/le-sens-d-une-constitution-vu-de-l-afrique, consulté le 19/01/2024 à 17h48.

[91] L. FONTAINE, *La Constitution maltraitée. Anatomie du Conseil constitutionnel*, Paris, Amsterdam éditions, 2023, 280 p.

[92] F. HOURQUEBIE, « Le sens d'une constitution vu de l'Afrique », préc.

[93] I.-M. FALL, *Les révisions constitutionnelles au Sénégal : Révisions consolidantes et révisions déconsolidantes de la démocratie sénégalaise*, Dakar, CREDILA, 2011, 218 p.

[94] J. DU BOIS DE GAUDUSSON, « Constitution sans culture constitutionnelle n'est que ruine du constitutionnalisme. Poursuite d'un dialogue sur 15 années de « transition » en Afrique et en Europe », in *Mélanges en l'honneur de Slobodan Milacic-Démocratie et liberté : tension, dialogue, confrontation,* Bruxelles, Bruylant, 2007, p. 333.

constitutionnelles déconsolidantes révèle, dans leur *modus operandi* et leur contenu, au moins deux types de logiques : une logique de conservation du pouvoir et une logique de règlement de comptes[95]. L'un des exemples les plus récents en matière de révision déconsolidante concerne la République Centrafricaine. Le vendredi 23 septembre 2022, la cour constitutionnelle a annulé des décrets créant un comité chargé de rédiger une nouvelle Constitution sur une saisine de l'opposition. Les décrets sont *« inconstitutionnels et invalidés » car selon la Cour, la révision de la Constitution ne peut être opérée qu'après la mise en place du Sénat, qui n'est pas institué comme le précise la décision.* La Cour constitutionnelle signale également que l'initiative d'un référendum de révision constitutionnelle appartient au président mais qu'il ne peut se faire en violation du serment prêté par M. Touadéra lors de son investiture. Ce dernier avait déclaré : *« Je jure devant Dieu et devant la nation d'observer scrupuleusement la Constitution* [et] *de ne jamais exercer les pouvoirs qui me sont dévolus par la Constitution à des fins personnelles ni de réviser le nombre et la durée de mon mandat »*[96]. En réaction à cette décision de la Cour, le Président de la République a limogé la présidente de la Cour constitutionnelle et le référendum s'est tenu le 30 juillet 2023. Le projet de révision a été adopté par le peuple, ouvrant ainsi la voie à un troisième mandat (en 2025) pour le Président de la République.

La Constitution est maltraitée par le juge constitutionnel, lorsque ce dernier s'arroge non seulement un pouvoir normatif qu'il n'est pas censé avoir[97] mais aussi lorsqu'il participe à l'appauvrissement de la qualité des décisions rendues en faisant preuve d'une vacuité argumentative[98].

---

[95] I.-M. FALL, « La révision de la Constitution au Sénégal », *Afrilex*, Décembre 2014, p. 34.

[96] « En Centrafrique, la Cour constitutionnelle invalide le comité chargé de rédiger une nouvelle Constitution », *Journal le Monde* (en ligne), disponible sur https://www.lemonde.fr/afrique/article/2022/09/23/, consulté le 19/01/2024 à 19h27.

[97] S. ANDZOKA ATSIMOU, « La participation des juridictions constitutionnelles au pouvoir constituant en Afrique », *Revue française de droit constitutionnel*, 2017/2 (n° 110), pp. 279-316.

[98] L. FONTAINE, *La Constitution maltraitée. Anatomie du Conseil constitutionnel*, *op. cit.*, pp. 146-154.

Le juge constitutionnel selon une doctrine largement partagée a droit à la gomme et non au crayon[99]. A rebours de cette affirmation tranchée l'on assiste à l'érection d'un véritable pouvoir normatif du juge constitutionnel[100] ainsi que les exemples des juridictions constitutionnelles indienne[101], canadienne[102], allemande[103], brésilienne[104], israélienne[105] ou africaine[106] semble le démontrer. Au Gabon, le juge constitutionnel a fait récemment preuve d'une grande audace[107] en procédant, une nouvelle fois[108], à la réécriture de la Constitution[109], dans le cadre de la décision n°219/CC du 14 novembre 2018. La Cour a été saisie par le Premier ministre en interprétation des articles 13 et 16 de la Constitution au regard de la situation d'indisponibilité temporaire dans laquelle se trouve le Président de la République. La constitution n'ayant pas prévu l'indisponibilité temporaire du Président et considérant qu'il est le seul qui soit en

---

[99] R. BADINTER, « Du côté du Conseil constitutionnel », *Revue française de droit administratif*, 2002, p.208.

[100] S.-A. NDIAYE, « Le pouvoir d'injonction du juge constitutionnel en Afrique noire francophone », *Annales africaines*, vol. 1, Avril 2019, n° 10, pp. 37-78.

[101] J-L. HALPERIN, « La doctrine indienne de la structure basique de la Constitution. Un socle indérogeable, et flexible » *Cahiers du Conseil Constitutionnel*, n° 27, 2009, pp. 76-77.

[102] D. JUSTRAS, « Le rôle constitutionnel de la Cour suprême du Canada : autoportrait », *Les Cahiers du Conseil Constitutionnel*, 2008 (24), pp. 65-71.

[103] O. LEPSIUS, « Le contrôle par la Cour constitutionnelle des lois de révision constitutionnelle de la RFA », *Les Cahiers du Conseil Constitutionnel*, n° 27, janvier 2010, pp. 13-21.

[104] E. ROBERTO GRAU, « L'évolution du contrôle de constitutionnalité au Brésil », *Cahiers du Conseil Constitutionnel*, n° 26, août 2009, pp. 62-64.

[105] M. GREN, *Le changement de paradigme constitutionnel : Étude comparée du passage de la suprématie législative à la suprématie constitutionnelle en France, en Israël et au Royaume-Uni*, Paris, Dalloz, 2019, 482 p.

[106] D.-E. EMMANUELLE, « Le pouvoir normatif des juridictions constitutionnelles en Afrique », in M. Ondoa, P.E. Abane Engolo (dir.), *Les transformations contemporaines du droit public en Afrique*, Paris, L'Harmattan, 2018, pp. 95-118.

[107] G. ROSSATANGA-RIGNAULT, *« Quand le juge « fait la loi » »*, in *La fabrique du droit, Palabres actuelles,* n°6, 2013, p.177.

[108] La Première fois ce fut dans le cadre de la Décision n°22/CC du 30 Avril 2018 de la Cour Constitutionnelle du Gabon. Voir T. Ondo, « La Cour constitutionnelle du Gabon est-elle au-dessus de la Constitution ? in https://www.editions-harmattan.fr/auteurs/article_pop.asp?no=33143&no_artiste=15361, consulté le 14/12/2022.

[109] E. BOTTINI, « L'intervention du juge constitutionnel dans l'exercice du pouvoir constituant », in *Jus Politicum 18 – Juillet 2017- Cours constitutionnelles et révisions de la Constitution*, pp. 117-154.

mesure de présider le conseil des ministres, le Premier ministre prie la Cour de bien vouloir indiquer les mesures à prendre en vue de pallier l'absence du Chef de l'État (indisponible pour des raisons de santé). Le juge constitutionnel gabonais, dans sa décision, va constater que l'article 13 de la Constitution comporte une lacune qu'il lui appartient de combler en sa qualité « d'organe régulateur du fonctionnement des institutions ». C'est ainsi que la Cour va procéder à la réécriture pure et simple de l'article 13. La Cour autorise le Vice-président à présider le Conseil des ministres et évite ainsi une déclaration de vacance du pouvoir[110].

La Constitution est maltraitée lorsque le juge constitutionnel fait abstraction de l'obligation de motivation ou lorsqu'il ne motive pas de manière suffisante ses décisions. Il existe un lien certain entre la motivation des décisions du juge et la qualité d'une démocratie. En effet, la justice a vocation à s'adresser au peuple dans son ensemble au nom duquel elle est rendue. C'est pour lui qu'une décision est motivée. Le juge n'est que le dépositaire de la volonté du peuple souverain. Il est le vecteur d'un pouvoir immense que le peuple a bien voulu lui confier[111]. La motivation est la marque de la soumission à une exigence démocratique. C'est dans ce sens que le juge a l'obligation juridique de motiver mais également l'obligation politique de mieux motiver[112]. Cette faiblesse dans la motivation des décisions n'est pas l'apanage du juge constitutionnel d'une région donnée, elle se constate aussi bien en Afrique qu'en Europe[113].

En Afrique, la question de la motivation des décisions du juge constitutionnel est un sujet de préoccupation constante[114]. Le juge

---

[110] A-S. ADOUA-MBONGO, « Le juge constitutionnel africain et le silence de la Constitution », in *Revue Africaine et Malgache de Recherches Scientifiques*, 2021, pp. 94-98.

[111] M. WANDA, « Essai sur la motivation des décisions de justice. Pour une lecture simplifiée des décisions des Cours constitutionnelles, in *Annuaire international de justice constitutionnelle, Constitution et sécurité juridique – Droit constitutionnel, droit communautaire et droit européen* 15-1999, 2000, p.38.

[112] M. WANDA, *L'art de la motivation substance du droit-Mieux motiver pour mieux juger*, Paris, Dalloz, 2020, p. 14.

[113] F. MALHIÈRE (dir.), *L'élaboration des décisions des cours constitutionnelles et européennes*, 2017, disponible en ligne sur le site de la Mission de Recherche Droit et Justice : Microsoft Word - 15.05 RAPPORT FINAL V3.7 mise en page.doc (gip-recherche-justice.fr), consulté le 20/01/2024 à 16h41.

[114] A.M. ADANDEDJAN, *« Réflexion sur la motivation des juridictions constitutionnelles en Afrique noire Francophone »*, *Afrilex*, 2019, pp. 1-40.

constitutionnel d'Afrique noire francophone dans la gestion de son office se limite à rendre une décision, sans nécessairement donner un contenu précis aux concepts qu'il dégage où suivre un raisonnement qui annonce une tendance. La première attitude relève de la conceptualisation. Elle consiste à qualifier les faits, à les classer dans des catégories juridiques à y rattacher un certain nombre de conséquences. Cette conceptualisation reste faible dans la jurisprudence des juridictions constitutionnelles africaines. La deuxième correspond au pragmatisme. Les juridictions concernées semblent privilégier en fait l'avantage pratique des solutions. Par cette méthode, le juge semble partir des solutions souhaitables pour remonter aux motifs. Ce procédé se rapproche du raisonnement finaliste. Il s'agit de deux procédés qui ne facilitent pas la systématisation doctrinale. Le juge constitutionnel sénégalais a souvent employé l'expression selon laquelle « la loi dont la constitutionnalité est contestée ne viole aucun principe de valeur constitutionnelle », sans autre précision[115]. Le juge constitutionnel d'Afrique noire francophone, procède le plus souvent suivant une méthode qui consiste à enchaîner une suite de déductions logiques ordonnées les unes par rapport aux autres. Cette approche conduit non seulement à des astuces de motivation, mais aussi, parfois malheureusement, à des décisions dont on ne voit pas la cohérence d'ensemble. Cette démarche a peut-être le mérite de la simplicité, mais elle ne renseigne ni sur la motivation réelle des décisions ni sur les tendances de la jurisprudence[116].

En France, les attaques contre la « vacuité argumentative » du Conseil constitutionnel sont de plus en plus virulentes[117]. La motivation des décisions du Conseil constitutionnel est critiquée pour sa « standardisation »[118]. Beaucoup de lecteurs relèvent que le juge semble travailler à partir d'une sorte de « banque de considérants » dans laquelle il puise pour rédiger ses décisions. Cette manière de procéder a certainement le mérite de la rapidité, et permet également de mettre en place une « jurisprudence ». Les commentateurs se donneront ensuite pour tâche de repérer l'apparition de telle motivation-type, puis

---

[115] Décisions n° 13/93 et 14/94.

[116] B. KANTÉ, « Les méthodes et techniques d'interprétation de la Constitution : l'exemple des pays d'Afrique occidentale francophone », F. Mélin-Soucramanien (dir.), *L'interprétation constitutionnelle*, Paris, Dalloz, 2005, pp. 162-164.

[117] L. FONTAINE, *La Constitution maltraitée. Anatomie du Conseil constitutionnel*, *op. cit.*, 287 p.

[118] G. DRAGO, *Contentieux constitutionnel français*, Paris, P.U.F., 2006, p. 110.

d'en analyser finement les moindres modifications. Dans certains cas l'attention de la doctrine se focalise sur les contradictions détectables dans les décisions rendues. Certaines décisions ont été particulièrement exposées à cette dernière sorte de grief. Citons, parmi d'autres[119], la décision « rétention de sûreté » de 2008[120]. On se souvient que, dans cette décision, le Conseil constitutionnel avait considéré que la rétention de sûreté ne pouvait être assimilée à une peine. De ce fait, on ne pouvait lui opposer l'article 8 de la déclaration des droits de l'homme. Mais d'un autre côté, le juge avait également estimé que, comme une « peine », la rétention de sûreté ne pouvait être rétroactive. Cette contradiction apparente avait été relevée, notamment, par un ancien président du Conseil constitutionnel[121]. La norme constitutionnelle n'est pas la seule à être « profanée », la loi subit également une dégradation du fait de son absence de lisibilité.

Quand la loi bavarde, le citoyen ne lui prête plus qu'une oreille distraite[122]. La formule du rapport public du Conseil d'État français, en 1991, n'a malheureusement pas perdu de son actualité. La crise de la qualité de la loi est l'une des raisons de la crise de la démocratie dans la mesure où la loi est intimement liée à cette dernière puisqu'elle exprime l'expression de la volonté générale. La crise de la loi[123] est une crise de la qualité de cette dernière. D'un point de vue empirique, le concept de « qualité » de la loi renvoie à l'écart entre les objectifs recherchés et les résultats obtenus. Pour s'en convaincre, il suffit de constater que l'objectif d'accessibilité et d'intelligibilité de la loi, posé

---

[119] V. la décision de 1999 sur la Cour pénale internationale qui avait appelé le commentaire suivant : « Les développements relatifs à la prescription des infractions pénales frisent la contradiction » ; cf. B. GENEVOIS, « Le Conseil constitutionnel et le droit pénal international. A propos de la décision n° 98-408 DC du 22 janvier 1999 », *RFDA*, 1999, p. 285, cité par D. Baranger, « Sur la manière française de rendre la justice constitutionnelle : Motivations et raisons politiques dans la jurisprudence du Conseil constitutionnel », *Jus Politicum*, n° 7, 2012, p. 4.

[120] Décision n° 2008-562 DC du 21 février 2008 « Loi relative à la rétention de sûreté et à la déclaration d'irresponsabilité pénale pour cause de trouble mental ».

[121] D. BARANGER, « Sur la manière française de rendre la justice constitutionnelle : Motivations et raisons politiques dans la jurisprudence du Conseil constitutionnel », préc., pp. 3-4.

[122] *De la sécurité juridique, Études et documents du Conseil d'État*, 1991, p. 19.

[123] F. TERRÉ, « La crise de la loi », préc., p. 17 et s. ; G. BURDEAU, « Le déclin de la loi », *Archives de philosophie du droit*, 1963, p. 35 ; A. VIANDIER, « La crise de la technique législative », *Droits*, 1986, 4, pp. 75 et s.

par le Conseil constitutionnel français[124], comme celui de sa clarté, est loin d'être atteint. La loi échappe aux citoyens alors qu'ils en sont les principaux destinataires, le risque étant de voir émerger des « laissés-pour-compte de l'État de droit »[125]. La complexité des normes est quant à elle présentée comme une maladie de la démocratie[126]. L'analyse des discours sur la loi permet de constater que l'idéal législatif repose sur une conception de la loi regroupant un ensemble de qualités qui vont bien au-delà du critère organique[127]. L'analyse du discours de la doctrine permet de mettre en exergue, à travers certaines récurrences, un ensemble de points de convergence dessinant l'idéal législatif. La loi est caractérisée par des critères qui lui sont viscéralement rattachés. Ainsi en est-il, par exemple de la généralité, de la stabilité, de l'autorité, mais également de la concision, de la simplicité et de la clarté. Dès l'Antiquité, on prête à la loi de tels caractères : « l'autorité », « l'application systématique et permanente, le caractère général et non personnel »[128]. Les règles de droit ne sont pas données mais construites, qu'elles sont le fruit du travail de certains individus dotés, au sein de l'organisation politique, de pouvoirs et de compétences leur permettant de créer le droit[129]. Les « naissances du droit » reposeraient sur trois acteurs principaux : « un pouvoir qui édicte, un peuple qui accepte, une science qui formule »[130].

L'accès à la norme juridique constitue aujourd'hui une exigence commune à toutes les sociétés démocratiques et à tout État de droit[131]. En ce sens, chaque citoyen doit avoir la possibilité d'être informé du contenu de la loi. Cette exigence vise à permettre l'effectivité du droit, indépendamment des destinataires et de leur connaissance réelle des

---

[124] Décision n°99-421 DC du 16 décembre 1999 sur la Loi portant habilitation du Gouvernement à procéder, par ordonnances, à l'adoption de la partie législative de certains codes.

[125] *De la sécurité juridique, Études et documents du Conseil d'État*, *op. cit.*, p. 12.

[126] I. TRIPPENBACH, Ph. BRUN, « Présentation de la problématique de la qualité de la loi », *Revue juridique Thémis,* 48-1, 2014, p. 189.

[127] M. VITO, *L'idéal législatif du Conseil constitutionnel. Étude sur les qualités de la loi*, Paris X, 2007, Thèse mult., p. 16.

[128] J. LOMBARD, « La peine et la répression », in J. Poirier (dir.), *L'Histoire des mœurs-Encyclopédie de la Pléiade*, Gallimard, 1991, t. II, p. 651.

[129] B. BARRAUD, *La légistique. La recherche juridique*, L'Harmattan, 2016, p. 12.

[130] J. GAUDEMET, *Les naissances du droit – Le temps, le pouvoir et la science au service du droit*, 3e édition, Paris, Montchrestien, 2001, p. 373.

[131] J-M. LARRALDE, « Intelligibilité de la loi et accès au droit », *Les Petites Affiches*, 19/11/2002, n° 231, p. 11.

règles, et apparaît comme un élément de la sûreté et surtout de sécurité juridique[132]. La mauvaise qualité de la rédaction de la loi rend incertaine sa compréhension et engendre l'insécurité juridique. Des dispositions législatives mal rédigées peuvent correspondre à une intention incomplète, confuse ou contradictoire de la part de leurs auteurs. De ce fait, il ne suffit pas que le droit soit physiquement accessible, il faut qu'il soit lisible et surtout intelligible[133]. La connaissance suffisante des normes va permettre aux citoyens d'assumer pleinement les principes constitutionnels d'égalité devant la loi et de garantie des droits. C'est dans ce sens que Cornu écrit que : « La justice du droit pourrait gagner quelque chose à la justesse des mots »[134].

La concurrence des normativités se manifeste dans un second temps par le rapport conflictuel entre les normes. La question de l'émergence de nouvelles formes de normativités ne fait pas débat. Bien que l'existence de normes concurrentes soit un phénomène ancien on assiste depuis la révolution industrielle au glissement d'une présence effective des normes juridiques vers une prédominance des normes extra-juridiques. Le droit contemporain est affecté par un essor inédit des normes. La concurrence se lit à deux niveaux : en premier lieu, une concurrence au sein des normativités juridiques[135] et en second lieu une concurrence entre les normes juridiques et les autres types de normativités[136].

La concurrence au sein des normativités juridiques est manifeste dans le cadre de la problématique des rapports entre ordres juridiques. Les rapports entre ordres juridiques interpellent les juristes, toutes disciplines confondues. Les interactions normatives que ces rapports suscitent, le mouvement du droit qu'ils enclenchent, interrogent les

---

[132] P.-G. POUGOUÉ, « Les figures de la sécurité juridique », *Revue africaine des sciences juridiques*, vol. 4, n° 1, 2007, p. 5.

[133] D.-C. WAGOUE TCHOKOTCHEU, « L'intelligibilité de la loi dans un contexte de diversité de styles législatifs : cas du Cameroun », *RIDC*, vol. 70 n° 3, 2018, pp. 607-629.

[134] G. CORNU, *Linguistique juridique*, 3eme édition, Paris, Montchrestien, 2005, Préface.

[135] M. BOZZO-REY et *al.*, « La concurrence des normativités : hypothèse, méthode et thématiques », *Revue internationale de droit économique*, vol. xxxii, no. 3, 2018, pp. 247-250.

[136] V. P. BRUNET, *La normativité en droit*, *op. cit.*, pp. 495-502.

fondements mêmes des cultures juridiques en modifiant en profondeur la structure des ordres juridiques[137].

Les rapports de système entre le droit constitutionnel et le droit communautaire sont une illustration importante de cette concurrence des normativités. Les rapports entre droit constitutionnel et droit communautaire sont marqués par un clair-obscur. En apparence sereins et bien positionnés, ils recèlent un potentiel danger de conflits normatifs irrésolubles[138]. S'agissant de la relation entre droit constitutionnel et construction européenne, la doctrine s'insurge depuis longtemps contre : « les droits venus d'ailleurs qui sont des droits venus de nulle part, des droits qui n'ont ni histoire ni territoire : ils ont surgi d'abstractions (…) il s'est constitué (autour des droits européens) une telle capitalisation d'intérêts et d'ambitions qu'il faudrait rien de moins qu'une éruption de volcan pour faire crouler ces babylones juridiques »[139] .

Dans le cadre africain, la relation entre le droit national et le droit communautaire est tout aussi heurtée[140]. Cela s'explique par l'attachement des États du continent à une conception classique de la souveraineté. L'existence du droit communautaire suppose une remise en cause de l'idéal-type de l'État nation souverain hérité des Traités de Westphalie. L'espace européen dans lequel il a été conceptualisé est au cœur de ce « déclin » de l'État-nation. Les mouvements de globalisation, en général, et d'intégration en particulier, tendent en effet à redéfinir la relation entre les éléments constitutifs du triptyque État-nation-souverain. L'État-nation sous la pression de la construction communautaire se mue en « État intégré »[141]. L'État intégré se caractérise par la perméabilité de son ordre juridique aux normes communautaires, mais il perd le monopole de la production normative

---

[137] B. Bonnet (dir.), *Traité des rapports entre ordres juridiques*, Paris, LGDJ, 2016, 1821 p.

[138] B. BONNET, « Les rapports entre droit constitutionnel et droit de l'Union européenne, de l'art de l'accommodement raisonnable », *Titre VII*, vol. 2, n° 1, 2019, p. 11.

[139] J. CARBONNIER, *Droit et passion du droit sous la Vᵉ République*, Paris, Flammarion, 1996, pp. 47-48.

[140] A. ONDOUA, « Existe-t-il un droit national de l'intégration communautaire en Afrique francophone », *Palabres actuelles*, n° 6, 2013, pp. 23-44.

[141] B. NABLI, *L'État intégré Contribution à l'étude de l'État membre de l'Union européenne*, Paris, Pedone, 2019, p. 7.

dans le système juridique national[142]. Ce sentiment de perte du monopole de l'édiction de la norme, cette certitude que l'État n'est plus le garant de l'épanouissement des citoyens et que par conséquent l'élection ne garantit plus la maîtrise par le peuple des choix qui seront faits en son nom est à l'origine d'une crise de la démocratie[143]. Cette crise s'explique également par l'affaiblissement continu d'un concept clé de la démocratie : la séparation des pouvoirs.

2 – Le contournement de la séparation des pouvoirs

Sur le modèle des règles du droit international public, l'article XVI de le Déclaration de 1789 pourrait constituer un bon exemple d'un principe du droit constitutionnel[144]. En vertu des dispositions de l'article XVI : « Toute Société dans laquelle la garantie des Droits n'est pas assurée, ni la séparation des Pouvoirs déterminée, n'a point de Constitution. ». Cette disposition place le principe de la séparation des pouvoirs au cœur du fonctionnement de la démocratie. Pourtant, l'analyse de la pratique des régimes politiques semble démontrer une volonté des gouvernants de proclamer le principe de la séparation des pouvoirs en théorie et de le contourner dans les faits. Ce constat peut être observé aussi bien dans les États africains[145] que dans les États européens.

La construction démocratique et constitutionnelle en Afrique a connu des tribulations, des flux et des reflux depuis la naissance des États modernes sur le continent à la faveur du mouvement de décolonisation à partir des années 1960[146]. En dépit du renouveau

---

142 O. DUBOS, « L'Union européenne : sphinx ou énigme ? », in *Les dynamiques du droit européen en début de siècle, études en l'honneur de Jean-Claude Gautron*, Paris, Pedone, 2004, p.41.
143 B. MATHIEU, « La démocratie est-elle compatible avec l'ordre juridique européen », disponible en ligne sur https://blog-iacl-aidc.org/new-blog/2018/5/27, consulté le 22/01/2024 à 14h21.
144 M. VERPEAUX, « Les principes en droit constitutionnel », in S. Caudal (dir.), *Les principes en droit*, Paris, Economica, 2008, p. 150.
145 O. Narey (dir.), *Séparation des pouvoirs et contre-pouvoirs*, Dakar, L'Harmattan, 2018, 501 p.
146 K. AHADZI-NONOU, « Les nouvelles tendances du constitutionnalisme africain : le cas des États d'Afrique noire », *Afrique juridique et politique*, 2002, p. 35.

constitutionnel des années 1990[147], il apparaît que les gouvernants africains ont déstructuré l'organisation de la démocratie. Cette déstructuration de la démocratie a fait dire à la doctrine qu'en Afrique, la démocratie est « émasculée »[148]. La démocratie est émasculée à travers la séparation des pouvoirs qui est ruinée. La séparation des pouvoirs détermine la disposition suivant laquelle les organes politiques légitimés par le peuple doivent interagir pour l'équilibre, la modération et la rationalisation du pouvoir de manière à préserver la liberté et la démocratie[149]. Elle suppose que le pouvoir arrête le pouvoir par des freins et des contrepoids que les organes politiques peuvent s'opposer mutuellement. Avec le fait partisan en Afrique, on assiste plutôt à un alignement des pouvoirs, où le pouvoir n'a plus à craindre des contrepouvoirs et s'hypertrophie[150]. En Italie et en France, notamment, l'on assiste également à un contournement de la séparation des pouvoirs.

La doctrine italienne s'interroge depuis longtemps sur le rôle dévolu au Président de la République au sein du Régime institué par la Constitution de 1947. Le Président de la République est doté, dans la pratique constitutionnelle italienne, une dimension ductile. Cette affirmation est surprenante dans la mesure où, dans l'imaginaire collectif, le régime politique italien est souvent rangé dans la catégorie des régimes parlementaires classiques. Si cet adjectif a un sens, le chef de l'État exercerait une magistrature morale plus proche de la IVe République en France. Il serait cet arbitre situé au-delà des contingences partisanes, pouvoir modérateur dont la sagesse rime avec l'impotence constitutionnelle. Le chef de l'État est situé hors de la sphère des combats politiques. Cette lecture « neutraliste », de la fonction présidentielle, a été très vite relativisée dans la pratique par le phénomène des *« esternazioni »* présidentielles. Les *« esternazioni »*

147A. BOURGI, « L'évolution du constitutionnalisme en Afrique : du formalisme à l'effectivité », *Revue française de droit constitutionnel*, vol. 52, no. 4, 2002, pp. 721-748.

148 Th. HOLO, « Démocratie revitalisée ou démocratie émasculée ? Les constitutions du renouveau démocratique dans les États de l'espace francophone : régimes juridiques et systèmes politiques », *Revue béninoise des sciences juridiques et administratives,* 2006, n° 16, pp. 17-16.

149 MONTESQUIEU, *De l'esprit des lois*, Paris, Gallimard, 1993, pp. 142-144.

150 A. SOMA, « La dialectique du scientifique et du politique », F. Hourquebie (dir.), *La doctrine dans l'espace africain francophone*, Bruxelles, *Bruylant*, 2014, pp. 311-312.

sont des interventions prévues (droit de message aux chambres[151]) ou non par la Constitution. Par le truchement de ces *« esternazioni »*, le Chef de l'État cherche parfois à orienter l'action des autres organes constitutionnels, le gouvernement et le Parlement. Ces *« esternazioni »* occupent une place essentielle dans l'ordre constitutionnel italien. Certaines *« esternazioni »* - notamment celles des Présidents Pertini et Cossiga (qui appelle au début des années quatre-vingt-dix à la fin de la République « partitocratique »[152]- ne sont pas loin de représenter autant de marqueurs d'une forme atypique de présidentialisation du régime parlementaire.

Par le biais d'*« esternazioni »* et l'exercice substantiel de prérogatives en principe formelles, le chef de l'État module la forme de gouvernement parlementaire. Le Président de la République effectue cette modulation par le canal de trois prérogatives précises prévues par les articles 87C, 74C et 77C. Le chef de l'État autorise (ou non) la présentation des textes de loi devant le Parlement (article 87C), promulgue une loi ou la renvoie au Parlement pour une nouvelle délibération (article 74C), encadre l'utilisation des décrets-lois d'urgence (article 77-C). Exercées formellement, ces attributions font émerger une figure présidentielle totalement différente de celle qui est esquissée par la Constitution. Ces attributions sont de nature à faire muter le régime politique. Par son interventionnisme quotidien, le Président de la République participe à la production des textes de loi et modifie l'équilibre institutionnel ; il pèse sur le pouvoir de décision politique de l'axe gouvernement-parlement. L'étude du contrôle normatif présidentiel montre combien il est illusoire et naïf de prétendre que le Président de la République n'entre pas dans les questions de fond. En contrôlant de manière pointilleuse la régularité de la normativité du gouvernement et du Parlement, le chef de l'État en modifie la substance. Il devient co-législateur actif, matériel ; il n'est plus ce co-législateur passif, autorisant formellement la présentation d'un texte de loi devant les chambres, accordant formellement sa sanction à une loi. On assiste alors à un véritable contournement de la Constitution : la théorie de

[151] Article 87 C. de la Constitution italienne

[152] F. LAFFAILLE, F. DEFFENU, « Nécrologie constitutionnelle (Francesco Cossiga) », *RIDC*, *2010*-4, p. 1035.

l'organe neutre super partes ne serait que l'alibi d'un expansionnisme présidentiel jurant avec la forme parlementaire de gouvernement[153].

Cette volonté de contourner le principe de la séparation des pouvoirs est également observable en France. La doctrine[154] ainsi que le Conseil de l'Europe[155], se sont « inquiétés » de l'usage répété par l'exécutif de la procédure prévue à l'article 49 alinéa 3 qui tend à remettre en cause le principe de la séparation des pouvoirs. Cette procédure en ce qu'elle permet au pouvoir exécutif de museler le débat parlementaire constitue une remise en cause de la démocratie représentative.

B – La crise de la représentation

La représentation est au cœur de la définition de la démocratie, elle en est l'un des éléments constitutifs au point qu'il est habituel de parler de la démocratie représentative. La représentation peut être comprise de deux façons différentes. Il y a d'une part la représentation au sens général qui désigne : « un procédé juridique par lequel une personne, appelée représentant, agit au nom et pour le compte d'une autre personne, appelée représenté »[156]. Il y a d'autre part la représentation au sens politique qui désigne : « un principe de fonctionnement d'une société politique selon lequel les représentants de la Nation n'expriment pas seulement, dans l'exercice de leur fonction, leurs propres convictions mais sont les porte-parole des habitants de la circonscription électorale qui les a choisis ; plus généralement encore, ils répercutent les préoccupations de l'ensemble de la société politique »[157].

---

[153] F. LAFFAILLE, « La mutation de la forme de gouvernement parlementaire en Italie : le chef de l'état contestable co-législateur ? », *Revue française de droit constitutionnel*, vol. 89, no. 1, 2012, pp. 11-14.

[154] F. NATOLI, « Le recours à l'article 49 al-3 dans le cadre de la réforme des retraites : les limites constitutionnelles à la rationalisation parlementaire », *La Revue des droits de l'homme [En ligne],* Actualités Droits-Libertés, mis en ligne le 22 mars 2020, consulté le 23 janvier 2024. URL : http://journals.openedition.org/revdh/8972.

[155] Commission Européenne Pour La Démocratie Par Le Droit (Commission de Venise), Avis intérimaire sur l'article 49.3 de la constitution adoptée par la Commission de Venise lors de sa 135e session plénière (Venise 9-10 juin 2023), disponible en ligne : https://www.venice.coe.int/webforms/documents/, consulté le 23/01/2024 à 16h30.

[156] S. GUINCHARD, T. DEBARD (dir.), *Lexique des termes juridiques*, *op. cit.*, p.815.

[157] F. DELPÉRÉE, *Dictionnaire constitutionnel*, *op. cit.*, p.437.

La crise de la représentation touche cette dernière dans ses deux acceptions, tant dans la contestation des élites (1) que dans la confiscation de la parole du peuple souverain (2).

1 - La légitimité contestée des élites

La principale caractéristique de la démocratie telle que les deux derniers siècles l'ont constituée est sans doute la différenciation fondamentale qu'elle établit entre représentants et représentés. Dès la Révolution française, cette différenciation a paru indispensable pour répondre à la situation paradoxale à laquelle était confrontée la démocratie naissante. D'un côté, dans la pureté radicale du raisonnement révolutionnaire, le peuple était institué comme la source de toute légitimité du pouvoir, comme l'incarnation du principe fondamental de l'unité du genre humain et donc de l'universalité des droits de l'homme et du citoyen ; mais de l'autre, dans sa réalité concrète et quotidienne, il demeurait majoritairement illettré, à l'écart de la « raison universelle », fondement de l'ordre nouveau qui s'annonçait, enfermé culturellement dans une grande diversité de langues et de cultures locales et socialement dans une infinie variété de pratiques et compétences sociales fragmentées et contingentes. Loin d'être unique et porteur d'universel, le peuple incarnait une pluralité de particularismes.

L'unité et l'universalité des valeurs de la nouvelle citoyenneté démocratique ne pouvaient donc, semble-t-il, être garanties que par une élite « éclairée » dont l'accès privilégié aux lumières de la raison pourrait justifier sa prétention à un quasi-monopole de la capacité à définir l'intérêt général, à le traduire en institutions, lois et règlements de la République, et à conduire les affaires communes. En contrepartie, deux mécanismes devaient assurer la participation originelle du peuple à la fondation de l'ordre républicain : le suffrage par lequel il déléguait son pouvoir fondateur à ses représentants, la morale civique par laquelle il faisait vivre les valeurs de la République dans le cœur des citoyens et assurait le rayonnement de cette « religion civile » dans laquelle les révolutionnaires voyaient l'assise émotionnelle et quasi spirituelle de la nouvelle citoyenneté républicaine. C'est à l'enseignement que revenait dès lors la double charge de sélectionner les élites appelées à gouverner et d'inculquer au peuple le respect des principes au nom desquels il leur déléguait son pouvoir[158]. Le pasteur Rabaut Saint-étienne, un des penseurs les plus conséquents de la révolution, est particulièrement clair à ce sujet : « Il faut distinguer l'instruction publique de l'éducation nationale. L'instruction publique exerce et éclaire l'esprit ; l'éducation nationale doit former le cœur. La première doit donner des lumières, la seconde des vertus. L'éducation nationale est l'aliment nécessaire à tous ; l'instruction publique est le partage de quelques-uns. » [159].

La légitimité des « élites » qui ont vocation à gouverner les autres est ainsi définie par leur accès privilégié, sinon exclusif, à la raison universelle. Et cette universalité de la raison qu'elles prétendent incarner repose à son tour sur son haut niveau d'abstraction, c'est-à-dire de détachement par rapport aux réalités concrètes, particulières et contingentes, dans lesquelles le reste de la population est soupçonné d'être englué[160].

Cette place prépondérante des élites va être remise en cause avec la montée en puissance d'une véritable crise de l'autorité qui va prendre sa source dans la survalorisation de l'individualisme et dans la généralisation du sentiment que les élites ne défendent pas l'intérêt général mais leurs intérêts particuliers.

La contestation des élites s'explique également par l'émergence d'une nouvelle forme de manière de vivre en société : la vie dans une société liquide[161]. Les sociologues décrivent nos sociétés contemporaines comme des univers sans repères, sans réelles structures, si ce n'est celle d'un mouvement permanent, à l'image des vagues d'un univers liquide. La vie dans toutes ses manifestations (professionnelle, sentimentale, loisirs, familiale, culturelle) y est assujettie au temps et à la consommation. Tout doit disparaître vite pour laisser la place à du nouveau (concept, produit, amant, travail, identité,

---

[158] J.-P. WORMS, « Crise de légitimité des élites gouvernementales et politiques françaises, et conditions d'une refondation de la république », *Revue du MAUSS*, 2005, pp. 105-107.

[159] R. SAINT-ÉTIENNE, *Projet d'éducation nationale par J.P. Rabaut, député de l'Aube, du 21 décembre 1792*, Paris, Imprimerie nationale, 1792, p. 19.

[160] W. JEAN-PIERRE, « Crise de légitimité des élites gouvernementales et politiques françaises, et conditions d'une refondation de la république », *Revue du MAUSS*, volume n° 26, n° 2, 2005, pp. 106-108.

[161] A. FALABRÈGUES, « Bauman, Z. *La vie liquide.* », *L'orientation scolaire et professionnelle* [en ligne], 43/2 | 2014. URL: http://journals.openedition.org/osp/4389.

etc.). C'est le règne du jetable, car chaque chose jetée permet l'acquisition d'une nouvelle chose. Plus l'utilisation est courte, plus cela va vite, mieux c'est : le mouvement des flux en est facilité, l'économie tourne. Dans cette société, donc, la personne humaine est chosifiée sans vergogne, au nom du progrès et de l'efficacité économique. Il est important, alors, d'être dans la course, sans défaillances, « performant », adaptable, modifiable et transformable à l'envi au risque de devenir un « déchet » à remplacer.

Cette conception de la vie en société accentue la crise de la démocratie dans la mesure où elle constitue un rejet du lien social, du vivre ensemble. L'État dérive étymologiquement du latin *« status »,* de *« stare »* qui signifie « se tenir debout »[162]. L'État renvoie une image de verticalité, de rigueur qui est en contradiction avec l'image de la flexibilité, de la fragilité, de la liquidité. Les élites sont contestées car elles ne sont plus audibles dans cette ère du consumérisme où l'autorité scientifique est très vite remplacée par l'autorité médiatique. Cette crise de légitimité des élites est une conséquence de la confiscation de la parole du peuple souverain.

2 – La parole confisquée du Peuple souverain

La théorie du Peuple est la substantifique moelle de la pensée politique moderne, serait-on tenté de considérer. Des cités antiques aux sociétés politiques contemporaines, c'est partant du Peuple que la rationalité juridique s'est imposée aux États démocratiques[163].

Au sein d'une démocratie libérale, le peuple n'est ni souverain, ni limité. Il est potentiellement les deux. Une telle affirmation semble contre-intuitive, mais elle peut être éclairée à l'aune des travaux du physicien Erwin Schrödinger. Ce dernier a mis en évidence la situation paradoxale dans laquelle un sujet se trouve simultanément dans deux états incompatibles. Il illustrait son propos par la célèbre expérience dite du « chat de Schrödinger », qu'il convient de restituer. Elle consiste à imaginer qu'un chat est enfermé dans une boîte à l'intérieur de laquelle est placée une fiole de poison susceptible de se briser. Tant que la boîte

---

[162] R. TURCAN, « Notions romaines de l'État de la *Res Publica* au *Status romanus* », *Latomus, Revue d'études latines*, vol. 70, n° 3, 2011, pp. 621-641.
[163] M. DIAKHATÉ, « A la recherche du peuple dans les systèmes constitutionnels de l'Afrique subsaharienne francophone », *Annales africaines-Nouvelle série*, vol. 2, 2021, p. 1.

n'a pas été ouverte pour constater si le chat a été empoisonné, ce dernier peut être considéré comme mort et vivant ou, plus précisément, comme potentiellement mort et potentiellement vivant. En d'autres termes, l'état dans lequel se trouve le chat à l'intérieur de la boîte est indéterminé[164]. Toute la problématique du peuple en droit constitutionnel réside dans l'indétermination de son statut. Le peuple est-il souverain ou est-il limité ? La réponse à cette question accentue la crise de la démocratie car il apparaît que le peuple n'est ni limité, ni souverain, il est instrumentalisé par les gouvernants et sa parole est confisquée.

La parole du peuple est confisquée dans la mesure où bien que la Constitution fait du peuple le souverain primaire, les gouvernants ont tendance à instrumentaliser cette parole. Les élections ne sont plus considérées par le peuple comme un moment permettant l'expression de sa volonté, l'élection tend à devenir une fiction dans la mesure où les résultats sortis des urnes sont au mieux contestés par les acteurs politiques de l'opposition au pire remis violemment en cause par le peuple.

Cette méconnaissance par le peuple se manifeste dans un usage contestable des procédés de démocratie directe, notamment du référendum[165]. Théoriquement, le peuple est appelé à se prononcer sur la conduite des affaires publiques par le biais du référendum. Cependant il apparaît, de manière constante, que le référendum s'il existe sur le plan formel est néanmoins dénué de toute effectivité. Ce constat trouve une illustration particulière dans le cadre du constitutionnalisme d'Afrique noire francophone[166].

En pratique, le référendum est présent dans les constitutions des États de l'Afrique subsaharienne francophone. Seulement, et il est important d'en tenir compte, il est le plus souvent de nature plébiscitaire et consiste pour les citoyens à se prononcer non pas sur un texte, qui en

---

[164] M. REVON, *L'indétermination du statut du peuple en droit constitutionnel. Réflexions à partir des tensions entre référendum et État de droit*, Laval-Québec et Aix-Marseille, 2022, Thèse mult., 2022, p. 1.

[165] P. TAILLON, « Le référendum, angle mort du républicanisme à la française », *Pouvoirs*, n°175 - novembre 2020, pp. 57-68

[166] V.-R. MANANGOU, « Le peuple, ce souverain méprisé dans les démocraties constitutionnelles des États membres de la CEMAC », *Annales de l'Université Marien Ngouabi-Sciences juridiques et politiques*, vol. 25, n° 2023, numéro spécial, pp. 126-146.

l'occurrence n'est qu'un prétexte, mais sur l'action du gouvernement déterminée par un contexte politique. A ce sujet, il convient de faire part de l'absence d'autres modalités d'intervention populaire, en l'occurrence l'abrogation populaire, le véto populaire ou la révocation populaire qui ne sont en honneur nulle part en Afrique subsaharienne francophone. La faible exception que constitue l'initiative populaire est parcimonieusement consacrée par l'article 218 de la Constitution de la République démocratique du Congo du 18 février 1996 : un droit d'initiative populaire, reconnu à une fraction du Peuple congolais, soit 100 000 personnes, s'exprimant par une pétition adressée à l'une des deux Chambres en matière constitutionnelle[167].

La crise de la représentativité ne saurait être considérée comme la seule cause de la crise de la démocratie. Substituer la démocratie représentative par la démocratie participative ne serait pas la solution dans la mesure où cette dernière ne fait pas l'unanimité[168]. Une certaine doctrine n'a pas manqué d'affirmer que le référendum n'est pas un progrès démocratique car il méconnaît fondamentalement le processus décisionnel démocratique[169].

Placer le peuple au cœur du système démocratique ne semble pas constituer la solution idoine qui permettrait de sortir de la crise. Le dépassement de cette crise passe par un consensus autour des valeurs.

II – Le dépassement de la crise par les valeurs

Chez les Anciens, l'éthique se résumait, en grande partie, à l'étude des vertus. Il suffit de rappeler *l'Ethique à Nicomaque* d'Aristote, qui a été de longs siècles durant un texte de référence. De nos jours, cette approche a quasiment disparu. Les tenants de la philosophie morale débattent de valeurs et de choix[170]. La vertu est liée à la philosophie. Les valeurs, elles, sont collectives, évoluent, fluctuent et changent sans cesse. Les valeurs évoluent et sont liées à notre monde terrestre,

---

[167] M. DIAKHATÉ, « A la recherche du peuple dans les systèmes constitutionnels de l'Afrique subsaharienne » préc., pp. 27-28.

[168] P.-H. TAVOILLOT, « Contre la démocratie participative », *Pouvoirs*, n° 175, 2020, pp. 43-56.

[169] H. ROUSSILLON, « Contre le Referendum ! », *Pouvoirs*, n° 77, 1996, p. 186.

[170] N. BOBBIO, *Le sage et la politique- Écrits moraux sur la vieillesse et la douceur*, Paris, Albin Michel, 2004, pp. 67-68.

temporel. Le dépassement de la crise de la démocratie suppose un consensus autour des valeurs (A) et une revitalisation de la fraternité (B).

A – Le consensus autour des valeurs

Le consensus désigne un accord informel proche de l'unanimité, une convergence générale des opinions au sein d'un groupe en faveur d'une décision, d'une orientation, d'une politique[171]. Le système de valeurs sur lequel repose un régime est important et doit être expliqué affirmait un auteur contemporain[172]. Redonner sens à la démocratie n'est possible que dans la mesure où un consensus se forme, non seulement, autour de la notion de valeurs universelles (1), mais également autour de la normativité des valeurs (2)

1 – Le consensus autour de la notion de valeurs universelles

Le terme de valeur est défini comme : « la qualité d'une chose ou d'une action, en vertu de laquelle elles méritent de l'estime ou font l'objet d'un désir »[173]. Les juristes, confrontés à la théorie des valeurs, ont l'habitude d'adopter l'une des deux attitudes générales. La première est d'essayer de contourner la difficulté, en enfermant les valeurs à l'intérieur du système normatif, à en faire des valeurs infra-juridiques dérivées des normes et subordonnées à celles-ci. La seconde est de faire appel à la Morale, pour donner aux normes une assise externe plus stable.

La première démarche peut être illustrée le mieux par la pensée de Kelsen qui, en remarquant l'importance des valeurs en droit, et ne pouvant l'éviter, a choisi de supprimer le problème, en octroyant à celles-ci un statut dérivé des normes[174]. Selon sa pensée, la seule évaluation admise dans le travail d'un juriste est celle de la conformité ou de la non-conformité d'une action au contenu d'une norme, l'action

---

[171] A. GADJI, *Méthodologie & recueil d'articles en droit*, Abidjan, Éditions Groupe Médias, 2021, p. 246.
[172] P. PACTET, « Réflexions sur le doit constitutionnel et son enseignement », *RDP*, 2010, p. 155.
[173] J.-M. DELGADO OCANDO, A.-J. ARNAUD, « Valeur » in, A.-J. Arnaud (dir.), *Dictionnaire encyclopédique de théorie et de sociologie du droit,* Paris, LGDJ, 1993, p. 633.
[174] H. KELSEN, *Théorie pure du droit*, Paris, Dalloz, 1962, pp. 23-26.

« bonne » étant synonyme de « l'action conforme à la norme objectivement valide ». Cette conception, ultra-relativiste et subjectiviste, considère tout jugement de valeurs comme la simple expression d'une émotion personnelle.

La pensée de Kelsen a un inconvénient car elle conduit à nier l'existence des jugements de valeurs authentiques dans le droit. Ce faisant, elle refuse ainsi tout fondement philosophique au droit alors qu'il est évident que les principaux problèmes juridiques – à savoir ceux du fondement, de la légitimité, de la spécificité et de la finalité du droit – ont toujours trouvé des réponses non pas à l'intérieur de la science juridique, mais à l'extérieur, dans le domaine de la philosophie. Cette pensée véhicule un fond idéologique de légitimation évidente, car en interdisant aux juristes d'introduire les jugements de valeurs dans leur travail, elle ne permet pas de réfléchir sur la qualité des normes qui ne sont ni bonnes ni mauvaises, mais tout simplement obligatoires. Ce raisonnement a pour conséquence de légitimer la norme du seul fait de son existence.

Une telle doctrine aboutit à la création, plus ou moins artificielle, d'une « morale des juristes » qui apparaît, aux yeux de la société, comme une supercherie idéologique destinée à dissimuler les véritables motifs et finalités de l'action législative et juridictionnelle, et à obtenir une adhésion sociale inconditionnée à tous les abus éventuels. Les juristes qui perçoivent les inconvénients et les dangers de cette solution, se tournent habituellement vers la seconde voie évoquée, et cherchent à donner aux règles juridiques une justification morale. Dans cette version, deux possibilités s'ouvrent encore : soit ramener les valeurs aux intérêts socialement reconnus à une époque, et dans une civilisation donnée, en essayant éventuellement de les ordonner, et de les arbitrer, selon une hiérarchie implicitement élaborée, soit proclamer sa foi en des valeurs objectives et universelles, communes à toutes les civilisations et époques, indépendamment de leur reconnaissance concrète par une société donnée[175]. La refondation du système démocratique passe par la seconde voie. Cela suppose une adhésion à des valeurs communes, susceptibles d'être considérées comme universelles.

[175] C. GRZEGORZYK, *La théorie générale des valeurs et le droit : Essai sur les prémisses axiologiques de la pensée juridique*, Paris, LGDJ, 1982, pp. 27-29.

Redonner du sens et de la crédibilité à la démocratie passe par l'identification des valeurs universelles qui vont constituer le point de départ d'une refondation de cette dernière.

A quel moment peut-on dire qu'une valeur est universelle ? Lorsqu'elle entre en résonnance avec la majorité. Il existe des valeurs qui peuvent être considérées comme universelles à l'instar de la vie humaine, de la dignité[176], de la justice[177], du bien-être, de la fraternité[178], notamment. Une question reste néanmoins en suspens, celle de savoir si les valeurs universelles doivent connaître une application uniforme. Poser cette question, c'est relancer le débat entre universalité et uniformité[179]. Défini classiquement comme le caractère de ce qui est égal et invariable à l'intérieur d'un même ordre juridique, le principe de l'uniformité sous-tend une application invariable de règles identiques sur la totalité du territoire comme étant la conséquence de l'unité du pouvoir et de son émanation d'un souverain unique. L'uniformité se présente à la fois comme une manifestation de l'unité de l'État et de son caractère indivisible, mais aussi comme un vecteur d'égalité de tous devant la loi[180]. Les valeurs universelles sont l'apanage de toutes les civilisations mais la réception de ces dernières par les différentes civilisations ne se fait pas de la même façon[181]. La question de la compatibilité des valeurs universelles avec le contexte spécifique de l'Afrique noire continue de se poser avec une particulière acuité au point que même au sein de la doctrine africaine l'unanimité n'est pas de mise. Pour certains « cette uniformisation s'impose et les États africains devront la réaliser en assurant la protection effective des droits individuels les plus élémentaires »[182]. Pour d'autres, toute réflexion sur les vicissitudes fonctionnelles des droits de l'homme en Afrique doit

[176] P. CASSIA, *Dignité(s)*, Paris, Dalloz, 2016, 148 p.

[177] A. SEN, *L'idée de justice*, Paris, Flammarion, 2012, 560 p.

[178] Réseau Européen de Recherche en Droits de l'Homme (dir.), *La fraternité*, Paris, Institut Universitaire de Varenne, 2018, 222 p.

[179] F. JULLIEN, De *l'universel, de l'uniforme, du commun et du dialogue entre les cultures*, Paris, éditions Fayard, 2008, p.108.

[180] B.-H. CHAHRAZED, « Uniformité », N. KADA (dir.), *Dictionnaire d'administration publique,* Grenoble, Presses universitaires de Grenoble, 2014, p. 509.

[181] M. GOURDAULT-MONTAGNE, *Les autres ne pensent pas comme nous*, Paris, Bouquins, 2022, p. 19.

[182] A.-B. FALL, « Universalité des droits de l'homme et pluralité juridique en Afrique », *La Constitution et les valeurs, Mélanges en l'honneur de Dmitri Georges Lavroff*, Paris, Dalloz, 2005, p. 367.

reposer sur l'évaluation du « degré d'appropriation épistémologique de la catégorie susvisée. Cette captation du réel procède d'une ambition démocratique et utilitariste car les droits de l'homme ajourneraient toute logique imposée. L'harmonisation est préférée à l'uniformité. Et l'internationalisation n'induit pas systématiquement l'universalisation parce qu'elle renferme la nécessité d'un pluralisme juridique « ordonné » combinant le commun et le multiple. Comme toutes les catégories juridiques, les droits de l'homme sont ouverts à l'interprétation en tant que technique d'adaptation réaliste et constructiviste. Par ce biais, seraient atténués les effets pervers du positivisme juridique, du messianisme occidental ou du scientisme »[183].

Il apparaît certain que la relation entre uniformité et universalité passe par la médiation du « pluralisme ordonné ». Selon le professeur Delmas Marty : « Le « pluralisme ordonné », véritable révolution épistémologique, est l'art de dessiner un espace juridique commun, par un équilibrage progressif qui préserve la diversité du monde et en accompagne le mouvement. Car les forces imaginantes du droit doivent pouvoir, à défaut d'instaurer un ordre immuable, inventer une harmonisation souple, propre à laisser espérer la refondation de valeurs communes. »[184].

Cette tentative de définir de manière commune le contenu des valeurs universelles et de les appliquer dans le respect du particularisme des traditions doit conduire à reconnaitre la normativité des valeurs.

2 – Le consensus autour de la normativité des valeurs

Quelle place les valeurs peuvent-elles occuper dans la hiérarchie des normes ? Poser la question semble incongrue dans la mesure où l'auteur à l'origine de la théorie de la hiérarchie des normes à précisément conçu cette dernière afin de rendre le système juridique imperméable à tout ce qui ne possède pas un caractère juridique. Pourtant la norme qui est au sommet de la pyramide des normes (la Constitution), semble être, elle, perméable aux valeurs. Une partie de la doctrine estime qu'il faut

[183] S.-A. NDIAYE, « Libre propos sur la notion des droits de l'homme en Afrique », *Revue générale de droit international public*, 2022-1, p. 2.
[184] M. DELMAS-MARTY, *Le pluralisme ordonné, les forces imaginantes du droit (II)*, Paris, Éditions du Seuil, 2006, p. 105.

considérer la Constitution comme « ordre de valeurs »[185]. La Constitution est l'expression d'un pacte de vie en commun établi sur des convictions philosophiques, morales, sociales partagées[186]. Selon cette conception, le pluralisme et la démocratie formeraient le cœur des valeurs fondamentales[187]. Les valeurs sont inscrites dans la Constitution et font l'objet d'une appropriation par le juge constitutionnel.

L'inscription des valeurs dans la Constitution ne doit pas être considérée comme une simple clause de style, elle est dotée d'une efficacité juridique. La plupart des constituants consacrent l'inscription des valeurs dans la Constitution. En Espagne[188], la Constitution affirme : « L'Espagne se constitue en un État de droit social et démocratique qui défend comme valeurs supérieures de son ordre juridique la liberté, la justice, l'égalité et le pluralisme politique »[189]. Les États d'Afrique noire francophone s'inscrivent dans la même lancée que le constituant espagnol en procédant de deux manières différentes.

Dans un premier temps, dans certaines constitutions, les valeurs sont inscrites dans le Préambule[190]. C'est ainsi que la Constitution de la République Démocratique du Congo du 18 février 2006, dans son Préambule, affirme : « Considérant que l'injustice avec ses corollaires (…) sont à l'origine de l'inversion générale des valeurs et de la ruine du pays… ». De façon similaire, le Préambule de la Constitution sénégalaise du 22 janvier 2001 proclame le profond attachement du « Peuple du Sénégal souverain » : « …à ses valeurs culturelles fondamentales qui constituent le ciment de l'unité nationale ». La Charte de transition malienne du 1er octobre 2020 fait encore mieux en termes de précision puisqu'elle érige au rang de valeurs constitutionnelles les « … valeurs et principes démocratiques inscrits

---

[185] S. PIERRÉ-CAPS, « La Constitution comme ordre de valeurs », in *La Constitution et les valeurs, Mélanges en l'honneur de Dmitri Georges Lavroff*, *op. cit.*

[186] K. LOEWENSTEIN, « Réflexions sur la valeur des constitutions dans une époque révolutionnaire. Esquisse d'une ontologie des Constitutions », *Revue française de science politique*, 1952, pp. 325-330.

[187] *Ibid.*, p. 281.

[188] M.-E. BLAS LÓPEZ, « Les droits sociaux en Espagne », *Revue internationale de droit comparé*, vol. 63, n° 2, 2011, p. 275.

[189] Article 1er de la Constitution espagnole du 27 décembre 1978.

[190] T. FRANC DE PAUL, « La normativité des préambules des constitutions des États africains d'expression française », *Revue française de droit constitutionnel*, vol. 104, n° 4, 2015, pp. 953-978.

dans la Charte africaine de la démocratie, des élections et de la gouvernance du 30 janvier 2007 de l'Union africaine et dans le Protocole A/SP1/12/01 du 21 décembre 2001 de la CEDEAO sur la démocratie et la bonne gouvernance. ».

Dans un second temps, dans d'autres constitutions, les valeurs sont intégrées dans le corps de la Constitution. La Constitution béninoise du 11 décembre 1990, en son article 10, prévoit que : « Toute personne a droit à la culture. L'État a le devoir de sauvegarder et de promouvoir les valeurs nationales de civilisation tant matérielles que spirituelles, ainsi que les traditions culturelles. ». Les constituants du Bénin et de la République de Guinée font preuve d'une grande originalité en définissant avec précision les valeurs considérés comme des normes constitutionnelles. C'est ainsi que l'article 1er de la Charte de la transition de la République du Gabon du 4 septembre 2023 circonscrit les valeurs intégrées à la Constitution lorsqu'il affirme : « Outre les valeurs affirmées par la Constitution du 26 mars 1991 en son préambule, la présente Charte consacre les valeurs et principes suivants pour conduire la Transition : Le patriotisme, la loyauté et la probité ; la Justice, l'impartialité et la dignité ; le mérite, le sens de la responsabilité et de la redevabilité ; la discipline, le civisme et la citoyenneté ; la fraternité, la tolérance et l'inclusion ; la neutralité, la transparence et l'intégrité ; le dialogue et l'esprit de consensus ; l'esprit de solidarité, de pardon et de réconciliation. »[191]. La Charte de transition de la République de Guinée du 27 septembre 2021 s'inscrit dans la même lignée que celle du Gabon lorsqu'elle affirme en son article 1er : « La présente Charte consacre les valeurs et principes ci-dessous qui doivent guider la transition, ses organes et l'ensemble des personnalités appelées à la conduire : le pardon et la réconciliation ; le patriotisme et la loyauté ; l'inclusion et la fraternité ; la justice et la responsabilité ; l'impartialité et la neutralité ; la tolérance et le dialogue ; la probité et la dignité ; la discipline et le civisme ; le mérite et l'équité »[192]. La lecture croisée des différentes constitutions montre bien que le constituant intègre dans le bloc de constitutionnalité les valeurs.

---

[191] Article 1er de la Charte de la transition du Gabon du 4 septembre 2023.
[192] Article 1er de la Charte de la transition de la République de Guinée du 27 septembre 2021.

Cette posture du constituant trouve son prolongement dans l'attitude du juge constitutionnel par rapport aux valeurs[193].

Le juge constitutionnel adopte une attitude radicalement différente lorsqu'il s'agit de faire référence aux valeurs dans la motivation de sa décision. Cette approche duale s'observe lorsque l'on examine l'attitude du juge constitutionnel français en comparaison avec ses homologues des pays d'Afrique francophone.

Dans un premier temps le juge constitutionnel français marque sa distance vis-à-vis de la possibilité de recourir aux valeurs comme technique de justification de sa décision. C'est ainsi que dans la décision *Autodétermination des Comores*[194], l'un des juges constitutionnels après avoir conclu à la conformité de la loi déférée, termine son rapport par un sixième point intitulé « Observations personnelles ». Dans ses observations, il explique que cette loi n'est pas opportune et pourrait avoir des conséquences très fâcheuses. Il conclut toutefois en rappelant que « tout cela n'est pas du droit, et c'est un problème de droit qui est soumis »[195]. Cette réticence du juge vis-à-vis des valeurs s'explique par la représentation mythique du juge qui est avant tout considéré comme la bouche de la loi qui ne saurait s'écarter du contenu de la loi pour faire référence à des valeurs[196]. Dans un second temps, le juge constitutionnel français semble vouloir aller au-delà de cette position de réticence vis-à-vis des valeurs[197]. C'est ainsi qu'il faut comprendre la décision du conseil constitutionnel français du 6 juillet 2018[198]. Interrogée sur la question de savoir si les dispositions des articles L. 622-1 et L. 622-4 du Code de l'entrée et du séjour des

---

[193] F. HOURQUEBIE, « Libre propos sur le juge constitutionnel et les valeurs », *Les Cahiers de la Justice*, vol. 1, n*. 1, 2022, pp. 7-14.

[194] Décision n° 75-59 DC du 30 décembre 1975, *Loi relative aux conséquences de l'autodétermination des îles des Comores.*

[195] V. RÉVEILLÈRE, « Couvrez ces valeurs que je ne saurais voir : la discussion des valeurs au Conseil constitutionnel (1959-1985) », *Revue de droit public*, n° 2-2015, p. 494. Sur le même sujet, v. H. SIMOMIAN-GINESTE, « De l'inédit politique à l'atypie juridique. La décision du Conseil constitutionnel : autodétermination des Comores », in M. Hecquard-Théron (dir.), *Les décisions juridictionnelles atypiques*, Toulouse, *Presses de l'Université des sciences sociales de Toulouse*, 2006, pp. 57-69.

[196] F. HOURQUEBIE, « L'argument conséquentialiste dans les décisions de justice », *Les Cahiers de la Justice*, vol. 2, n° 2, 2014, pp. 199-217.

[197] S. SALLES, *Le conséquentialisme dans la jurisprudence du conseil constitutionnel*, Paris, LGDJ, 2016, pp. 11-14.

[198] Décision n° 2018-717/718 QPC du 6 juillet 2018.

étrangers et du droit d'asile sur la base desquelles les requérants avaient été condamnés étaient ou non conformes à la Loi fondamentale et, notamment, au « principe constitutionnel de fraternité », la chambre criminelle de la Cour de cassation, après avoir constaté que les dispositions contestées n'avaient pas déjà été déclarées conformes à la Constitution par le juge constitutionnel et que la question, qui tendait à ériger la fraternité en principe constitutionnel, présentait un caractère nouveau, a saisi le Conseil constitutionnel pour qu'il se prononce. En réponse à la question prioritaire de constitutionnalité qui lui était soumise, ce dernier a reconnu pleine valeur constitutionnelle au principe de fraternité et a donné à cette reconnaissance une réelle portée juridique en concluant à la non-conformité partielle audit principe des dispositions litigieuses.

Le juge constitutionnel des pays d'Afrique noire francophone, contrairement à son homologue français, ne fait preuve d'aucune hésitation lorsqu'il s'agit d'intégrer les valeurs dans la motivation de ses décisions. Cette facilité s'explique certainement par la conception africaine de l'ordre juridique[199]. L'ordre juridique en Afrique est perméable aux valeurs, il existe un métissage de la norme. La norme est le fruit de l'expression de la volonté générale et à ce titre, elle est élaborée selon le formalisme prévu par la Constitution. Elle est aussi le symbole de l'adhésion de la collectivité nationale aux valeurs qui transcendent et donnent toute sa légitimité à la Constitution[200]. A ce titre, il apparaît évident que le juge constitutionnel considère les valeurs comme partie intégrante de la norme ainsi que l'a démontré le juge constitutionnel congolais dans une décision particulièrement importante[201]. Lorsque le juge constitutionnel issu des pays d'Afrique noire francophone convoque les valeurs dans le cadre de la construction de la motivation de son jugement, il ne verse pas dans la « para-constitutionnalité »[202]

Deux prévenus, en jugement à la chambre pénale de la Cour suprême ont invoqué, devant cette plus haute juridiction nationale de droit

---

[199] I.-Y. NDIAYE, A.-A. DIOUF, « L'Afrique du droit et le droit en Afrique », *Revue Sénégalaise de Droit,* n° 37, 2023, pp. 24-25.

[200] A. AKAM AKAM, *Les deux visages de la juridicité,* Paris, *L'Harmattan*, 2020, pp. 17-24.

[201] Cour constitutionnelle du Congo-Brazzaville, 01/DCC/SVE/03 du 30 juin 2003.

[202] S.-F. SOBZE, « Émergence de la justice para-constitutionnelle en Afrique subsaharienne », *Annales Africaines-Nouvelle Série,* vol. 2, 2022, n° 17, pp. 200-201.

commun, l'inconstitutionnalité des articles 336 du code pénal réprimant l'adultère et 337 du même code sur l'abandon du domicile conjugal. Conformément à l'article 149 de la Constitution, la Cour suprême a donc sursis à statuer et imparti aux prévenus un délai d'un mois à compter de la décision de recevabilité. Elle a renvoyé le dossier et les parties devant la Cour constitutionnelle, unique juridiction compétente pour se prononcer sur l'exception d'inconstitutionnalité. Ayant exercé leur recours devant la Cour constitutionnelle, les requérants ont demandé à cette juridiction de déclarer non conformes à la Constitution les articles 336 du code pénal qui détermine le délit d'adultère et 337 du même code qui en fixe les peines et prévoit le délit d'abandon de domicile conjugal, au motif que ces dispositions créeraient une discrimination à l'égard de la femme. Ils invoquaient en outre l'absence de définition de l'adultère dans le code pénal. La Cour constitutionnelle a décidé que les règles constitutionnelles garantissant l'égalité et la non-discrimination n'excluent nullement la différence de traitement entre l'homme et la femme, pour autant qu'elle repose sur des critères objectifs relatifs à l'état des mœurs et à l'intérêt général et soit raisonnablement justifiée. Pour la Cour constitutionnelle, la différence de traitement entre l'homme et la femme dans la prévention de l'adultère et de l'abandon du domicile conjugal n'est pas manifestement déraisonnable.

Le juge constitutionnel a justifié le fait que le législateur organise un régime juridique différent de l'adultère selon que l'auteur soit un homme ou une femme, par le fait que les conséquences que ferait peser l'adultère de la femme sur l'état des mœurs et l'intérêt général sont beaucoup plus importantes que celles engendrées par l'adultère de l'homme. Cette attitude conséquentialiste du juge constitutionnel congolais, qui a été critiquée par la doctrine[203], montre l'importance des jugements de valeurs dans la décision du juge[204]. Cette décision retient qu'il n'y a pas de discrimination lorsque l'acte posé par le législateur se justifie par la nécessité de préserver les valeurs morales et l'équilibre

---

[203] I. SALAMI, « Le traitement discriminatoire des délits du mariage devant les cours constitutionnelles béninoise et congolaise », http://ddata.overblog.com/1/35/48/78/Afrique/SALAMI traitement-discriminatoire-delits-de-mariage.doc. Dans cet article le professeur Salami critique une décision rendue dans le même sens par le juge constitutionnel béninois : Décision dcc 09 – 081 du 30 juillet 2009.

[204] A. AKAM AKAM, « La loi et la conscience dans l'office du juge », *Revue de la Recherche Juridique-Droit Prospectif*, 2011-4, p. 1925.

de la société qui repose sur la femme en sa qualité de gardienne des valeurs et de l'établissement de la filiation[205].

L'individu est porteur de valeurs qui se diffusent dans sa relation avec l'autre, c'est dans cette recherche d'une diversité qui prendra sa source dans la capacité des citoyens à penser de manière globale que se trouve le dépassement de la crise de la démocratie. La revitalisation de la fraternité apparaît comme l'un des moyens susceptibles de refonder la démocratie autour d'un projet commun.

B – La revitalisation de la fraternité

Traditionnellement, la fraternité souffrait d'un fort déficit normatif qui l'empêchait de la couler dans un texte de droit positif. Considérée comme une aspiration supra-juridique, la fraternité, disait-on ne pouvait s'inscrire dans une norme juridique précise, dès lors qu'elle était censée les inspirer toutes. A la différence de la liberté et de l'égalité qui, avec le temps, avaient réussi leur processus de positivation, la fraternité semblait vouée à demeurer dans le ciel des idées[206]. La fraternité a été introduite dans la devise républicaine française en 1848. Elle fait son entrée en droit international par le canal de l'article 1er de la Déclaration Universelle des Droits de l'Homme de 1948 qui dispose : « Tous les êtres humains naissent libres et égaux en dignité et en droits. Ils sont doués de raison et de conscience et doivent agir les uns envers les autres dans un esprit de fraternité. ». En cent ans, l'idée de fraternité a fait du chemin, et est devenue un principe juridique qui participe à la consolidation de la démocratie au point qu'Antoine de Saint Exupéry affirme que : « Une démocratie doit être une fraternité ; sinon, c'est une imposture. »[207]. La revitalisation de la fraternité a pour conséquence la mutation de l'individu (1) et la valorisation de la collectivité (2).

1 – La mutation de l'individu

L'individu est au cœur de la société démocratique de type occidental[208]. En tant qu'être social, l'individu est profondément enraciné dans la société. L'individu et la société sont donc totalement

---

[205] Décision DCC 09 – 081 du 30 juillet 2009.
[206] F. OST, *Le droit ou l'empire du tiers*, Paris, Dalloz, 2021, p. 330.
[207] A. SAINT-EXUPÉRY, *Écrits de guerre, 1939-1944*, Paris, Folio, 2000, p. 19.
[208] V. CONSTANTINESCO, S. PIERRÉ-CAPS, *Droit constitutionnel*, Paris, PUF, 2013, 6e édition, pp. 19-22.

inséparables et cette relation est complexe. La crise de la démocratie est intimement liée à la crise de l'individu. Cette crise de l'individu prend sa source dans la montée d'un individualisme radical qui revendique la sédition permanente comme expression de la valorisation de son identité.

Le monde assiste impuissant à l'émergence et à la valorisation d'un individualisme mû par l'égoïsme le plus primaire au point qu'un auteur contemporain, décrivant la société actuelle, affirmait avec consternation : « « J'ai le droit ! » Cette phrase tombe comme un couperet, ferme toute possibilité de dialogue. Cette affirmation semble éluder l'accomplissement de devoirs autant qu'elle efface les droits d'autrui. « Je » prend tout l'espace, l'écrase par son irréductible souveraineté un « nous » qui aura servi au genre humain à faire société depuis des siècles, sinon des millénaires (…) notre passion illimitée de la liberté individuelle adossée à celle de l'égalité transformée en égalitarisme aura conduit à l'effacement du « nous » au profit d'un « je » tout-puissant, revendicatif et péremptoire. Nous vivons une époque où le droit individuel prévaut sur tout »[209].

Cette « dictature » de l'individu va avoir pour conséquence de conduire à une mutation de la démocratie, faisant d'elle une « égodémocratie »[210]. Se dessine en creux le portrait d'un nouveau citoyen, l'égodémocrate[211], qui, étant la mesure de toute chose, ne serait plus prêt à accepter l'une des règles de la vie en commun : le compromis. En démocratie, il faut pourtant savoir transiger. On peut appeler cela la règle de la majorité, le sens du vivre ensemble, en tout état de cause on ne peut imposer son point de vue systématiquement[212]. L'individualisme est le fondement et la finalité de la démocratie. Le bien-être des personnes prises individuellement prime, mais en même temps, une certaine version de cet individualisme peut corrompre la démocratie jusqu'à la rendre impuissante et installer son contraire absolu : le règne du plus fort. Cette importance démesurée prise par

---

[209] B. LEFEBVRE, *Génération « j'ai le droit »*, Paris, Éditions Albin Michel, 2018, p. 9.

[210] E. THIERS, « La désobéissance civile : entre Antigone et Narcisse, l'*egodémocrate* », *Pouvoirs*, 2015/4, n° 15, pp. 55-71.

[211] J. ION, *En finir avec l'intérêt général : l'expression démocratique au temps des égos*, Paris, Éditions du Croquant, 2017, 88 p.

[212] *Ibid*, p. 71

l'individu ne saurait perdurer. Il est donc nécessaire que la société se dote de règles susceptibles de favoriser la mutation de l'individu.

Le temps semble venu de dépasser la conception actuelle de l'individu pour effectuer un retour aux origines de la relation entre l'individu et la société en tenant néanmoins compte de l'évolution de la société. La résolution de la crise de la démocratie passe par un dépassement de la conception occidentale de l'individu[213].

L'individu tel qu'il est conçu par la société occidentale, c'est-à-dire libre et autonome, déployant une volonté libre et autonome ne disparaîtra pas. Cependant, il semble évident que la liberté de l'individu peut concilier cette liberté, cette autonomie de la volonté avec l'obligation d'être habité par le sens de la responsabilité.

La responsabilité de l'individu doit être pensée comme un outil au service de la collectivité et de l'intérêt général. Le Prix Nobel de la paix Vaclav Havel souligne l'importance de la responsabilité dans l'édification d'une société démocratique lorsqu'il affirme : « La sauvegarde de notre monde humain n'est nulle part ailleurs que dans le cœur humain, la pensée humaine, l'humilité humaine, la responsabilité humaine. Sans révolution globale dans la sphère de la conscience humaine, rien ne peut changer positivement, même dans la sphère de l'existence humaine, et la marche de notre monde vers la catastrophe, écologique, sociale, démographique ou culturelle, est irréversible. »[214].

Il ne s'agit pas de replonger l'individu dans une société holiste, c'est-à-dire une société où le tout est supérieur aux parties qui le constituent. Il faut préserver la distance qui existe entre l'individu et les autres. Cependant cette distance avec « l'autre » ne doit pas signifier absence de « l'autre ». L'individu doit prendre conscience de la responsabilité que peut faire peser sa manière de penser, de sentir et d'agir sur les autres. L'individu doit désormais être inséparable du « tiers »[215]. La survie de la démocratie en tant que système de gouvernement passe non seulement par la mutation de l'individu mais également par la valorisation de la collectivité.

---

[213] J.-L. AMSELLE, *L'occident décroché. Enquête sur les postcolonialismes,* Paris, Éditions Stock, 2008, p. 7.

[214] H. VACLAV, « Allocution devant le Congrès américain, 21-2-1990 », cité par F. Lenoir, *Le temps de la responsabilité : Entretiens sur l'éthique*, Paris, Pluriel, 2013, p. 13.

[215] F. OST, *Le droit ou l'empire du tiers, op. cit.*, 348 p.

2 – La valorisation de la collectivité

L'individu est la pierre angulaire de la démocratie. L'effectivité d'une démocratie se mesure à sa capacité à satisfaire les besoins de l'individu. Cette prééminence de l'individu a été le point de départ de la révolution industrielle qui a été à l'origine du développement économique des États. S'il semble prétentieux d'affirmer que nous assistons à la fin de l'individualisme, il apparaît certain que l'on assiste à un retour en grâce de la collectivité, de la fraternité dans sa dimension de prise en compte des besoins de l'autre. Une fraternité est une collectivité où règne une véritable cohésion, chaque individu travaillant consciemment au bien de tous[216].

Tout montre que le monde évolue dans un régime « d'inséparation » quelle que soit l'échelle considérée. Tout dans l'expérience contemporaine indique que la société est plongée dans une inséparabilité fondamentale : « inséparation » des hommes entre eux, « inséparation » entre les hommes et le monde, « inséparation » entre les phénomènes, « inséparation » entre les multiples modes d'être de la matière[217]. La démocratie ne peut survivre en tant que système que si l'individu s'ouvre à l'autre, s'il parvient à réaliser une alchimie entre l'un et le multiple, entre le particulier et le commun, entre l'individuel et l'universel. L'individu aussi bien que le droit s'inscrivent dans une globalisation qui invite à repenser de manière profonde le rapport à l'autre.

La représentation que l'individu se fait de sa place dans la société a une influence sur la qualité de la démocratie. C'est à ce titre qu'il est invité à sortir de son isolement afin de penser global. Penser global sous-entend que l'homme, pris dans sa singularité, puisse penser la société dans sa globalité. Cela signifie qu'il doit pouvoir considérer l'humanité dans sa nature « trinitaire » dans la mesure où chaque homme est à la fois un individu, un être social et une partie de l'espèce humaine[218].

Le droit et plus particulièrement le droit constitutionnel est également invité à envisager l'organisation de l'État dans le sens de la

---

[216] O.-M. AÏVANHOV, *En chemin vers la fraternité, de l'individuel à l'universel*, Fréjus, Éditions Prosveta, 2022, p. 19.

[217] D. QUESSADA, « L'inséparation du monde », in, D. Quessada (dir.), *L'inséparé. Essai sur un monde sans Autre*, Paris, PUF, 2013, p. 11.

[218] E. MORIN, *Penser global*, Paris, Flammarion, 2016, pp. 12-13.

globalité. L'idée d'un « droit constitutionnel international » est ancienne puisqu'elle était déjà évoquée par l'internationaliste Georges Scelle au début du XXe siècle. Cette relecture constitutionnelle du droit international par la volonté d'établir une organisation institutionnelle mondiale est désormais prolongée sous une autre forme par la notion de « droit constitutionnel global » ou de « constitutionnalisme global »[219]. Elle pose non seulement la question de savoir si l'on peut penser la Constitution et donc le droit constitutionnel au-delà de l'État mais même s'il est possible de le faire contre lui. Certaines théories entendent acter la soumission des États à un droit qui ne serait plus le leur et prôner l'avènement d'une « gouvernance mondiale » qui prendrait corps à travers un droit commun de valeurs et d'institutions dont les prescriptions s'imposeraient indistinctement sur toute la surface de la terre à chaque nation, contre leur souveraineté et par-delà le cadre étatique[220].

L'individu et l'État doivent tendre vers la collectivité, vers la globalité. Le droit constitutionnel global se rapproche du cosmopolitisme de Kant[221]. Le cosmopolitisme kantien est célèbre pour avoir envisagé la construction juridique d'un ordre du monde qui reconnaisse la paix comme but politique suprême. Mais cette finalité n'est intelligible que sur la base d'une visée culturelle commune, celle d'un humanisme témoignant d'une identité universelle humaine. Le cosmopolitisme kantien comporte donc une dimension juridique et politique ainsi qu'une dimension anthropologique et culturelle. Le modèle kantien garde toute son actualité par la prévision qu'il a faite de l'interdépendance croissante des peuples de la terre et par l'option du relationnalisme qui permet la construction juridique d'un programme de paix partageable. Ce sont, en effet, les relations, relations entre individus et relations entre peuples, qui sont universalisables. Des relations et non des appartenances. Seule la forme des rapports interhumains est universalisable. Le concept de citoyen du monde trouve donc sa place dans la philosophie kantienne du droit aussi bien que dans la philosophie kantienne de l'histoire. La Doctrine du droit raisonne de manière déductive *a priori*. Le droit cosmopolitique est

---

[219] T. HOCHMANN, « le constitutionnalisme global », *RFDC*, 2019, n° 120, pp. 885-904.

[220] B. DAUGERON, *Droit constitutionnel*, *op.cit.*, pp. 114-115.

[221] D. GAURIER, *Histoire du droit international : De l'Antiquité à la création de l'ONU*, Rennes, Presses Universitaires de Rennes, 2014, p. 448.

celui qui « tend à une union possible de tous les peuples, en vue de certaines lois de leur commerce possible »[222].

L'individu doit se réinventer et s'intégrer au monde. C'est la solution qui va permettre de dépasser la crise de la démocratie. La démocratie doit se réinventer et cette « révolution » doit partir de l'individu. Il faut admettre qu'il n'y a pas une seule façon de percevoir la démocratie, il faut la penser de manière plurielle tout en posant des bases communes de son application. La démocratie suppose certaines valeurs universelles dans le respect de la spécificité des cultures. L'individu ne peut plus en l'état demeurer la pierre angulaire du système démocratique. L'épanouissement de la démocratie passe par une alchimie entre l'individu et la collectivité. L'individu doit se fondre dans la collectivité en gardant sa spécificité, la collectivité doit devenir la matrice de l'épanouissement de l'individu[223].

Cette conception qui semble idyllique paraît verser dans l'utopie. Affirmer cela c'est ignorer le rôle que joue l'utopie en droit. L'utopie a toujours joué un grand rôle dans le développement de la société. Des modèles abstraits ont été souvent imaginés, qui projetaient l'image favorable critique du monde présent. A la violence, à l'anarchie, à l'irrationalité des rapports quotidiens, on substituait ainsi à bon compte la vision d'un ordre pacifique, harmonieux, propice à l'épanouissement de tous. En tant que méthode, l'utopie consiste à définir un objet idéal vers lequel les actions conscientes doivent converger[224] .

**

Il y a presqu'un siècle, le professeur Giorgio del Vecchio tenait des propos qui avec le temps conservent, malheureusement, toute leur actualité : « jamais peut-être comme aux temps difficiles où il nous est donné de vivre, l'humanité n'a senti le besoin de rechercher les principes suprêmes d'une vie sociale organisée ; jamais peut-être n'ont été davantage évoquées les idées de justice et de liberté qui constituent l'essence du droit et les conditions d'une paix vraie et sûre. Plus ces idées seront cultivées, pratiquées et respectées, plus nous pourrons

---

[222] C. MONIQUE, « Significations du cosmopolitisme kantien », *Raison présente*, vol. 201, n° 1, 2017, p. 24.

[223] EMMANUELLE, *Le paradis c'est les autres*, Paris, Flammarion, 1995, 176 p.

[224] S. SUR, « Système juridique international et utopie », in *Le droit international, Archives de philosophie du droit*, Tome 32, Sirey, 1987, p. 35.

espérer que le genre humain surmontera la crise actuelle et évitera les périls mortels qui la menacent »[225].

La crise de la démocratie mérite d'être prise au sérieux car de par son lien consubstantiel avec l'État, elle est aussi et surtout une crise du droit. Cette crise du droit a de profondes répercussions sur l'individu. La crise de l'individu est avant tout une crise de confiance envers le droit. Ainsi que l'affirme une partie de la doctrine : « L'être humain ressent le besoin de trouver un sens à sa propre vie, en se rattachant à quelque chose de plus haut que lui. La société a besoin de rattacher ses règles de vie à des principes fondateurs. Les philosophes du droit, les théologiens, les constituants en ont fait leur objet de réflexion. » [226].

Le droit est en crise parce qu'il a perdu son contact avec la spiritualité, avec l'émotion et avec la nature. Ces dimensions sont certes non rationnelles mais elles n'en sont pas moins inséparables de notre humanité. La société a progressivement évincé tout fondement religieux du droit au profit de la raison[227]. Le droit n'est pas seulement malade dans ses manifestations ; il l'est dans sa notion même. Endommagé, maltraité, affaibli, il est en crise profonde au point que nombre de juristes en viennent à en perdre l'idée même. La notion de droit positif, comme le seul droit, le seul vrai droit, fait dégénérer le droit. Plus l'édifice du droit positif se fissure, se craquèle et décline, plus le droit naturel s'affirme avec force. Il transparaît sans cesse davantage dans les interstices, les failles du droit positif. Le droit naturel est et demeure insaisissable. Il n'est ni un contenu, ni collection de recettes. Il est une méthode, un chemin[228].

La crise de la démocratie est l'expression d'un divorce entre l'individu et l'idée de collectivité. Ainsi que l'affirmait le professeur Georges Burdeau : « Bien des imprécisions qu'on impute au concept de démocratie, bien des contradictions aussi, qu'on prend un amer plaisir à relever entre les régimes politiques qui s'en réclament, se dissiperaient si seulement on voulait y voir ce qu'elle est, non un schéma inerte, mais une force portant en elle-même la logique de son évolution »[229].

---

[225] G. DEL VECCHIO, *Les principaux généraux du droit*, Paris, LGDJ, 1925, p. 7
[226] M. COUDRAIS, *Réhumaniser le droit*, *op. cit.*, p.25.
[227] *Ibid.*, p. 25.
[228] C. ATIAS, « L'incessant triomphe du droit naturel », *Les Cahiers Portalis*, 2015/1, n° 2, pp. 25-56.
[229] G. BURDEAU, *Écrits de Droit constitutionnel et de Science politique*, Paris, LGDJ, 2011, p. 389.

OHADA, ZLECAF et harmonisation globale du droit des affaires en Afrique : la nécessité d'une approche pluraliste

Paul Francis OHANDJA

Docteur en droit privé et sciences criminelles
Maître-assistant CAMES
Université de Buea - Cameroun

Résumé : *L'espace OHADA dans lequel est appliqué le droit qui porte son nom est marqué par une multitude d'États pris singulièrement d'une part et de communautés à caractère économique, politique ou financier secrétant ou non un droit directement applicable d'autre part. Dans ce contexte de pluralité est née la Zone de Libre-échange continentale africaine (ZLECAF) ; espace de multiplication des échanges commerciaux, à vocation économique et non juridique mais qui vient contribuer à interpeler l'OHADA dans son objectif qui est d'offrir une harmonisation globale du droit des Affaires en Afrique. Cependant, en l'état actuel, cet objectif n'a pas encore été définitivement atteint à cause d'un ensemble de limites intrinsèques et extrinsèques au droit OHADA. A cause de sa technique et de sa formulation rigide, ce droit ne peut pas avancer à la même vitesse que les évolutions du monde des affaires en Afrique d'une part et ne prend pas suffisamment en considération toutes les autres sources du droit - nationales, communautaires, internationales, privées ou professionnelles - qui l'entourent et qui sont l'expression d'un pluralisme juridique d'autre part. A travers une exégèse et une prospective juridique, il faut proposer un autre paradigme de codification et de normalisation basé sur une approche pluraliste effective qui améliorerait le droit textuel en vigueur autant qu'il susciterait le développement d'un droit complémentaire souple. Ainsi, l'OHADA pourra garantir l'harmonisation globale du droit des affaires espérée.*

Mots clés : *OHADA – ZLECAF- Harmonisation – Droit des affaires - Pluralisme*

L'OHADA[1] a une mission étymologique à savoir procéder à une harmonisation globale des affaires en Afrique. Pour cela, l'organisation s'est attribuée un champ d'application matériel vaste, dynamique[2] et s'est assignée un objet bien défini consistant en : « (…) l'harmonisation du droit des affaires dans les États-Parties par l'élaboration et l'adoption des règles communes simples, modernes et adaptées à la situation de leurs économies, par la mise en œuvre des procédures judiciaires appropriées (…) »[3]. Derrière cet objet se cache un double défi ou objectif : celui d'installer et de pérenniser la sécurité juridique d'une part, et judiciaire d'autre part, dans le monde des affaires à travers une technique juridique rigide[4].

Sous le prisme de cet objet et de ce défi, la célébration des trente ans de l'OHADA ouvre la voie à des réflexions partagées, tantôt enthousiastes et tantôt lymphatiques sur son bilan et ses perspectives. En effet, les éléments pouvant justifier une analyse euphorique de son bilan ne manquent pas. En premier lieu, le droit dérivé, caractérisé notamment par les Actes Uniformes et les Règlements, éléments formels de sécurité juridique, sont nombreux et effectifs[5], sonnant ainsi

---

[1] Organisation pour l'Harmonisation en Afrique du Droit des Affaires. Créée par le Traité signé à Port-Louis le 17 octobre 1993 modifié par le Traité de Québec du 17 octobre 2008. Elle regroupe actuellement 17 États-membres à savoir Bénin, Burkina-Faso, Cameroun, Comores, Congo-Brazzaville, Côte-D'Ivoire, Gabon, Guinée-Bissau, Guinée Conakry, Guinée-Équatoriale, Mali, Niger, Sénégal, Tchad, Togo, République Centrafricaine, République Démocratique du Congo.

[2] Art. 2, Traité OHADA modifié, Québec, 17 octobre 2008 : « Pour l'application du présent Traité, entrent dans le domaine du droit des affaires l'ensemble des règles relatives au droit des sociétés et au statut juridique des commerçants, au recouvrement des créances, aux sûretés et aux voies d'exécution, au régime du redressement des entreprises et de la liquidation judiciaire, au droit de l'arbitrage, au droit du travail, au droit comptable, au droit de la vente et des transports, et toute autre matière que le Conseil des Ministres déciderait, à l'unanimité, d'y inclure (…) ».

[3] Art. 1er, Traité OHADA préc.

[4] Au niveau de la technique, l'OHADA a recours à une technique rigide d'intégration juridique, à savoir l'uniformisation. En effet, le droit OHADA contenu par exemple dans les Actes Uniformes se substitue au droit national de chaque État-membre dans le domaine concerné. Il s'agit en réalité d'une double uniformisation : d'abord au niveau matériel (contenu de la loi) et ensuite au niveau de l'interprétation des normes ; v. en ce sens J.-Y. TOE, « La problématique actuelle de l'harmonisation du droit des affaires par l'OHADA », *Revue de Droit Uniforme*, 2008, pp. 23-37

[5] Pour légiférer dans les matières relevant de son champ de compétence, l'OHADA élabore des Actes Uniformes. Du plus récent au plus ancien, nous avons :

- Acte uniforme relatif au système comptable des entités à but non lucratif, Niamey (Niger), 22/12/2022, *J.O. OHADA*, n* spécial du 22/02/2023

le glas du mouvement de balkanisation du droit qui prévalait sur le continent avant l'avènement de l'OHADA[6]. En second lieu, la Cour Commune de Justice et d'Arbitrage, support institutionnel de la sécurité judiciaire, a déjà mis à disposition, une grande œuvre jurisprudentielle relative à l'interprétation et à l'application de ce droit[7]. Dans l'ensemble, l'OHADA a donc manifestement produit un « droit très important et original »[8], intégré au droit interne des États-membres[9],

- Acte uniforme relatif au droit de l'arbitrage, Conakry (Guinée), 23/11/2017, *J.O. OHADA*, n* spécial du 15/12/2017
- Acte uniforme relatif à la médiation, Conakry (Guinée), 23/11/2017, J.*O. OHADA*, n* spécial du 15/12/2017
- Acte uniforme relatif au droit comptable et à l'information financière, Brazzaville (Congo), 26/01/2017, *J.O. OHADA*, n* spécial du 15/12/2017
- Acte uniforme portant organisation des procédures collectives d'apurement du passif, Grand-Bassam (Côte d'ivoire), 10/09/2015, *J.O. OHADA*, n* spécial du 25/09/2015
- Acte uniforme révisé relatif au droit des sociétés commerciales et du groupement d'intérêt économique, Ouagadougou (Burkina-Faso), 30/01/2014, *J.O. OHADA*, n* spécial du 04/02/2014
- Acte uniforme révisé portant organisation des sûretés, Lomé (Togo), 15/12/2010, *J.O. OHADA*, n* 22 du 15/02/2011
- Acte uniforme relatif au droit des sociétés coopératives, Lomé (Togo), 15/12/2010, *J.O. OHADA*, n* 23 du 15/02/2011
- Acte uniforme révisé portant sur le droit commercial général, Lomé (Togo), 15/12/2010, *J.O. OHADA*, n* 21 du 15/02/2011
- Acte Uniforme relatif aux contrats de transport des marchandises par route, Yaoundé (Cameroun), 22/03/2003, *J.O. OHADA*, n* 13 du 31/07/2003
- Acte Uniforme portant organisation des procédures simplifiées de recouvrement et des voies d'exécution, Libreville (Gabon), 10/04/1998, J.*O. OHADA*, n* 06 du 01/06/1998.

[6] Voir F. ONANA ETOUNDI, « Les expériences d'harmonisation des lois en Afrique », *Revue de l'ERSUMA*, n* 1, juin 2012.

[7] Art. 13 et 14, Traité OHADA préc.

[8] J. PAILLUSSEAU, « Le droit de l'OHADA. Un droit très important et original », *La Semaine Juridique*, n* 44 du 28 octobre 2004, Supplément n* 5, pp. 1-5

[9] V. S.-D. NJONGA MOUKALA, *La nature du droit OHADA*, Douala, 2019, Thèse mult., 488 p.

résolument tourné vers l'économie[10] et de nature à susciter une attractivité des investissements en Afrique[11].

Cependant, le bilan de l'OHADA, trente ans plus tard présente aussi quelques limites qui imposent de lui définir de nouvelles perspectives. Sans prétendre à un échec, il y a lieu de souligner des bémols d'ordre contextuel d'une part et juridique, d'autre part.

D'un point de vue contextuel, une lecture géographico-économique permet de relativiser le bilan de l'OHADA. Sur le plan géographique, lors de sa création, l'OHADA qui est d'abord un droit propre à un espace a clairement affiché une ambition panafricaine qui est loin d'être atteinte à ce jour. Il suffit pour s'en convaincre de regarder le nombre d'États-membres et leur affiliation presqu'exclusive au système juridique français. Sur le plan économique, l'espace africain vibre désormais au rythme d'un rituel pendulaire entre la régionalisation et la mondialisation qui ne manque pas d'affecter l'OHADA. Au nom de la régionalisation, il existe une pluralité de communautés économiques. Lesdites communautés légifèrent dans les matières relevant de leurs compétences. L'on se retrouve ainsi avec un droit supposé global et à finalité économique mais qui ne couvre pas encore tous les pans de l'économie et des investissements sur son territoire. Au nom de la mondialisation, l'Afrique depuis 2018 s'est lancée dans un vaste chantier de construction d'un marché commun marqué par la libre circulation des biens, services et personnes à travers l'effacement des barrières douanières par exemple. Le nom donné à ce marché unique entré en vigueur le 1er janvier 2021 et qui entend faire disparaitre toutes

[10] H. OTABELA ATANGANA, *Droit OHADA et développement économique au Cameroun de 1995 à 2020 : contribution historique à une théorie de l'analyse économique du droit en Afrique subsaharienne*, Yaoundé II et Aix-Marseille, 2021, Thèse mult., 543 p. ; D. MBOW, « L'attractivité juridique et économique de l'OHADA », *Revue libre de droit*, 2020, pp. 87-108 ; H.-D. MODI KOKO BEBEY, « La Réforme du droit des affaires de l'OHADA au regard de la mondialisation de l'économie », in *La Mondialisation vue d'Afrique*, Conférence donnée à la Maison des Sciences de l'Homme Ange GUEPIN, Nantes, 16 mai 2002

[11] D.-E. KEUFFI, *La régulation des marchés financiers dans l'espace OHADA*, Strasbourg et Dschang, 2010, Thèse mult. ; N.-M. NCHANKOU MOUANSIE, *La liberté d'établissement des sociétés en Europe et en Afrique*, Cergy-Pontoise, 2010, Thèse mult.

les autres communautés économiques régionales est la ZLECAF[12]. Ladite zone est plus vaste que l'OHADA[13].

Le binôme OHADA-ZLECAF crée une attente synallagmatique. D'une part, nous avons la nécessité pour la ZLECAF de s'adosser sur l'OHADA. En effet, la ZLECAF a une vocation strictement économique et non juridique. Elle se contente d'instaurer un marché unique ou une uniformisation des pratiques commerciales[14] laissant ouverte la question du droit applicable. De même, son protocole relatif au règlement des litiges ne concerne que les litiges entre États-membres[15], créant des questionnements sur le sort réservé aux autres litiges qui pourraient survenir entre les acteurs non étatiques. D'autre part, nous avons l'obligation pour l'OHADA d'offrir à la ZLECAF une législation adaptée à son contenu. Pour certains auteurs en effet : « *on peut dire qu'avec l'Accord ZLECAF, l'espace OHADA deviendra un marché unique sur lequel sera appliqué une législation harmonisée. On passera alors d'une intégration juridique à une intégration juridico-*

---

[12] Zone de Libre Échange Continentale Africaine

[13] La ZLECAF compte comme États-membres, 54 sur 55 pays africains. Tous les États-membres de l'OHADA sont aussi membres de la ZLECAF.

[14] Accord Portant Création de la Zone de Libre Échange Continentale Africaine

- Préambule : « (...) *Conscients de la nécessité de créer un marché élargi et sécurisé pour les marchandises et les services des États-parties grâce à une infrastructure adéquate et à la réduction ou à l'élimination des barrières tarifaires et à l'élimination des barrières non tarifaires au commerce et à l'investissement* » ;
- Art. 3 : Objectifs généraux : « 1- *Approfondir l'intégration économique en Afrique (...) ; 2- Créer une union douanière continentale ; 3- Libéraliser le commerce intra-africain ; 4- Résoudre les problèmes de chevauchement des adhésions aux Communautés Économiques Régionales* (...) » ;
- Art. 4 : Objectifs spécifiques : « 1- *Éliminer progressivement les barrières tarifaires ou non tarifaires au commerce des marchandises* (...) » ;
- Art. 6 : champ d'application : « *Le présent accord régit le commerce des marchandises, le commerce des services, les investissements, les droits de la propriété intellectuelle et la politique de concurrence* » ;

[15] Accord Portant Création de la Zone de Libre Échange Continentale Africaine

- Art. 20 al. 1er : « *Il est institué par le présent accord un mécanisme de règlement des différends entre les États-parties* ».

Protocole sur les règles et procédures relatives au règlement des différends

Art. 3 al. 1er : « *Le présent protocole s'applique aux différends survenant entre les États-parties concernant les droits et obligations en vertu des dispositions de l'Accord* ».

commerciale »[16]. Il faut d'ailleurs relever que le Conseil des ministres de l'OHADA, au cours de sa cinquantième session tenue à Bamako au Mali, les 24 et 25 mars 2021, a encouragé le secrétariat permanent à créer et développer un cadre de collaboration avec la ZLECAF.

Or, une lecture des difficultés d'ordre juridique intrinsèques à l'OHADA ne permet pas d'envisager en l'état, avec une parfaite assurance, la perspective d'un encadrement complet et efficace par le droit OHADA des échanges économiques qui naitront dans le cadre de la ZLECAF et partant, d'une harmonisation globale des affaires. L'exposé de ces difficultés d'ordre juridique tourne essentiellement autour de deux notions que sont la pluralité et le pluralisme[17].

L'OHADA est incontestablement née dans un contexte pluriel et pluraliste. À l'échelle étatique, il existait avant son adoption, dans chaque État-membre, une législation plus ou moins systématisée et ayant vocation à encadrer les actes et transactions commerciaux ou économiques. De même, à l'intérieur de certains États, plusieurs systèmes juridiques cohabitaient. Le Cameroun avec sa tradition bijurale marquée par la coexistence du système civiliste ou romano-germanique et du système anglo-saxon ou de *common-law* en est un exemple majeur. À l'échelle supra-étatique, il existait et subsiste un ensemble de législations sectorielles à caractère ou finalité économique comme cela a déjà été relevé. La seule existence de ces législations internes et externes aux États-membres de l'OHADA et antérieure à son avènement renvoie à la pluralité. Il était donc question pour l'OHADA de tenir compte de ces différentes législations et traditions juridiques afin de définir sur son espace, soit divers ordres juridiques

[16] E.-D. FOTSO, « *Portée de la ZLECAF dans l'espace OHADA : d'une intégration juridique à une intégration juridico-commerciale* », Communication à l'occasion de la Conférence organisée par le Club OHADA de Paris sur le thème « OHADA et la Zone de libre-échange continentale », Paris, 23 novembre 2022.

[17] Au sens classique, le pluralisme renvoie soit à la sujétion de l'individu à plusieurs droits, soit à une théorie selon laquelle toute société pratique une multiplicité d'ordonnancements juridiques différents qui s'appliquent concurremment à des situations identiques, soit à une théorie qui reconnait l'existence simultanée d'au moins deux ordres juridiques distincts et analyse les rapports qui se nouent entre eux ; v. J. VANDERLINDEN, « Réseaux, pyramide et pluralisme ou regard sur la rencontre de deux aspirants-paradigmes de la science juridique », *RIEJ*, n* 49, 2002, p. 27 ; B. BARRAUD, *Théories du droit et pluralisme juridique. Les théories dogmatiques et la fragilité du pluralisme juridique*, tome 1, PUAM, 2016 ; J.-G. BELLEY, « Pluralisme juridique », in A-J. Arnaud (dir.), *Dictionnaire encyclopédique de théorie et de sociologie du droit*, 2ème édition, LGDJ, 1993, p. 301 et s.

cohérents, soit un seul ordre juridique hybride. La problématique du pluralisme se situe à ce niveau et affecte l'harmonisation globale du droit des affaires en Afrique. Par exemple, comment se servira-t-on du droit OHADA pour encadrer des échanges économiques entre le Nigéria et l'Afrique du Sud, deux États appliquant la *common-law*, membres de la ZLECAF mais non parties au Traité OHADA ?

Dans l'optique d'une harmonisation globale du droit des affaires en Afrique, de *lege lata*, l'harmonisation entamée par l'OHADA présente des limites tenant à une prise en compte relative du pluralisme juridique (I). De *lege ferenda*, si une réforme est opérée par l'OHADA, la perspective d'une harmonisation globale est espérée (II).

I – Les limites d'une harmonisation entamée par l'OHADA : la prise en compte relative du pluralisme

L'OHADA a entamé l'harmonisation du droit des affaires en Afrique dans un contexte de pluralité caractérisée par l'existence de nombreuses législations et traditions juridiques. Cependant, jusqu'ici, l'OHADA n'est pas encore totalement inscrite dans une démarche de construction d'une harmonisation qui épouserait tous les contours de cette pluralité. Tandis que la pluralité est affirmée (A), le pluralisme quant à lui est discuté (B).

A – Une pluralité affirmée

Le droit OHADA est un droit qui se substitue au droit interne des États-membres sans toutefois abroger tous les différents textes nationaux en vigueur dans ces États ainsi que les textes supranationaux dérivant des autres communautés juridico-économiques auxquelles appartiennent ces États. Le caractère affirmé de la pluralité au sein de l'espace OHADA peut être apprécié à l'échelle supranationale ou communautaire (1) et nationale (2).

1 – A l'échelle supranationale

De nombreuses communautés strictement économiques[18] ou juridico-économiques[19] existent en Afrique. L'un des objectifs majeurs de la ZLECAF est d'uniformiser toutes ces communautés qui édictent à un rythme assez soutenu, un ensemble de textes. Certains textes portent sur des matières qui relèveraient du champ de l'OHADA mais qui n'ont pas encore été encadrées par elle ou qui n'ont été encadrées que de façon partielle. Il s'agit notamment des domaines de la finance[20], du commerce extérieur[21], de la concurrence[22] ou encore de la fiscalité[23]. D'autres textes quant à eux sont pris dans des matières ayant déjà effectivement fait l'objet d'un acte uniforme OHADA, laissant ouvert

---

[18] Nous pouvons citer trois communautés économiques régionales (CER) à savoir la Communauté Économique des États de l'Afrique centrale (CEEAC) ; la Communauté Économique des États de l'Afrique de l'Ouest (CEDEAO) et la Communauté de Développement de l'Afrique Australe (SADC).

[19] Nous pouvons citer la Communauté Économique des États de l'Afrique Centrale (CEMAC) et l'Union Économique et Monétaire Ouest Africaine (UEMOA) ; v. L. TENGO, « La Communauté Économique des États de l'Afrique Centrale : organisation intergouvernementale ou organisation supranationale ?», https://doi.org/10.57771/2363-6270-2015-1-40 disponible sur http://www.nomos-elibrary.de/agb .

[20] Pour le compte de la CEMAC, nous pouvons citer entre autres le Règlement n* 02/18/CEMAC/UMAC/CM du 21 décembre 2018 portant règlementation des changes ; le Règlement n* 01/02/CEMAC/UMAC/COBAC du 27 septembre 2017 relatif aux conditions d'exercice et de contrôle de l'activité de microfinance ; le Règlement n* 04/22/CEMAC/UMAC/COBAC du 09 novembre 2022 relatif aux conditions d'exercice et de contrôle de l'activité de finance islamique ; le Règlement n* 01/14/CEMAC-UMAC-CM du 25 avril 2014 portant institution d'un régime d'inscription en compte des valeurs mobilières et autres instruments financiers.
Pour le compte de l'UEMOA, nous pouvons citer entre autres le Règlement n* 10/2022/CM/UEMOA du 30 septembre 2022 relatif aux titres financiers islamiques, aux sociétés d'émission des Sukuks dans l'UEMOA et aux fonds d'émission des Sukuks dans l'UEMOA ; le Règlement n* 15/2002/CM/UEMMOA du 19 septembre 2002 relatif aux systèmes de paiement dans les États-membres de l'UEMOA.

[21] V. Règlement n* 05/19-UEAC-10A-CM du 08 avril 2019 portant révision du Code des Douanes de la CEMAC ; Règlement n* 05/1999/CM/UEMOA du 06 août 1999 portant valeur en douane des marchandises.

[22] V. Règlement n* 02/2002/CM/UEMOA du 23 mai 2002 portant sur les pratiques anticoncurrentielles ; Règlement n* 06/19-UEAC-639-CM-33 du 07 avril 2019 relatif à la concurrence.

[23] V. Règlement n* 08/2008/CM/UEMOA du 26 septembre 2008 portant adoption des règles visant à éviter la double imposition au sein de l'UEMOA et des règles d'assistance en matière fiscale.

le questionnement sur les conflits de lois[24]. Le droit des transports, et notamment le transport des marchandises par route, offre une belle illustration. En effet, l'OHADA et la CEMAC ont légiféré en la matière[25] laissant subsister des règles quasi identiques à propos du champ d'application des différents textes[26], de la responsabilité du transporteur[27] ou encore du contentieux[28]. Sur ce dernier point, les dispositions sur la prescription sont des copies conformes[29]. Or, il est acquis que tous les États-membres de la CEMAC sont aussi membres de l'OHADA. La pluralité vérifiée au niveau supranational peut aussi être appréciée au niveau national.

2 – A l'échelle nationale

Les lois nationales dans l'ensemble ne présentent pas une portée concurrente vis-à-vis de l'OHADA. Dans certaines matières, les législateurs étatiques adoptent des textes qui visent à mettre en pratique le droit né du Traité de Port-Louis. Le droit des sociétés commerciales offre une illustration concrète. L'Acte uniforme relatif au droit des sociétés commerciales et du groupement d'intérêt économique prévoit à l'article 311 que le capital social minimum de la SARL est d'un million de FCFA. Mais cette disposition laisse la possibilité aux États

---

[24] V. F.-K. ZIEMONGO, *Les conflits de lois et de juridictions dans l'espace OHADA*, Nantes, 2016, Thèse mult. ; P. TAMEGA, *L'acte uniforme relatif au droit commercial général et le conflit des lois*, Versailles Saint-Quentin-en-Yvelines, 2015, Thèse mult., 501 p. ; G. NGOUMTSA ANOU, *Droit OHADA et conflits de lois*, LGDJ, Coll. « Thèses », Bibliothèque de droit privé, 2013.

[25] Acte Uniforme relatif aux contrats de transport des marchandises par route, Yaoundé (Cameroun), 22/03/2003, J.O. OHADA, n* 13 du 31/07/2003 ; Convention Inter-Etats de transport routier des marchandises en zone CEMAC (CIETRMD), Libreville, 1996.

[26] Art. 1er al. 1, Acte Uniforme et Art. 1er al. 1, Convention Inter-Etats.

[27] Art. 16 – 18, Acte Uniforme et Art. 17 - 18, Convention Inter-Etats.

[28] Art. 24 et s., Acte Uniforme et Art. 23 et ss, Convention Inter-Etats.

[29] Art. 25 al. 1er, Acte Uniforme : « *Toute action découlant d'un transport régi par le présent Acte Uniforme se prescrit par un an à compter de la date de livraison ou, à défaut de livraison, de la date à laquelle la marchandise aurait dû être livrée. Toutefois, dans le cas de dol ou de faute équivalente au dol, cette prescription est de trois ans* ». Art. 33 al. 1er Convention Inter-Etats : « *Les actions auxquelles peuvent donner lieu les transports soumis à la présente Convention sont prescrites dans le délai d'un an. Toutefois, dans le cas de dol ou de faute considérée d'après la loi de la juridiction saisie comme équivalente au dol, la prescription est de trois ans* ».

de légiférer sur la question. De façon non exhaustive, le Cameroun[30], la Côte-d'Ivoire[31] ou encore le Gabon[32] ont adopté des lois particulières. Une démarche identique est observée en matière commerciale. L'application d'un acte uniforme portant sur le droit commercial général n'empêche pas les États-membres d'adopter des lois qui encadrent l'activité commerciale[33], le commerce électronique[34] ou encore le statut de commerçant[35]. Mais toute l'activité législative des États en matière d'affaires ne se limite pas à rendre opérationnel le droit OHADA. De nombreux textes sont adoptés et appliqués en dehors du champ déjà tracé par les actes uniformes. Il en est ainsi du droit de la consommation[36] ou encore du droit des investissements[37]. Il apparait donc que le droit OHADA n'est pas le seul droit applicable dans son espace et encore moins dans le continent africain. Cependant, l'OHADA ne se sert pas fondamentalement de la présence de ces différents droits pluriels pour élaborer un droit de nature à harmoniser

---

[30] Loi n* 2016/014 du 14 décembre 2016 fixant le capital minimum et les modalités de création de recours aux services du notaire dans le cadre de la création d'une SARL.

[31] Ordonnance n* 2014-161 du 02 avril 2014 relative à la forme des statuts et au capital social de la SARL.

[32] Loi n* 028/2020 du 21 avril 2020 modifiant certaines dispositions de la loi du 05 septembre 1996 relative à la simplification de la création de la SARL.

[33] V. Loi n* 2015/014 du 14 décembre 2015 régissant l'activité commerciale au Cameroun ; Loi n* 99-011 du 28 décembre 1999 portant organisation de la concurrence au Togo.

[34] V. Loi n* 2008-08 du 25 janvier 2008 sur les transactions électroniques au Cameroun ; Ordonnance-Loi n* 23/010 du 13 mars 2023 portant Code du numérique en République Démocratique du Congo ; Loi n* L/2016/035/AN du 26 juillet 2016 relative aux transactions électroniques en République de Guinée-Conakry.

[35] Loi No 013/2013/AN portant règlementation de la profession de commerçant au Burkina-Faso.

[36] V. Loi n* 2016-4122 du 15 juin 2016 relative à la consommation en Côte-d'Ivoire ; Loi-cadre n* 2011/012 du 06 mai 2011 portant protection du consommateur au Cameroun ; Loi n* 2015-036 du 16 juillet 2015 portant protection du consommateur au Mali.

[37] V. Loi n* 2014-09 du 16 avril 2014 portant Code des investissements en République du Niger ; Loi n* 95-620 du 3 Août 1995 portant Code des investissements en Côte-d'Ivoire ; Loi n* 20-035/AU du 28 décembre 2020 portant Code des investissements en République des Comores ; Loi n* 6-2003 du 18 janvier 2003 portant Charte des investissements au Congo-Brazzaville ; Loi n* 2019-005 du 17 juin 2019 portant Code des investissements au Togo ; Loi n* 02/2020 du 20 mars 2020 portant Code des investissements en République du Bénin ; Loi n* L/2015/008/AN du 25 mai 2015 portant Code des investissements en République de Guinée-Bissau.

globalement la vie des affaires en Afrique. Le pluralisme juridique est encore très discuté.

A – Un pluralisme discuté

Au regard des sources formelles (1) et des systèmes juridiques en présence (2), il n'est pas aisé de démontrer la portée pluraliste du droit OHADA.

1 – Sur le plan des sources formelles du droit :

Les sources formelles du droit OHADA sont strictes et exclusives ne laissant apparaitre aucune possibilité de création concurrente de ce droit. En effet, qui dit droit OHADA dit Traité, Actes uniformes, Règlements, décisions. Pour démontrer dans quelle mesure ces sources sont dans une dynamique non pluraliste, nous nous appuierons à titre illustratif sur le Traité et les Actes uniformes.

Pour ce qui est du Traité, texte fondateur de l'OHADA, il a été élaboré sur la base de deux principes. D'une part, le principe de l'interdiction des réserves[38] et d'autre part, celui de la limitation de la révision et de la dénonciation[39]. De façon concrète, le Traité ne peut pas du tout faire l'objet de réserves ; ne peut être révisé que suivant une procédure stricte et formelle et ne peut faire l'objet d'une dénonciation qu'après un certain temps après son entrée en vigueur[40].

Sur le plan juridique, le Traité délimite la compétence matérielle et territoriale du droit OHADA[41] et sur le plan judiciaire, il définit les compétences de la CCJA[42] et les rapports que cette Cour entretient avec les juridictions nationales. Sur ce dernier point, il est important de préciser que le Traité consacre la suprématie de la CCJA sur toutes les juridictions nationales[43] et lui confère en dernier ressort le pouvoir exclusif d'interprétation de ce droit. Cependant, au sein de l'espace OHADA, la CCJA n'est la seule juridiction qui dispose de compétences supranationales et les rapports que la CCJA entretient avec lesdites

---

[38] Art. 54, Traité OHADA.
[39] Art. 61-62, Traité OHADA.
[40] Voir G. COHEN-JONATHAN, « Les réserves dans les Traités relatifs aux droits de l'Homme », *RGDIP*, 1996, pp. 915 et s.
[41] Préambule, art. 1 et 2, Traité OHADA.
[42] Art. 14, Traité OHADA.
[43] Art. 13, 14 al. 4, Traité OHADA.

juridictions ne sont pas bâtis sur un modèle vertical ou de supériorité. En effet, les trois juridictions communautaires exerçant au sein de l'espace OHADA, à savoir la CCJA, la Cour de Justice de l'UEMOA et la Cour de Justice de la CEMAC entretiennent entre elles des rapports d'égalité basés sur le principe de différenciation des ordres juridiques communautaires[44].

Pour ce qui est des Actes Uniformes, ce sont des règles communes[45], directement applicables et obligatoires dans les États-parties[46]. Ils sont préparés par le Secrétariat permanent en concertation avec les gouvernements des États-membres et sont adoptés par le Conseil des Ministres après approbation de l'unanimité des membres ou de ses deux-tiers[47]. Il est ainsi impossible d'envisager l'intervention d'un État-tiers à l'OHADA dans le processus de création de son droit – ce qui n'est pas un cas propre à cette seule organisation. Mais surtout, il est très difficile d'envisager une production non étatique ou concurrentielle du droit OHADA ou dans les matières relevant dudit droit. Ce sentiment de monisme du droit OHADA est renforcé lorsque l'on s'intéresse aussi à la coexistence des différents systèmes juridiques dans son espace.

2 – Sur le plan des systèmes juridiques en présence :

Une analyse du droit OHADA du point de vue des systèmes juridiques fait apparaitre quelques tensions de la primauté du système

44 Le principe de différenciation des ordres juridiques communautaires a un double sens. D'abord, il renvoie à une spécialisation des compétences et enfin à une absence de hiérarchie entre lesdits ordres de juridictions. À titre illustratif, la Cour de Justice de l'UEMOA saisie à propos du contentieux communautaire des investissements UEMOA avait émis un avis le 02 février 2000, expliquant, d'une part, que la CCJA ne peut saisir la Cour de Justice de l'UEMOA en renvoi préjudiciel parce qu'elle n'est pas une juridiction nationale et, d'autre part, que l'interprétation par la Cour de Justice de l'UEMOA des Actes uniformes OHADA porterait atteinte à l'exclusivité de la CCJA en matière d'interprétation et d'application des Actes uniformes tel que le prévoit l'article 13 de son Traité ; v. J.-M. NTOUTOUME, « Réflexions sur certaines dispositions de la convention des règles de procédure et des statuts de la Cour de Justice CEMAC », in *Actes du Séminaire sous-régional de sensibilisation au droit communautaire de la CEMAC*, Douala, décembre 2002, Ed., GIRAF-AIF ; E. NSIE, *Les compétences de la Cour de Justice de la CEMAC*, Libreville, 2004, Ed. GIRAF-AIF, 2005, p. 15 et s.

45 Art. 5, Traité OHADA

46 Art. 10, Traité OHADA

47 Art. 6-8, Traité OHADA.

romano-germanique sur les autres systèmes notamment celui anglo-saxon ou de *common-law*.

Il est vrai que de plus en plus, de nombreux auteurs réfléchissent dans le sens de démontrer que les frontières entre le droit OHADA et la *common-law* ne sont pas si étanches[48]. Les illustrations de ce rapprochement portent généralement sur le droit des sociétés commerciales, notamment les aspects relatifs à la constitution des sociétés[49], leur mobilité[50] ou leur gouvernance[51] et sur le droit commercial général, notamment à travers la vente commerciale qui reprend de façon considérable les dispositions de la Convention de Vienne sur la Vente Internationale de marchandises (CVIM)[52]. D'autres auteurs, en s'appuyant sur le droit des sûretés[53] ou encore le droit des procédures collectives[54] vont aussi dans le sens de favoriser un rapprochement entre l'OHADA et la *common-law* ou de minimiser les frontières entre les systèmes civiliste et anglo-saxon. En réalité, il est question lorsqu'on parle des sources du droit OHADA, de sortir du clivage *civil law* et *common law* pour admettre purement et simplement l'internationalité de ce droit[55] et même son caractère *sui generis*.

---

[48] Voir I. ABDOURAOUFI, *L'OHADA et la Common-Law*, L'Harmattan, Coll. « Études africaines », 2020, 252 p. ; P. BADJI, « Réflexions sur l'attractivité du droit OHADA », *Bulletin de Droit Économique n* 2*, 2014, pp. 50-63

[49] A. NZOHABONAYO, O. IRADUKUNDA, « Critères de constitution des sociétés commerciales en droit OHADA et burundais », *Revue de Droit Uniforme*, vol. 27, n* 4, décembre 2022, pp. 543-559 ; S. MORTIIER, V. KALUNGA, *Précis de droit OHADA des sociétés : Focus sur la République Démocratique du Congo*, Éditions V.A., Coll. « Guerre de l'information », 2020, 260 p.

[50] C.-M. SANE, *La mobilité des sociétés commerciales dans l'espace OHADA : Étude à la lumière du droit européen et international des contrats*, Pau, 2017, Thèse mult., 376 p.

[51] P.-C. EWANE MOTTO, *La gouvernance des sociétés commerciales en droit de l'OHADA*, Douala & Paris-Est, 2016, Thèse mult., 2016, 400 p.

[52] E. KAGISYE, « La cohabitation entre la CVIM et l'Acte uniforme relatif au droit commercial général : un conflit de droit matériel », disponible sur https://auf.hal.science/hal-01496844.

[53] Y. EMERICH, « La nature juridique des sûretés réelles en droit civil et en Common Law : une question de tradition juridique ? », *R.J.T.*, vol. 95, n* 44, pp. 95-140.

[54] D. OWONA-ATANGANA, *Le sort des créanciers d'un débiteur en difficultés en droit OHADA à la lumière du droit français : l'égalité en question*, Paris I, 2021, Thèse mult., 399 p.

[55] G. KENFACK DOUAJNI, « L'influence de l'internationalité dans l'élaboration du droit OHADA », *Revue camerounaise de l'Arbitrage*, n* 24, 2004, p. 3 et s. ; *Ohadata* D-08-56, pp. 1-12

Mais il n'en demeure pas moins vrai que le droit OHADA, de façon historique[56] s'abreuve à la source de la tradition civiliste et plus précisément même du droit français. Pour certains auteurs, l'OHADA est venue renforcer le sentiment d'« *excroissance du droit français* »[57] ; pour d'autres, « *la parenté entre les ordres juridiques des pays de la zone franc et l'ordre juridique français, qui s'était progressivement affaiblie depuis les indépendances, est considérablement renforcée par le droit OHADA* »[58]. Ainsi, dans cette « *Afrique des codes napoléoniens* »[59], le droit OHADA n'a pas manqué de faire du code civil français, du code de commerce et de l'ensemble du droit français, un « *instrument idéologique au propre comme au figuré* »[60]. La question de la langue est un élément important dont les développements traduisent l'existence d'un certain malaise.

En effet, le débat sur la langue du droit OHADA et ses répercussions dans certains États-membres est venu cristalliser le sentiment d'appartenance dominante de ce droit au système juridique français et de rejet des autres systèmes juridiques. Initialement, dans le Traité de 1933, le français était la seule langue de travail de l'OHADA[61]. La situation a évolué et le Traité de 2008 a adopté comme langue de travail

---

[56] P.-G. POUGOUE, « Missions et organisation de l'OHADA », Communication faite au Bénin, lors de la réunion des forces vives de l'OHADA, 17-18 octobre 2012 ; J. PAILLUSSEAU, « Le droit de l'OHADA, un droit très important et original » préc., p. 1 ; B. MARTOR, S. THOUVENOT, « L'uniformisation du droit des affaires en Afrique par l'OHADA », *La Semaine Juridique éd. E.*, n* 5, supplément au n* 44 du 28 octobre 2004, p. 5 ; F. CHIFFLOT BOURGEOIS, « Présentation du Traité de l'OHADA. Traité, institutions, actes uniformes », in *Journées d'Étude sur l'OHADA. De sa création à l'adhésion de la RDC*, Université Catholique de Louvain-Belgique et INEADEC, Acte n* 2, 11 mars 2010 ; M. KOM KAMSU, « *Les États-parties à l'OHADA et la sécurisation des entreprises commerciales* », *Revue de Droit Uniforme UNIDROIT*, 2010-1, pp. 73-98, *Ohadata* D- 10-07, pp. 1-26.

[57] J.-I. MASSAMBA, « Lettre aux juristes congolais », *Ress. Intl. –UNIDA-*, 06 décembre 2002, p. 1.

[58] M. KONE, *Le nouveau droit commercial des pays de la zone OHADA. Comparaisons avec le droit français*, LGDJ, 2003.

[59] Me TSHIYOMBO KALONJI, « *Réflexions sur la capitalisation de l'adhésion prochaine de la RDC à l'OHADA* » p. 6, disponible sur www.ohada.com.

[60] D. ABARCHI (D), « Problématique des réformes législatives en Afrique : le mimétisme comme méthode de construction du droit », *Penant,* n* 113, 200, p. 88 ; du même auteur, « *L'état du droit en Afrique à l'orée de l'an 2000. Quelles perspectives ?* », *Actes du Colloque des 25-26 septembre 1998*, Bruxelles, RDJA.

[61] Art. 42, Traité de Port-Louis.

de l'OHADA le français, l'anglais, l'espagnol et le portugais[62]. Seulement, ce dernier Traité prévoit qu'« *avant traduction dans les autres langues, les documents déjà publiés en français produisent tous leurs effets. En cas de divergence entre les différentes traductions, la version française fait foi* »[63]. Cette disposition semble faire de la traduction la solution miracle aux problèmes de conflits entre droit OHADA et *common-law* dans certains États comme le Cameroun[64].

Pourtant, il s'agit d'une solution critiquable parce que malgré la traduction, les problèmes tenant à la différence de traditions juridiques ont subsisté. La mise en œuvre du droit OHADA ignore quasi systématiquement la pratique judiciaire de *common-law*[65]. À titre d'exemple, nous pouvons relever la présence forte du notaire[66] et de l'huissier[67] dans les procédures et les actes OHADA sans tenir compte du caractère inexistant de ces auxiliaires de justice dans le système anglo-saxon.

II – Les perspectives d'une harmonisation espérée de l'OHADA : les jalons d'une réforme sur fond de pluralisme

Le Conseil des Ministres de l'OHADA, au cours de sa cinquantième session tenue à Bamako au Mali, les 24 et 25 mars 2021, a encouragé le Secrétariat permanent à créer et développer un cadre de collaboration avec la ZLECAF[68]. L'intention de l'OHADA est donc claire, à savoir servir de droit applicable aux échanges qui naitront dans le cadre de la ZLECAF. Cependant, nous avons pu apprécier, sous

---

[62] Art. 42 al. 1er, Traité de Québec.

[63] Art. 42 al. 2, Traité de Québec.

[64] V. P.-F. OHANDJA, « Droit OHADA et Common-Law : du bilinguisme juridique à un véritable bijuridisme. L'exemple du Cameroun », in V. Grosswald Curran (dir.), *Les porosités du Droit*, Chapitre 13, LGDJ, 2020, pp. 245-265.

[65] V.C. ETOULA ESSOH, « The reception of OHADA law in anglophone Cameroon : apraisal and proposals », *Uniform Law Review*, 2023, 00, pp. 1-17.

[66] En droit des sociétés commerciales, cf. les art. 10, 314, 313, 322 al. 2, 393 al. 1er, 394 al. 1er de AUDSC ; en droit des sociétés coopératives, cf. les art. 4 al. 1er, 17 al. 1er de l'AUSCOOP ; en droit des sûretés, v. l'art. 205 de l'AUS ; en droit des procédures collectives, v. les art. 5 à 10, 151 al. 1er et 4 de l'AUPC.

[67] En droit des procédures simplifiées de recouvrement des créances et voies d'exécution, cf. les art. 41-44, 64, 65, 70, 71 de l'AUVE ; en droit commercial général, cf. les art. 111 al 2, 124 al. 1er, 125 al. 1er de l'AUDCG.

[68] Compte-rendu de la session, p. 11.

l'angle pluraliste, les limites actuelles de l'harmonisation entamée. Il faut envisager une réforme de cette harmonisation. Ladite réforme peut reposer sur une amélioration de la *hard-law* (A) et un développement de la *soft-law* (B).

A – Une amélioration de la *hard-law* en vigueur

En nous appuyant sur la doctrine existante qui définit la *hard-law* sur le plan interne comme l'ensemble cohérent de textes émanant de l'État et dont l'application est obligatoire sous peine de coercition[69], nous pouvons dire en l'espèce que la *hard-law* renvoie au droit OHADA originaire représenté par le Traité et au droit OHADA dérivé matérialisé par les actes uniformes, les règlements ou encore, dans une certaine mesure la jurisprudence. En d'autres termes, il s'agit du droit OHADA formel et en vigueur. Les dispositions de ce droit ouvrent deux perspectives de nature à favoriser une harmonisation globale des affaires en Afrique par l'OHADA. D'une part, l'exploitation de la personnalité juridique internationale affirmée dans le Traité de cette organisation qui permettrait une multiplication des conventions avec d'autres organisations (1) ; d'autre part, une plus grande application des règles matérielles de droit international privé reconnues par le Traité et certains Actes uniformes (2).

1 – Sur le plan statutaire : une multiplication des conventions avec d'autres organisations

L'OHADA étant une organisation ouverte[70], une solution évidente consisterait à proposer aux autres États non-membres d'y adhérer massivement. Cependant, les limites de cette solution sont apparentes puisque le dernier État à avoir ratifié le Traité OHADA est la République Démocratique du Congo le 27 juin 2012 avec une entrée en vigueur des textes sur son territoire, le 12 septembre 2012. Il faut noter qu'il s'est écoulé douze années après l'adhésion de la Guinée-Conakry qui était alors le dernier État et l'entrée de la RDC. A ce jour, cela fait donc plus de dix ans qu'aucune nouvelle adhésion n'a été enregistrée.

---

[69] V. N. CUZACQ, « Le cadre normatif de la RSE, entre Soft-law et Hard-law », Communication présentée au Colloque du RIODD 2021, in HAL OPEN SCIENCE, https://hal.science/hal-00881860, soumis le 09 novembre 2013, consulté le 06 août 2023 ; R. SENIGAGLIA, « Soft law et Hard law dans le réseau des sources », *Revue Ricerche Giuridiche*, vol. 3, n* 1, 2014, p. 97 et s.

[70] Art. 53 al. 1er, Traité OHADA révisé.

Les explications ressortent du contenu même de ce droit dans lequel ne se reconnaissent pas toutes les traditions juridiques mais dont le Traité exclut toute réserve[71]. Il faut donc abandonner la piste protocolaire de l'adhésion des nouveaux membres pour en explorer une autre. Des questions de souveraineté pourraient aussi être avancées puisque l'OHADA, en plus de se substituer au droit interne a dépouillé les cours suprêmes nationales de leurs compétences sur les questions relevant de son domaine de définition[72].

La personnalité juridique internationale de l'OHADA affirmée explicitement permet justement d'avoir une autre grille de lecture. Le Traité dispose en effet que : « l'OHADA a la pleine personnalité juridique internationale »[73] qui lui confère l'aptitude à être titulaire des droits et subir des obligations. Seulement, le contenu des compétences ou attributs découlant de la personnalité juridique internationale a toujours posé problème en théorie générale.

Depuis l'Avis de la Cour Internationale de Justice (CIJ) dans l'affaire *Comte Bernadotte*, il est admis que les sujets du droit international jouissent de la personnalité juridique ; que cette personnalité est distincte de celle des personnes de droit interne et qu'elle est évolutive dépendamment des besoins de la communauté et du type de sujet du droit international[74]. La doctrine distingue trois types de sujets internationaux avec des champs de compétences respectifs. D'abord, les États qui ont la plénitude de compétence ; ensuite les institutions internationales qui ont des compétences spécialisées et enfin les personnes privées qui ont des compétences limitées ou marginales. L'OHADA est donc un sujet de droit international de deuxième catégorie et ses compétences sont spéciales.

L'article 46 du Traité reconnait à l'OHADA la capacité de contracter sans faire une précision sur la nature des conventions concernées. En l'état, une interprétation extensive conduisant à la capacité de conclure des Traités et d'autres types de conventions avec d'autres organisations

---

[71] Art. 54, Traité OHADA révisé.

[72] H.-M. MONEBOULOU MINKADA, « L'expression de la souveraineté des États-membres de l'OHADA (l'Organisation pour l'Harmonisation en Afrique du Droit des Affaires) : une solution-problème à l'intégration juridique », *Juridical Tribune*, vol. 3, n* 2, décembre 2013, pp. 81-108.

[73] Art. 54, Traité OHADA révisé.

[74] D. CARREAU, F. MARRELLA, *Droit international*, 11ème éd., A. Pedone, 2012, p. 367.

est possible. D'ailleurs, cette capacité autrefois reconnue exclusivement aux États[75] a été progressivement puis définitivement admise au bénéfice des organisations internationales[76], même si ces dernières ne le précisent pas dans leur acte constitutif[77] comme l'a fait l'OHADA dans son Traité. Dans les faits, l'OHADA a déjà usé de ce pouvoir de signer des accords avec d'autres entités communautaires ou internationales. Nous pouvons citer l'accord de coopération avec l'Organisation Africaine de la Propriété Intellectuelle (OAPI)[78], l'accord de coopération avec l'Organisations des Nations-Unies[79] ou encore la convention de partenariat entre l'OHADA et la Cour internationale d'arbitrage[80].

Puisque la ZLECAF fera sortir l'OHADA de sa zone de confort, nous proposons aux instances de l'OHADA d'utiliser audacieusement

---

[75] Voir CPJI, *Affaire du vapeur de Wimbledon*, *Recueil des arrêts*, Série A, n* 1, p. 25, 1923 ; CPJI, *Avis consultatif sur l'échange des populations grecques et turques*, *Recueil des arrêts*, Série B, n*10, p. 21, 1925.

[76] V. P.-M. OYONO NKA, *L'autonomie des organisations internationales à l'aune de la pratique contemporaine*, Yaoundé 2, 2021, Thèse mult., 625 p. ; Z. RADIVOJEVIC, « La personnalité juridique internationale et la capacité des organisations internationales universelles de conclure des Traités », *Facta Universitatis, Series Laws and politics*, vol. 1, n* 1, 1997, pp. 95-102 ; B. AZKIN, « Les sujets de droit international », *Revue du droit international*, 1929, p. 479 ; C.I.J., *Interprétation de l'accord du 25 mars 1951 entre l'Organisation Mondiale de la Santé et l'Égypte*, Avis consultatif du 20 décembre 1980, *C.I.J. Recueil*, 1980, p. 88 ; C.I.J., *Usines de pâte à papier sur le fleuve Uruguay* (Argentine c/. Uruguay), Arrêt du 20 avril 2010, *C.I.J. Recueil*, 2010.

[77] V. H. CHIU, *The capacity of international organizations to conclude treaties*, La Haye, 1966, p. 201 et s.

[78] Accord signé par le Secrétaire permanent de l'OHADA et le Directeur Général de l'OAPI, le 09 mai 2016 à Yaoundé. Cet accord s'inscrit dans la dynamique de concertation prescrite par la Conférence des Chefs d'États et de Gouvernements lors de sa réunion tenue à Ouagadougou le 17 octobre 2013 à la faveur du vingtième anniversaire de l'OHADA.

[79] Accord signé par le Secrétaire permanent de l'OHADA et le Secrétaire de La Commission des Nations-Unies pour le Droit Commercial International (CNUDCI), le 26 octobre 2016 à Brazzaville à l'occasion de la quarante-deuxième session du Conseil des Ministres. L'accord signé vise à dynamiser la coopération sur des sujets d'intérêt commun, à promouvoir l'échange d'informations et la conduite d'actions communes dans la perspective de stimuler les échanges commerciaux internationaux.

[80] Convention signée par le Secrétaire Permanent de l'OHADA et le Président de la Chambre de Commerce Internationale de Paris, le 23 juin 2016 à la Cour Commune de Justice et d'Arbitrage (CCJA). Le but est d'œuvrer conjointement pour la promotion de l'arbitrage international et d'autres modes alternatifs de règlement des litiges.

le pouvoir de contracter pour se rapprocher des organisations constituées majoritairement ou exclusivement des États actuellement tiers au Traité OHADA et de conclure des conventions comportant des aspects de droit matériel. Puisque les Actes uniformes ne peuvent être adoptés qu'à l'initiative des États-membres[81], ces nouvelles conventions signées par l'OHADA avec d'autres organisations prendraient d'autres dénominations. De telles conventions, au regard du préambule et des articles 1er et 2 du Traité rentrent même dans les compétences implicites[82] de l'OHADA et ne sont donc contraires ni à sa lettre ni à son esprit.

2 – Sur le plan textuel : une plus grande application des règles matérielles du droit international privé

Le droit international privé règle les questions relatives à la détermination de la loi applicable ou de la juridiction compétente face aux situations entre acteurs privés et affectées d'un élément d'extranéité. En principe, les situations concernées déclenchent un conflit de lois ou de juridictions que le juge saisi, encore appelé juge du for, doit trancher. Le juge du for dispose de plusieurs méthodes de détermination de la loi applicable[83]. À titre principal, il va recourir à la méthode conflictuelle[84], mais peut aussi de façon exceptionnelle ou

---

[81] Art. 6 Traité OHADA.

[82] La théorie des compétences implicites suppose une interprétation large et souple des buts de l'organisation non seulement en raison des buts énoncés dans la Charte mais aussi, en raison de la finalité sociale que s'est fixée l'organisation ; v. N. SENECAL, « Les Accords conclus par les organisations internationales », *R.D.U.S.*, n* 2, 1971, p. 215 et s.

[83] P. LALIVE, *Tendances et méthodes en droit international* privé, *Cours général*, RCADI, 1997, 213 p.

[84] La méthode conflictuelle a été théorisée par l'auteur allemand Savigny. Il s'agit d'une méthode bilatérale qui repose sur un élément central à savoir la règle de conflit de lois. L'objectif de cette règle de conflit de lois est de permettre la désignation du droit matériel applicable à une situation de droit international privé. Le juge saisi encore appelé juge du for, face aux faits, va procéder à une qualification afin d'identifier la catégorie de rattachement en jeu (par exemple un acte juridique, un fait juridique, un statut...) puis trouver à cette catégorie un facteur de rattachement (lieu de conclusion ou d'exécution pour les faits juridiques ; lieu de commission ou de survenance pour les faits juridiques ; domicile ou nationalité pour le statut...) qui conduira directement à la désignation d'un droit potentiellement applicable ; v. M.-F.-C. SAVIGNY, *Traité de droit romain*, traduit de l'allemand par M.-Ch. Guénoux, 2ème édition, Tome 8, Librairie de Firmin DIDOT Frères, Fils et Cies, Paris, 1860, 544 pages ; A. LELOUVIER, *Le principe d'égalité en droit international privé : essai*

concurrente s'appuyer sur la méthode des règles matérielles du droit international privé.

La méthode des règles matérielles de droit international privé conduit à l'application directe d'un ensemble de règles substantielles spécialement élaborées pour régler des matières bien déterminées. Le commerce international[85] figure principalement parmi ces matières. Les règles matérielles peuvent émaner de sources étatiques ou non étatiques. Dans le premier cas, elles sont édictées soit par un État[86] soit par plusieurs États[87]. Dans le second cas, les règles matérielles sont élaborées par des partenaires internationaux.

Pour ce qui est du droit étatique, de façon intrinsèque, le droit OHADA est un droit matériel uniforme. En d'autres termes, un droit matériel ou substantiel de source conventionnelle qui s'applique à tous les domaines ou relations relevant de son domaine de compétence indépendamment du fait qu'il y ait un élément d'extranéité.

En l'état, des conflits de conventions persistent en Afrique entre le droit OHADA et d'autres droits à portée communautaire comme cela a déjà été relevé[88]. Même dans les matières encadrées par l'OHADA, certaines incomplétudes de ses textes font appel à l'application d'autres normes. Nous pouvons prendre le cas de la vente commerciale. Elle est encadrée par l'acte uniforme OHADA portant sur le droit commercial général. Toutefois, ce texte ne couvre pas tous les domaines de la vente commerciale, à l'instar de la validité du contrat, de la capacité des personnes physiques à exercer le commerce ou encore l'action directe.

---

d'une approche systémique, Toulouse 1, 2019, Thèse mult., 910 p. ; V.-C. NGONO NKOA, « La méthode conflictuelle dans le projet de code civil camerounais : contribution à la systématisation de l'évolution des méthodes en droit international privé », *Les Cahiers de droit*, vol. 57, n* 4, 2016, pp. 551-582.

[85] E. LOQUIN, « Règles matérielles du commerce international et droit économique », *Revue internationale de droit économique*, 2010/1 (T. XXIV, 1), édition Association Internationale du Droit économique, pp. 81-101 ; Y. LOUSSOUARN, P. BOUREL, *Droit international privé*, 7ème édition, Dalloz, 2001, n* 76 ; B. AUDIT, *Droit international privé*, 3ème édition, Economica, 2000, n* 8 ; P. MAYER, V. HEUZE, *Droit international privé*, 8ème édition, Montchrestien, 2004, n* 19 ; B. OPPETI, « Le développement des règles matérielles », TCFDIP, Hors-série, Pédone, 1988, pp. 121-138.

[86] Il s'agira alors de règles matérielles internes.

[87] On parlera alors de règles matérielles internationales.

[88] V. J. FIPA NGUEPJO, *Le rôle des juridictions supranationales de la CEMAC et de l'OHADA dans l'intégration des droits communautaires par les États-membres*, Paris II, 2011, Thèse mult., 488 p.

Cela va justifier l'application du droit national ou encore des textes internationaux[89] à l'instar de la CVIM[90].

Cependant, il existe aussi des matières dans lesquelles aucun conflit n'existe et d'autres règles matérielles de droit international privé sont aisément appliquées. Le domaine des transports offre de nombreuses illustrations. En effet, qu'il s'agisse du transport maritime[91] ou du transport terrestre[92] en Afrique, il est possible de recourir à l'application des réglementations internationales. L'avènement de la ZLECAF est donc de nature à encourager l'application de telles règles matérielles.

Pour ce qui est du droit non étatique, les partenaires internationaux, à l'instar des associations ou des organismes professionnels, édictent des normes marchandes internationales ou adoptent des pratiques communes pour réguler leurs échanges. Ces éléments rentreront enrichir la *soft-law* qui est le second aspect du pluralisme que doit nécessairement emprunter le droit OHADA.

B - Un développement de la soft-law

La *soft-law* est un droit souple considéré comme non contraignant ; droit souple parce que son contenu « *propose des instruments dynamiques, adaptables selon les circonstances plus ou moins incertaines. Ces instruments sont en particulier modulables selon les préférences, les intérêts ou les valeurs des acteurs et de leur force d'influence* »[93]. Droit non contraignant parce qu'il n'émane « *pas du*

---

[89] Voir P. TAMEGA, *L'Acte uniforme relatif au droit commercial général et le conflit de lois*, *op. cit.* ; H. KENFACK, « Brèves réflexions sur la Convention de Vienne », *Revue Lamy Droit des affaires*, 2006, n* 6, p. 78-81 ; KAGISYE (E), « La cohabitation entre la Convention pour la Vente Internationale des Marchandises et l'Acte Uniforme OHADA portant sur le Droit commercial général : un conflit de droit matériel » préc.

[90] Convention des Nations-Unies sur les contrats de vente internationale de marchandises rédigée par La Commission des Nations-Unies pour le Droit Commercial International (CNUDCI), 2011.

[91] Convention des Nations-Unies sur le transport des marchandises par mer, 1978 encore appelée Règles de Hambourg.

[92] Convention pour l'unification de certaines règles relatives au transport aérien international, Varsovie, 12 octobre 1929.

[93] P. NGUIHE KANTE, « À propos de l'effectivité des codes éthiques : contribution à un changement de perspectives des sources créatrices du droit privé », *Revue ERSUMA*, n* 2, mars 2003, p. 29.

législateur classique mais d'acteurs privés des milieux d'affaires »[94]. Il s'exprime généralement à travers les codes et les chartes éthiques qui reposent sur le double postulat du volontariat pour ce qui est de l'adhésion et de l'absence de contraintes pour ce qui est de la mise en œuvre. Pourtant, en matière d'échanges commerciaux internationaux, la *soft-law* est en train de grandir et se présente comme une véritable source du droit. L'OHADA dans sa perspective d'harmonisation globale du monde des affaires en Afrique devra se montrer attentive à cette dynamique en l'intégrant dans ses approches et politiques de codification qu'il s'agisse de la *soft-law* systématisée (1) ou de celle non systématisée (2).

1 – La soft-law systématisée : Le recours aux sages, chartes et codes éthiques

La doctrine retient de plus en plus une approche fonctionnelle et empirique consistant à définir le droit non plus par son caractère obligatoire et coercitif mais par sa fonction[95]. La *soft-law* est constituée d'un ensemble d'instruments qui, s'ils ne créent pas par eux-mêmes de droits ou d'obligations pour leurs destinataires, ont pour objet de modifier ou d'orienter les comportements de ces derniers en suscitant dans la mesure du possible leur adhésion. Ces instruments *a priori* épars trouvent un certain degré de systématisation à travers les usages, les chartes ou les codes éthiques entre autres.

Dans un premier temps, nous avons donc les usages. Dans ce registre, à titre principal, nous pouvons citer la *lex mercatoria*[96] qui

---

[94] P. NGUIHE KANTE, « A propos de l'effectivité des codes éthiques : contribution à un changement de perspectives des sources créatrices du droit privé » préc., p. 11.

[95] C. THIBIERGE, « Au cœur de la norme : le tracé et la mesure. Pour une distinction entre normes et règle de droit », *Archives de philosophie du droit*, n* 51, 2008.

[96] À l'origine, la *lex mercatoria* est un corps de règles, principes, usages ou coutumes posés par les marchands eux-mêmes pour régir leurs transactions. À l'époque médiévale, elle renvoyait à un ensemble uniforme de règles coutumières auxquelles obéissaient les marchands du commerce international et qui étaient appliquées à leurs différends devant les tribunaux ; v. A, LEDUC, « L'émergence d'une nouvelle lex mercatoria à l'enseigne des principes d'UNIDROIT relatifs aux contrats du commerce international : thèse et antithèse », *Revue Juridique Thémis*, n* 35, 2001, p. 426 et s. ; H. BATTIFOL, P. LAGARDE, *Droit international privé*, Tome 1, 7ème édition, LGDJ, spéc., p. 251 et s. ; O. FILALI, *Les principes généraux de la lex mercatoria : contribution à l'étude juridique d'un ordre anational*, Tome 224, Paris, LGDJ, 1992, 515 p. ; E. GAILLARD, « Trente ans de Lex mercatoria. Pour une application

aurait aussi pu être présentée comme une norme matérielle professionnelle. La *lex mercatoria* est entendue comme étant la loi des commerçants. Elle trouve sa source dans les usages du commerce international et renvoie aux « *comportements des opérateurs dans les relations économiques internationales, qui ont acquis progressivement, par leur généralisation dans le temps et dans l'espace, que peut renforcer leur constatation dans la jurisprudence arbitrale, ou éventuellement étatique, la force de véritables prescriptions qui s'appliquent sans que les intéressés aient à s'y référer, dès lors qu'il n'y ont pas expressément ou clairement dérogé* »[97]. La *lex mercatoria* n'est pas étrangère au droit OHADA[98] et ne le sera pas à la ZLECAF par extension.

En deuxième position, nous avons les Chartes qui sont adoptées par des acteurs professionnels. L'espace OHADA est un théâtre de prolifération des instruments de cette nature. La Charte des Micros, Petites et Moyennes Entreprises de la CEDEAO pour la période 2015-2020 offre un contenu très intéressant en termes d'apport dans la réglementation et même l'harmonisation du droit économique. Cette charte prévoit dans sa rubrique 3 intitulée : « *mesures d'accompagnement* », des dispositions relatives à la co-traitance et la sous-traitance qui sont des notions non encore encadrées par le droit OHADA. Il n'est pas exclu que des ordres professionnels adoptent aussi des chartes qui auront des incidences sur l'encadrement de la vie économique en Afrique de façon globale. Nous pensons notamment à la fédération panafricaine des comptables[99], à l'union panafricaine des

sélective de la méthode des principes généraux du droit », *Clunet*, 1995, n* 1, p. 5 et s. ; J. HUET, « Les contrats internationaux et les nouveaux principes d'UNIDROIT : une nouvelle Lex mercatoria ? », *Petites Affiches*, novembre 1995, n* 135 ; J. PAULSSON, « L'application de la lex mercatoria dans l'arbitrage », *CCI, Revue arb.*, 1990, p. 55.

[97] Cass. Civ. 1, 22 octobre 1991, a*ffaire Compania valenciana de cementos Portland S.A. c/ Sté Primary Coal, Inc.*, *JDI*, 1992, p. 184.

[98] E. JOLIVET, « L'harmonisation du droit OHADA des contrats : l'influence des principes d'UNIDROIT en matière de pratique contractuelle et d'arbitrage », *Revue de Droit Uniforme*, 2008, pp. 127-152 ; M. DIAKITE, *L'arbitrage institutionnel OHADA, instrument émergent de sécurisation juridique et judiciaire des activités économiques en Afrique*, Toulouse 1, 2016, Thèse mult., 414 p. ; Y. MOUHAMADOU SANNI, *Le droit de l'OHADA face au commerce électronique*, Montréal & Paris-Sud 11, 2011, Thèse mult., 351 p.

[99] Organisation à but non lucratif créée en 2011 et regroupant 37 organisations professionnelles de comptables de 34 pays africains et des auditeurs publics. L'un de

avocats[100] ou encore à l'union africaine des huissiers de justice et officiers judiciaires (UAHJ)[101].

En dernière position, nous avons les codes éthiques. Le droit OHADA encadrant les sociétés commerciales et le groupement d'intérêt économique a enrichi le débat en la matière en ouvrant la voie aux codes de gouvernement d'entreprise élaborés par les organisations représentatives des entreprises[102]. Dans plusieurs États à l'intérieur[103] et à l'extérieur[104] de l'OHADA, de tels codes ont été adoptés. Ils visent pour l'essentiel à renforcer la compétitivité des entreprises et contribuer à un environnement des affaires favorable aux investissements. De tels codes qui commencent à émerger dans et en dehors de l'espace OHADA, et par conséquent de son droit, auront un impact sans cesse grandissant avec l'entrée en vigueur de la ZLECAF et constituent des éléments à prendre en compte dans la détermination du droit applicable. La dernière composante de la *soft-law* porte sur la volonté des parties qui s'expriment dans les différents contrats.

2 – La *soft-law* non systématisée : la volonté des parties ou la clause de droit applicable

Le droit OHADA est éminemment un droit des contrats[105]. L'effectivité de la ZLECAF va renforcer la vitalité de la pratique

---

ses objectifs est de partager et échanger des informations et des meilleures pratiques sur les questions techniques, les cadres règlementaires et des principes de gouvernance d'entreprise.

[100] Forum associatif continental pour les avocats africains et les associations d'avocats. Le forum a été créé en 2002. Dans son plan stratégique, l'UPA détermine comme domaines d'intervention, le renforcement institutionnel, le développement de la profession juridique et la primauté du droit et de la bonne gouvernance.

[101] Le Congrès constitutif de cette association s'est tenu du 11 au 13 décembre 2017 à Casablanca au Maroc avec la participation de 18 États. L'Union a, entre autres, pour objectifs de collaborer aux travaux d'amélioration et d'harmonisation des traités régionaux, internationaux de même que des droits nationaux notamment procéduraux ; contribuer à l'amélioration du droit de l'exécution par le renforcement de l'apport des professionnels de l'exécution à la sécurité juridique et judiciaire en Afrique.

[102] Art. 831-2 al. 2 AUDSC.

[103] Code de gouvernance des entreprises du Sénégal (2012), du Cameroun (2020).

[104] Guide des bonnes pratiques de gouvernance des entreprises tunisiennes, Tunisie, 2012 ; Code marocain de bonnes pratiques de gouvernance d'entreprise.

[105] - En droit des sociétés : contrat de société commerciale, contrat de société coopérative ;

contractuelle dans diverses matières ne relevant pas toujours de l'OHADA de *lege lata*. Les parties, au nom de l'autonomie de la volonté, source concurrente du droit[106], peuvent contribuer à régler la question de la détermination du droit applicable.

En effet, les parties peuvent insérer dans le contrat une clause de droit applicable à travers laquelle elles choisissent la loi qui va encadrer leurs rapports contractuels en l'absence de lois impératives[107]. La pratique est réelle dans les contrats internes et très répandue dans les contrats internationaux[108]. L'on peut même parler d'un principe affirmé par le droit international privé des contrats interne, international ou communautaire[109] ; conventionnel et jurisprudentiel[110]. La clause va conduire à la désignation soit d'un droit national, soit de plusieurs droits nationaux ou internes.

- En droit commercial général : vente commerciale, courtage, commission, agence commerciale, bail à usage professionnel, cession du fonds, nantissement du fonds, location-gérance du fonds ;

- En droit des transports : contrats de transport des marchandises par route ;

- En droit des procédures collectives : concordat (préventif ou de règlement judiciaire).

[106] A. WEISS, *Traité théorique et pratique du Droit international privé*, Tome III, 2ème édition, Paris, 1912, p. 126 et s. ; I. FETZE KAMDEM, « L'autonomie de la volonté dans les contrats internationaux », Les Cahiers de droit, vol. 40, n* 3, 1999, pp. 645-664.

[107] V. J.-F. SURVILLE, *Cours élémentaire de droit international privé*, 7ème édition, 1925, n* 237, p. 351 ; PILLET, « Le droit international privé. Essai d'un système général de solution des conflits de lois », *Journal du droit international privé et de la jurisprudence comparée*, n* 21, 1894, pp. 711-718 ; J. AUBRY, « Le domaine de la loi d'autonomie en droit international privé », *Journal du droit international privé et de la jurisprudence comparée*, n* 23, 1896, pp. 465 et s.

[108] Dans une enquête menée par La Conférence de la Haye de droit international privé en mars 2007 (Étude de faisabilité sur le choix de la loi applicable dans les contrats internationaux – Rapports sur les travaux effectués et conclusions préliminaires), les réponses des États, qui portaient sur 15 à 3 000 contrats par an selon les États sondés, ont montré que presque tous les contrats comportent une clause de choix de la loi) ; v. L. RAVILLON, « La recherche de la sécurité juridique : la stipulation quasi-systématique d'une clause de choix de la loi applicable », in *Le Règlement communautaire « Rome 1 » et le choix de la loi dans les contrats internationaux*, pp. 67-95.

[109] Convention de Rome, Règlement de Rome, art. 3 paragraphe 1 : « Le contrat est régi par la loi choisie par les parties ».

[110] Cass. Civ. 1ère, 05 décembre 2010, *Affaire American Trading* : « la loi applicable aux contrats, soit en ce qui concerne leur formation, soit quant à leurs effets et conditions, est celle que les parties ont adopté ».

Le premier cas de figure, celui de la désignation d'un seul droit national est le plus fréquent parce qu'il est selon les parties, gage de sécurité juridique[111]. Le droit national choisi porte exclusivement sur les aspects matériels de la loi[112] et peut écarter les instruments juridiques internationaux comme cela est prévu par certaines conventions internationales, notamment la CVIM[113]. Cependant, sur ce dernier point, la jurisprudence, précisément américaine pense que si la clause de droit applicable renvoie au droit national d'un État ayant ratifié la Convention, une application cumulative du droit national et de la Convention est possible selon que certains aspects du contrat seront ou non traités par ladite Convention[114].

Le second cas de figure est celui de la désignation de plusieurs droits nationaux par la clause de droit applicable. La pratique est encore qualifiée de dépeçage[115]. Concrètement, il existe deux hypothèses d'application de ces différents droits nationaux choisis. *Primo*, l'application d'un droit différent peut dépendre de la partie en cause dans un litige. À titre illustratif, selon que le défendeur est camerounais ou sud-africain, le droit applicable sera celui du Cameroun ou celui de l'Afrique du Sud. *Secundo*, l'application d'un droit différent peut aussi se faire selon des portions différentes d'un même contrat[116]. Dans un contrat type, l'on a ainsi pu lire que : « *si le transport de marchandises*

---

[111] J. BEGUIN, M. MENJUCQ, *Traité de droit commercial international*, Lexis Nexis, Paris, 2005, p. 1046 et s.

[112] Loi-type CNUDCI, art. 28 al. 1er : « Toute désignation de la loi ou du système juridique d'un État donné est considérée, sauf indication contraire expresse, comme désignant les règles juridiques de fond de cet État et non ses règles de conflit de lois ».

[113] La Convention de Vienne sur les contrats de vente internationale des marchandises prévoit elle-même son caractère supplétif en son article 6 ; v. C. WITZ, « L'exclusion de la Convention des Nations-Unies sur les contrats de vente internationale des marchandises par la volonté des parties », *D.*, 1990, p. 107 ; P. SCHLECHTRIEM, C. WITZ, *Convention de Vienne sur les contrats de vente internationale des marchandises*, Paris, Dalloz, 2008, p. 25 et s.

[114] District Court for the Northen District of California, *Assante Technologies Inc. vs PMC-Sierra, Inc.*, 164 F. *Dupp*. 2d 1142.

[115] V. V. HEUZE, « La notion de contrat en droit international privé », *TCFDIP*, éd. PEDONE, 2000, pp. 319-344 ; A. PRUJINER, « le statut des obligations en droit international privé », *Les Cahiers de droit*, vol. 29, n* 4, 1988, pp. 1098-112 ; S. AHMED MOUSTAFA AHMED ELFEKY (S), *La loi applicable au contrat de sous-traitance internationale, étude comparée France-Égypte*, Grenoble, 2021, Thèse mult., 408 p.

[116] CJCE, 06 octobre 2009, *Intercontainer Interfrigo (ICF) c/ Balkemende Oosthuizen BV, MIC Operations*, *JOCE*, 133/08.

selon le présent acte comprend le transport ou le passage d'un port ou d'un endroit des Etats-Unis d'Amérique, le présent acte est régi par le droit américain pour le transport maritime des marchandises (...) pour tous les points qui ne peuvent être résolus par les dispositions et les articles du présent acte, le droit vietnamien s'appliquera »[117]. La pratique du dépeçage présente un avantage certain dans la création de passerelles entre le droit OHADA et les droits nationaux des États non-membres à cette organisation. En effet, le droit OHADA étant considéré comme un droit national uniforme, il pourrait être très bien appliqué dans un contrat impliquant un acteur du Burkina-Faso et un acteur du Ghana.

---

[117] V.-D. DO, « Les clauses de droit applicable au Vietnam », *RD aff. Int.*, 2005, n* 5, p. 606.

Varia

Doctrine juridique et pouvoir politique dans les États d'Afrique noire francophone : cas du Cameroun

Dénis Arnaud ESSOMBA AKOUA

Ph.D. en Droit public, Enseignant à l'Université de Douala
akden_arness@yahoo.fr

Résumé **:** *La relation entre doctrine juridique et pouvoir politique est à la fois l'une des plus complexes et des plus sensibles. Tantôt doctrine juridique et pouvoir politique entretiennent des rapports harmonieux, il en est ainsi lorsque la doctrine juridique soit, se borne à n'étudier que le droit faisant fi des questions d'ordre politique, soit lorsque la doctrine juridique se tient aux côtés du pouvoir politique. Tantôt, les relations entre les deux sont tendues. Il en va ainsi lorsque la doctrine juridique se livre à la critique du pouvoir politique. Pire, elles se détériorent au point d'atteindre le point de rupture notamment lorsque la doctrine juridique se pose en challenger du politique au pouvoir.*

Mots clés : *doctrine juridique, pouvoir politique, engagement juridique, engagement politique, critique juridique.*

L'étude contemporaine du droit a besoin de savants et d'érudits capables de comprendre les enjeux moraux, économiques, et socio-politiques et qui donnent sens à la technique juridique[1]. Du latin *« doxa »* qui traduit une opinion ; ou de *« docere »*, enseigner. La notion de doctrine juridique traduit trois réalités. Il s'agit d'abord d'une source du droit : *« le droit savant, c'est-à-dire un discours informé sur le droit, procédant de juristes expérimentés qui décident de prendre la plume pour rendre leurs réflexions publiques »*[2].

---

[1] A. SUPIOT, *Homo Juridicus. Essai sur la fonction anthropologique du droit*, Paris, Éditions du Seuil, 2005, p. 25.

[2] R. LIBCHABER, *L'ordre juridique et le discours du droit. Essai sur les limites de la connaissance du droit*, Paris, LGDJ, 2013, p. 367.

Sur le plan organique, la doctrine juridique est constituée de ceux qui ont une opinion sur le droit et qui l'enseignent[3]. Il s'agit de l'ensemble des « professeurs » des sciences juridiques au sens large. Ce qui amène à inclure aux cotés des enseignants de droit de carrière, certains praticiens du droit et certains magistrats et mêmes ceux qui ne rentrent ni dans l'une ou l'autre catégorie mais qui écrivent sur le droit.

Du point de vue matériel, l'on discrimine deux types d'activités doctrinales. D'une part « la doctrine des systèmes » et d'autre part la « doctrine du juge »[4]. La doctrine des systèmes se consacre à *« l'examen des constructions théoriques, des explications d'ensemble, finalement des conceptions d'ensemble du droit administratif et des systèmes de droit »*[5]. Cette frange de la doctrine est l'œuvre de tous ceux qui écrivent sur le droit ou devisent sur le droit. Elle s'exprime dans les traités, manuels et autres publications et regroupent aussi bien des enseignants, magistrats ou praticiens du droit et même de simples citoyens ayant une expertise plus ou moins avérée sur la matière juridique. La doctrine du juge, quant à elle entend rester très proche de la jurisprudence, et limite son intervention à l'application des décisions du juge, éventuellement à la découverte des corrélations qui peuvent être établies entre plusieurs de ces décisions[6]. Elle est surtout l'œuvre d'arrêtistes et commentateurs des décisions du juge.

Dans la présente recherche, de la doctrine juridique, il sera question de la doctrine universitaire[7] *stricto sensu* ; c'est-à-dire celle émanant des *« grands prêtres du droit »*[8] qui constituent une

---

[3] E. PICARD, « Doctrine juridique ou science juridique », in *Mélanges Robert Drago*, Paris, Economica, 1996, p. 122 ; V. RIVOLLIER, « La doctrine organique », in Pascale Deumier (dir.), *Le raisonnement juridique : recherche sur les travaux préparatoires des arrêts*, Paris, Dalloz, coll. Méthodes du droit, 2013, pp. 105-133.
[4] Y. Gaudemet, *Les méthodes du juge administratif*, Paris, LGDJ, 1972, p. 151.
[5] *Ibid*, p. 152
[6] *Ibid.*
[7] F. TERRÉ, *Introduction générale au droit,* 10e éd., Paris, Dalloz, 2015, p. 159.
[8] A. BANCAUD, Y. DEZALAY, « Des ''grands prêtres'' du droit au marché de l'expertise juridique : transformations morphologiques et recomposition du champ des producteurs de doctrine en droit des affaires », *Politique et management public*, vol. 12 n° 2, 1994, *Administrer les savoirs : leur production, leur transmission, leur application, leur contrôle*, Actes du sixième colloque international, Genève, 25-26 mars 1993, pp. 203-220. www.persee.fr/doc/pomap_0758-1726_1994_num_12_2_3168 consulté le 17 septembre 2020.

communauté de savants[9] : *homo academicus*[10] au sens formel de la locution. Il s'agit de personnels de l'enseignement supérieur intégrés dans l'un des cadres de la hiérarchie universitaire[11] et dont les opinions font autorité. Dans cette étude, il ne sera donc pas question pour des raisons de faisabilité et de pertinence d'ouvrir cette caste d'intellectuels à tous les glossateurs et auteurs de pamphlets sur la science juridique[12]. La doctrine juridique ainsi scrutée, se manifeste à travers des écrits et la parole[13], y compris dans les médias et sur internet[14]. Elle y expose *« ses systèmes et ses théories, ses approbations, ses critiques, ses propositions, ses opinions »*[15].

Dans l'ouvrage intitulé *Qu'est-ce que la politique ?*[16], Hannah Arendt constate que la polysémie de la notion de politique n'en facilite pas son appréhension. Il s'agit d'une notion hermaphrodite. La politique, au sens de *« politikè »*, renvoie selon Max Weber à la direction du groupement politique qu'est l'État, ou l'influence que l'on exerce sur cette direction[17]. La politique traduit également l'ensemble des efforts que l'on fait en vue de participer au pouvoir ; notamment le pouvoir politique, pouvoir suprême dirigeant toute la vie de la société et pour l'exercice duquel sont constitués les pouvoirs publics

---

[9] Y. GAUDEMET, *Les méthodes du juge administratif*, LGDJ, 2013, p. 165.

[10] P. BOURDIEU, *Homo academicus*, Paris, Ed. de Minuit, 2012, 317 p.

[11] Le droit de la fonction publique universitaire du Cameroun reconnaît trois grades : Chargé de Cours, Maître de Conférences, Professeur.

[12] Il est tout de même pertinent de relever que tous avec plus ou moins de succès participent à l'œuvre de diffusion et de compréhension du droit. Il est aussi vrai *« que certains praticiens du droit public, qu'ils soient juges ou avocats, en raison de leur riche expérience professionnelle, peuvent eux-aussi développer une attitude réflexive et édifier une certaine théorie en matière de droit public »* ; J. JIANG, *Théorie du droit public*, Paris, L'Harmattan, 2014, p. 22.

[13] G.-M. PEKASSA NDAM, « Doctrine et diffusion du droit dans l'espace africain francophone », *in* Fabrice Hourquebie (dir), *La doctrine dans l'espace africain francophone*, Bruxelles, Bruylant, 2015, pp. 273-300 ; P.-E. KENFACK, « Doctrine et création du droit privé au Cameroun », *RRJ* 2005, n° 4, pp. 2455-2464.

[14] Certains enseignants des facultés des sciences juridiques et politiques sont très prolixes dans des blogs juridiques ainsi que sur les réseaux sociaux. Leurs comptes Facebook sont de grandes tribunes à travers lesquelles ils partagent leurs savoirs et opinions.

[15] F. TERRÉ, *Introduction générale au droit*, *op. cit.*, p. 160.

[16] H. ARENDT, *Qu'est-ce que la politique ?*, texte établi par Ursula Ludz, trad. et préface Sylvie Courtine-Denamy, Ed. du Seuil, 1995, 184 p.

[17] M. WEBER, *Le savant et le politique*, Paris, Union Générale d'Éditions, 1963, p. 86. http://classiques.uqac.ca/ consulté le 11 mai 2020.

constitutionnels[18]. La politique est pareillement, l'ensemble des efforts que l'on fournit dans l'optique d'influencer la répartition du pouvoir, soit entre les États, soit entre les divers groupes à l'intérieur d'un même État[19]. La notion traduit également un anglicisme : *« policy »*. Celui-ci traduit la ligne ou le principe d'action, la nature et le contenu d'action d'une autorité. La notion sous la même grille d'analyse, fait également allusion aux formes d'implémentation au sein desquels le droit et ses institutions de mise en œuvre (la justice, l'administration…) peuvent avoir à jouer un rôle, notamment dans le domaine des politiques publiques[20].

Le Politique, quant à lui est selon les termes de Max Weber un homme d'action. Il s'agit d'un individu qui s'investit dans le champ politique dans l'optique de conquérir le pouvoir à quelque échelle que ce soit sur le plan national ou international. Enfin, le politique a trait à tout ce qui concerne la politique. Il s'oppose au juridique qui a trait aux normes qui, d'après la vision kelsénienne, sont du domaine du *« Sollen » ou « devoir être »*. Le politique en ce qui le concerne, est de l'ordre du *« Sein »* ou « être », qui est l'acte de volonté présidant à l'édiction de la norme juridique.

Du latin *« potestas »,* la notion de pouvoir prend diverses déclinaisons sémantiques suivant l'angle d'approche. Dans son entendement générique, le pouvoir traduit la capacité d'amener une ou plusieurs personnes à agir, individuellement ou collectivement, d'une manière désirée. Cette définition hypertrophie la notion de pouvoir qui se retrouve confondu avec les faits de terreur et de violence illégitime qu'une bande de brigands exercerait sur un individu ou sur une partie de la population à un moment donné. Sous le prisme politique, le pouvoir constitue l'ensemble des moyens dont disposent l'État et les corps qui lui sont reliés pour intervenir effectivement dans l'organisation et la vie d'une société et dans ses relations avec d'autres sociétés[21] tandis que sur le plan juridique, la notion de pouvoir revêt plusieurs acceptions. Par pouvoir, il est dans un premier temps question, de la capacité d'agir, c'est-à-dire d'une habilitation ou d'une aptitude

---

[18] G. CORNU, *Vocabulaire Juridique*, 12e éd, Paris, PUF, coll. QUADRIGE, 2018, p. 1637.

[19] M. WEBER, *Le savant et le politique*, *op. cit.*, p. 87.

[20] A.-J. ARNAUD et *alii*, *Dictionnaire encyclopédique de théorie et de sociologie du droit*, Paris, LGDJ, 1993, p. 457.

[21] M. WEBER, *Le savant et le politique*, *op. cit.*, p. 87.

qu'une personne ou un organe tient du droit. La même notion désigne également les acteurs investis de ladite capacité. La notion de pouvoir traduit également le champ d'action et la faculté d'exercer certaines fonctions[22] ; aussi parle-t-on de pouvoirs spirituel, économique, politique, législatif, judiciaire, exécutif, constituant…

Au premier abord, la notion de pouvoir politique traduit au sens matériel le pouvoir dans la cité, et, de façon contemporaine, il renvoie au pouvoir dans l'État[23] qui est un pouvoir institutionnalisé. Aussi ce pouvoir est défini succinctement comme *« pouvoir de prévision, d'impulsion, de décision et de coordination qui appartient à l'appareil dirigeant du pays, en principe celui de l'État, c'est-à-dire aux gouvernants au sens large, et qui leur permet de déterminer et de conduire l'ensemble de la politique nationale, avec tout ce qu'elle implique dans l'ordre interne comme dans l'ordre international »*[24]. Il s'oppose au pouvoir spirituel qui lui est un pouvoir atemporel et transcendantal car il est un pouvoir temporel et immanent.

Le pouvoir politique s'exerce soit par un organe ou une personnalité à laquelle la norme juridique confie certaines prérogatives à l'échelle nationale, régionale, ou locale. Des pouvoirs politiques à l'échelle interne, il en existe plusieurs qui se confondent aux pouvoirs publics. Ils se recoupent au plan national aussi bien au sein de l'exécutif[25], du législatif et du judiciaire. Il existe également un pouvoir politique décentralisé dont la sphère d'exercice est réduite à une collectivité territoriale décentralisée.

Le contexte dans lequel s'inscrit la présente recherche est quasi similaire à celui des années 90. Il s'agit d'un contexte dans lequel les États d'Afrique en général sont frappés d'un reflux de revendications démocratiques et libertaires impulsées, plus de l'intérieur, par le biais de forces endogènes. Cette bourrasque de récriminations populaires est partie du Maghreb qui plus d'une dizaine d'années n'en finit pas avec

[22] O. Duhamel et Y. Mény (dir.), *Dictionnaire de droit constitutionnel*, Paris, PUF, 1992, p. 770.

[23] P. PACTET et F. MÉLIN-SOUCRAMANIEN, *Droit Constitutionnel,* 41e éd., Paris, Sirey, 2023, p. 12.

[24] *Ibid.*

[25] La figure la plus en vue ici étant le Président de la République. Au sujet de ladite institution, v. P.-E. MBPILLE, *Le Président de le République en droit constitutionnel camerounais*, Yaoundé II, 2015, Thèse mult., 492 p.

le *« Printemps arabe »*[26], s'est abattue sur le continent noir d'Est en Ouest *« balayant »,* pour reprendre l'expression du peuple burkinabè, certains présidents indéboulonnables par les urnes[27] et fragilisant ceux ayant pu se cramponner à leur trône présidentiel. Le contexte est également à la redécouverte des particularismes identitaires fondés sur la race[28], la langue[29], la religion[30], l'ethnie ou la culture[31]. Pour revenir au Cameroun, le pays traverse une zone de hautes turbulences. Tiraillée entre les attaques des groupes terroristes[32] et une crise post-électorale, la situation politico-sécuritaire est très tendue.

Ce contexte politique délétère s'abreuve également de la situation économique catastrophique. Après quelques aurores reluisantes constatées à l'aube des années 2000, par l'atteinte du point d'achèvement de l'initiative PPTE lancée par les institutions financières

---

[26] Aujourd'hui c'est encore l'Algérie qui est crispée par un mouvement d'humeur qui ne cesse de réclamer le démantèlement complet du régime Bouteflika ; avec la Lybie, on voit « *l'État ailleurs* » (L. SINDJOUN, *L'État ailleurs. Entre noyau dur et case vide*, Paris, Economica, 2002, 332 p), dans l'esprit de quelques lunatiques ou nostalgiques d'une époque révolue. Il s'agit d'un État dépecé aux mains de milices et autres seigneurs de guerre qui règnent sur des fiefs. Au Soudan du Nord la rue ne cesse de crier au départ de la junte militaire du pouvoir malgré la chute d'Omar El Béchir. L'Égypte se relève à peine des années sombres de son histoire contemporaine.

[27] Ont été chassés du pouvoir en Afrique ces dix dernières années : Marc Ravalomanana de Madagascar en 2009 ; Mamadou Tandja du Niger, le 18 février 2010 ; Zine el-Abidine Ben Ali de Tunisie en 2011 ; Hosni Moubarak d'Égypte, le 11 février 2011 ; Laurent Gbagbo de Côte d'Ivoire, le 11 avril 2011 ; Mouammar Kadhafi de Lybie, le 20 octobre 2011 ; Amadou Toumani Touré du Mali, le 22 mars 2012 ; Raimundo Pereira de Guinée-Bissau, le 21 avril 2012 ; François Bozizé de la RCA, le 24 mars 2013 ; Mohammed Morsi d'Égypte, le 3 juillet 2013 ; Blaise Compaoré du Faso, le 30 octobre 2014 ; Yaya Jammeh de Gambie le 21 janvier 2017 ; Abdelaziz Bouteflika le 02 avril 2019 ; Omar El Béchir du Soudan le 11 avril 2019. Plus récemment Ibrahim Boubakar Keita au Mali, le 18 aout 2020 ; Roch Marc Christian Kabore du 23-24 janvier 2022 et le 30 septembre 2022, Paul-Henri Sandaogo Damiba, tous du Burkina Faso.

[28] En Afrique du Sud, l'on observe la montée des violences interraciales. Notamment entre noirs plus qu'entre noirs et blancs.

[29] Anglais/ français au Cameroun

[30] Le conflit entre chrétiens coptes et extrémistes islamistes en Égypte ; conflit entre le Nord Soudan musulman et le Soudan du Sud chrétien, les djihadistes au Mali, Nigeria, Cameroun, Tchad, Niger. Il s'agit également en RCA, des Anti-balakas qui s'opposent aux Sélékas.

[31] Les djihadistes veulent généralement imposer la culture et traditions musulmanes aux autres.

[32] Boko Haram dans le septentrion, les Ambazoniens dans les régions anglophones, des bandes de brigands venus de la République Centrafricaine.

internationales, le Cameroun tout comme les pays de la CEMAC ont connu une profonde crise économique et financière entre 2014 et 2016 due en majeure partie par la détérioration des termes de l'échange consécutive à la faiblesse prolongée et substantielle des cours des principales matières premières qu'ils exportent, le pétrole, notamment[33]. Ce choc économique s'est traduit par un ralentissement de la croissance, une détérioration des comptes des finances publiques, une accentuation du déficit de la balance courante et une baisse drastique des avoirs en réserves mettant ainsi à rude épreuve la stabilité du cadre macroéconomique de la sous-région à court et à moyen termes[34]. Dans l'optique de juguler cette conjoncture défavorable, les chefs d'État de la CEMAC ont cru devoir mettre en place le Programme des Réformes Économiques et Financières de la CEMAC (PREF-CEMAC)[35]. Cet organe technique a pour mission d'assurer la coordination de la mise en œuvre des actions rapides, vigoureuses et coordonnées, aussi bien au niveau national que sous régional, pour la stabilisation du cadre macroéconomique et une transformation structurelle et profonde des économies de la sous-région afin d'en renforcer la résilience tout en les plaçant sur le sentier de l'émergence.

Alors que les mesures prises par la Conférence des Chefs d'État de la CEMAC, produisaient déjà des résultats palpables sur le plan économique, de nouvelles situations de crise liées à la COVID-19 et à la guerre en Ukraine ont de nouveau fait vaciller les économies de la sous-région. Pour faire face à ces nouvelles calamités économiques et sociales, il a été élaboré un Plan de relance post-Covid et une Stratégie d'import-Substitution de produits du cru de la CEMAC[36].

Le contexte juridique des États d'Afrique noire francophone est marqué par un foisonnement de textes plus ou moins empreints d'une coloration démo-libérale. Toutefois, ils ne sont que difficilement et parfois, très paresseusement mis en œuvre par le régime au pouvoir. C'est donc en somme, un environnement *« politico-juridique au sein duquel "les moyens techniques du droit officiel" permettent à une administration patrimonialo-bureaucratique et à son chef présidentiel de*

---

[33] Document Cadre révisé du Programme des Réformes Économiques et Financières de la CEMAC (PREF-CEMAC), phase 2 : 2021-2025, avril 2021, p. 2.
[34] Ibid.
[35] Décision n° 01/16-CEMAC-CCE-PREF-P du 14 novembre 2016.
[36] Documents consultables sur www.pref-cemac.org.

favoriser nettement une forme d'ingérence de l'impérium dans l'administration (...) et la formation du droit »[37].

Pour éviter un chevauchement, source de redondance d'avec des travaux antérieurs, il sera question de s'appesantir sur la question des années 2000 à nos jours. Dans cette optique, il sera question de scruter et d'étudier la nature de la relation entre les deux institutions au Cameroun. Toutefois, ce qui fait la particularité de cadre géographique choisi, c'est qu'il constitue l'une des rares sphères où non seulement le droit positif côtoie le droit traditionnel certes avec prééminence du droit positif mais l'on observe aussi que le droit positif lui-même, se divise en deux, un premier s'inspirant de la Common Law, et un autre s'inspirant du droit continental romano-germanique[38]. L'étude présente de nombreux attraits. Dans un premier temps, il est à noter qu'elle se veut pionnière en droit positif camerounais[39]. Elle a pour objet de

---

[37] M. WEBER, *Sociologie du droit*, Paris, PUF, 1986, p. 189.

[38] Du coup au Cameroun, contrairement à la plupart des pays francophones, il existe une doctrine juridique spécialiste des questions de droit continental sous toutes ses déclinaisons et spécialisations et une autre spécialiste du droit traditionnel.

[39] La plupart des études sur la question relèvent du champ de la Science Politique qui privilégie plus l'approche sociologique que juridique ; L. NGWÉ et *alii*, « L'université et les universitaires dans les mutations politiques et éducatives au Cameroun », *Cahiers de la recherche sur l'éducation et les savoirs* [En ligne], 5 | 2006, mis en ligne le 01 juillet 2012, consulté le 31 janvier 2019. URL : http://journals.openedition.org/cres/1143 ; M.-E. OWONA NGUINI, « Juristes-savants, droit de l'État et État de droit au Cameroun : l'énonciation professorale et doctorale du droit de la souveraineté et Droits de l'Homme au crible d'une sociologie politique du champ juridique », *Polis*, RCSP, vol. 6, n° 2, 1998, pp. 31-81 ; L. NGWÉ, « Les intellectuels dans la figure étatique au Cameroun », *in Figures croisées d'intellectuels. Trajectoires, modes d'actions, productions*, Paris, Karthala, 2006, pp 271-284 ; J. ONANA, « Être intellectuel et savant au Cameroun : la tentation de la pensée sauvage », in *Figures croisées d'intellectuels. Trajectoires, modes d'actions, productions*, *op. cit.*, pp. 253-270 ; E. YENSHU VUBO, « L'intelligentsia camerounaise entre nationalisme radical, nationalisme à basse intensité et dérive sectariste », *in Figures croisées d'intellectuels. Trajectoires, modes d'actions, productions*, *op. cit.*, pp. 285-300 ; J. ONANA, J.-R. ABESSOLO NGUEMA, « L'espace commun d'enseignement et de recherche en zone CEMAC. Entre expertise savante et ingénieries politiques », *in Les mondes universitaires face au marché. Circulation des savoirs et pratiques des acteurs*, Paris, Karthala, 2011, pp. 267-280. Hors du Cameroun : F.-J. AÏVO, « Les constitutionnalistes et le pouvoir politique en Afrique », *RFDC* 2015/4, n° 104, pp. 771-800 ; D. LOCHAK, « L'engagement politique des juristes », *Mélanges en l'honneur d'Antoine Lyon-Caen*, Paris, Dalloz, 2018, pp. 225-238 ; D. LOCHAK et J. CHEVALLIER, « Les juristes dans l'espace public », *Droit et Société* 2016/2, n° 93, pp. 359-374.

scruter *« les types universitaires de pensée juridique qui occupent une place décisive dans la (re) construction et la (trans) formation du droit au Cameroun, sont de ce fait un cadre approprié d'observation et de compréhension de l'interdépendance dialectique et stratégique du champ juridique et du champ politique*[40]. Elle permet de révéler s'il y a instrumentalisation politique du droit[41] et des juristes-savants ou instrumentalisation juridique du pouvoir politique par la doctrine juridique. Elle permet également de comprendre et de rendre compte de l'évolution du « pouvoir des docteurs » dans les constructions juridiques et de l'influence possédée par les « juristes-professeurs, chargés d'enseigner le système »[42]. Cela démontre à suffisance la connexité des liens entre juridique et politique[43]. Toute chose étant, dans un cas comme dans l'autre, la présente recherche tend à conforter la vision de Roger-Pol Droit et Michel Foucault selon laquelle, « *Le savoir apparaît lié en profondeur à toute une série d'effet de pouvoir »*[44]. En outre, dégageant l'apport non négligeable de l'université et des universitaires dans les mutations politiques en Afrique, la présente étude permet d'étudier le droit et les droits examinés par les juristes-savants en rapport avec les dispositions, les positions et les prises de position de ces derniers dans un champ professionnel et disciplinaire marqué par des luttes et des concurrences pour l'accès aux chances de la prééminence doctrinale[45]. Cette entreprise augure une explicitation des catégories de l'entendement des juristes universitaires en tant que « juristes aux prises avec la construction de leur propre légitimité »[46].

---

[40] M.-E. OWONA NGUINI, « Juristes-savants, droit de l'État et État de droit au Cameroun… » préc., p. 33.
[41] P.-F. NKOT, *Perversion politique et construction de l'État unitaire au Cameroun,* Laval-Québec, 2001, Thèse mult., 2001, pp. 269 et s. ; du même auteur, *Usages politiques du droit en Afrique : le cas du Cameroun*, Bruxelles, Bruylant, coll. Droits, territoires, cultures, 2005, 212 p.
[42] P. LEGENDRE, « La facture historique des systèmes. Notations pour une histoire comparative du droit administratif », *RIDC*, 23-1, 1971, p. 29.
[43] J. COMMAILLE, « Le juridique dans le politique. De la relation entre « sciences » à l'évidence de l'objet », p. 269. www.u-picardie.fr, consulté le 20 octobre 2019.
[44] R.-P. DROIT, *Michel Foucault : entretiens,* Paris, *Odile Jacob*, 2004, p. 128.
[45] M.-E. OWONAN NGUINI, « Juristes-savants, droit de l'État et État de droit au Cameroun… » préc., p. 33.
[46] D. MEMMI, « Demande de droit ou vide juridique ? Les juristes aux prises avec la construction de leur propre légitimité », in *Les usages sociaux du droit*, Paris, PUF-CURAPP, 1989, pp. 13-31.

La dynamique de libéralisation politique et de démocratisation entamée dans les années 90 va en s'affermissant dans les années 2000, *« réactiver les luttes politiques et professionnelles dans les sphères universitaires du droit, luttes fondées sur la concurrence entre les tendances juridiques normativistes ou institutionnalistes déjà perceptibles dans les divergences d'interprétation du changement politique de 1982 – antérieur à celui de 1990 – et de son rapport aux thèmes du libéralisme et de la démocratie »*[47]. Cette situation se manifeste à l'université par la remise en cause de son rapport à l'État[48].

Au vu de ce qui précède, il se faisait donc ressentir *« L'urgence de la pensée »*[49] juridique autour de l'épineuse question de la relation entre ces deux institutions. D'où l'interrogation suivante : quelle est la nature de la relation entre doctrine juridique et pouvoir politique ? Prosaïquement, quelles sont interactions entre doctrine juridique et pouvoir politique ? Cette interrogation permet insidieusement d'examiner les contours de la cohabitation entre le pouvoir académique et le pouvoir politique dans un État en voie de développement et d'établir la nature de leurs rapports. Mais résolument, elle permet de voir la place que l'université et les enseignants de droit accordent à l'épineuse question de l'engagement dans leurs missions.

La détermination de la corrélation entre la doctrine juridique et le pouvoir politique n'est pas aisée[50]. Ceci, est dû au fait que la doctrine est divisée sur la question et le droit positif lui-même est assez libéral sur ce point. Tout de même, il est à observer deux tendances qui dépeignent une relation controversée. La première, celle des juristes-universitaires entretenant une relation harmonieuse avec le pouvoir politique ; la seconde, celle de ceux entretenant une relation tumultueuse avec le pouvoir politique.

---

[47] M.-E. OWONA NGUINI, « Juristes-savants, droit de l'État et État de droit au Cameroun… » préc., p. 50.

[48] L. NGWÉ et *alii,* « L'université et les universitaires dans les mutations politiques et éducatives au Cameroun » préc., p. 4. D'après ces auteurs, à partir de cette période, l'on observe véritablement comment *« L'université et ses agents sont alors pris et engagés dans le processus de reconfiguration de l'État et dans une revendication de démocratisation ».*

[49] M. KAMTO, *L'urgence de la pensée. Réflexions sur une précondition du développement en Afrique,* Yaoundé, éd. Mandara, 1993, 209 p.

[50] A. SOMA, « La dialectique du scientifique et du politique dans la construction démocratique en Afrique », *in* Fabrice Hourquebie, (dir.), *La doctrine dans l'espace africain francophone*, Bruxelles, Bruylant, 2014, pp. 305-323.

La recherche s'inscrit certes dans le champ de la science juridique ; toutefois, il est constant de relever qu'elle va au-delà de ce spectre réducteur du droit positif pour intégrer la sociologie politique, la science administrative, voire l'analyse des pratiques institutionnelles. Aussi, dans une perspective holistique de l'analyse, il convient de *« sortir de la zone glacée du droit pur »*[51], qui parfois conduit à une dessiccation de l'analyse car ne laissant pas ou que très peu de places aux outils tirés des autres disciplines des sciences sociales. Dans cette perspective, il sied de recourir à une approche méthodologique syncrétique. De façon complémentaire, il sera fait recours aux cas concrets tirés de la *praxis*, et du droit étranger aux fins d'illustrer et étayer les arguments avancés.

Dans cette optique, il sera donc loisible de démontrer, d'une part, que la relation entre doctrine juridique et pouvoir politique renvoie tantôt à celle d'un duo en parfaite harmonie (I) ; et d'autre part, tantôt, elle laisse apercevoir celle d'un tandem en dysharmonie (II).

I – L'harmonie entre doctrine juridique et pouvoir politique

La relation entre la doctrine juridique camerounaise et le titulaire du pouvoir politique peut parfois être très harmonieuse au point de former quasiment un couple. Cet apaisement n'est véritablement perceptible que dans l'hypothèse où la doctrine juridique ne s'intéresse pas au pouvoir politique (A) ; ou bien encore lorsque la doctrine juridique fait clairement allégeance au titulaire du pouvoir politique (B).

A – L'indifférence de la doctrine juridique à l'égard du pouvoir politique

Les rapports entre la doctrine juridique camerounaise et le pouvoir politique sont pacifiques tant que la doctrine juridique se détourne de toute question ou positionnement politique. Cette indifférence de la doctrine juridique, qui parfois est voulue ou de circonstance peut se justifier à plus d'un titre (1). Néanmoins, ces justifications ne sauraient être admises béatement (2).

1 – Les raisons d'une indifférence de la doctrine

Le fait pour la doctrine de se détourner du pouvoir politique n'est pas fortuit. En effet, les raisons d'une telle situation trouvent leur linéament aussi bien objectivement dans le droit positif et dans la

[51] G. RIPERT, *Les forces créatrices du droit*, Paris, L.G.D.J., 1955, p. 79.

théorie kelsenienne du droit qui postule la *« pureté »* (a) que subjectivement dans des considérations sociopolitiques inhérentes au système camerounais d'administration publique (b).

a – Les raisons légales pertinentes

D'après Marc Milet, il existe une panoplie de doctrine juridique. De celle-ci se distingue une catégorie qu'il qualifie d'*« universitaire juriste »*. Ce prototype se singularise par son indifférence radicale à l'ordre politique. Cette catégorie n'est pas pour autant à vouer aux gémonies. En effet, s'en tenant au référentiel camerounais, l'article 42 (1) du décret n° 93/027 du 19 janvier 1993 portant dispositions communes aux universités énonce sans détour que *« l'institution universitaire est un lieu clos et apolitique »*. Par conséquent, l'enseignement et la recherche impliquent l'objectivité du savoir et la tolérance des opinions. Ils sont incompatibles avec toute forme de propagande et doivent demeurer hors de toute emprise politique ou économique partisane[52].

Cette attitude de détachement de certains savants du droit est confortée par quelques auteurs partisans de la théorie pure du droit ou normativisme. La théorie normativiste telle que pensée par Hans Kelsen se veut affranchie, mieux épurée de toute idéologie politique. En ce sens, elle entend ériger *« la science du droit au rang d'une véritable science détournée de toute politique juridique »*[53]. D'après cette théorie immaculée du droit, la doctrine juridique doit se détourner de la politique comme les marins des chants des sirènes.

D'après Charles Eisenmann, la théorie pure du droit ayant pour enjeu une saine séparation entre le droit et la politique, elle emporte pour la doctrine juridique, renonciation à défendre au nom de la science juridique des postulats politiques n'ayant qu'un caractère essentiellement subjectif même si en toute bonne foi, ils se présentent, comme l'idéal d'une religion, d'une nation ou d'une classe[54]. Le doctrinaire se doit donc d'être du point de vue de la théorie pure du droit, radicalement réaliste, détourné de tout jugement de valeur sur le droit positif.

---

[52] Article 40 du décret n° 93/027 du 19 janvier 1993 portant dispositions communes aux universités.

[53] H. KELSEN, *Théorie pure du droit*, 2e éd., trad Ch. Eisenmann, Paris, Dalloz, 1962, p. XI.

[54] *Ibid.*, p. IX.

Ensuite la doctrine juridique, du point de vue kélsenien, est scientifique et ne doit se mettre au service de quelques intérêts politiques en leur fournissant les idéologies sur la base desquelles l'ordre social existant serait légitimé ou au contraire disqualifié[55]. Michel Troper à ce sujet fait remarquer que si la doctrine juridique sous Vichy a contribué à asseoir la légitimité de l'antisémitisme, ce n'est pas parce qu'elle a décrit le droit positif, mais au contraire parce qu'elle s'est affranchie des limites imposées par une analyse froide du droit qui lui était imposée par le positivisme pour se situer aux confins politiques[56]. Elle s'est retrouvée, comme la doctrine allemande sous le Troisième *Reich*, bien au-delà de la simple description, pour concevoir son *« activité comme prescriptrice, en produisant des arguments destinés à persuader le juge et donc en agissant de sententia ferenda »*[57].

Si l'on s'en tient donc à cet auteur, dans un contexte de libéralisation politique et économique en cours dans les États d'Afrique noire francophone, l'office de la doctrine juridique doit se résumer en une tension entre l'activité théoricienne d'universitaire et l'implication dans le travail de praticiens de la consultation juridique[58]. Cette évolution renforce les intérêts utilitaires consubstantiels aux investissements de juridicité par lesquels certains enseignants d'université notamment entreprennent *« d'aider les justiciables... à trouver l'itinéraire idoine devant les juridictions administratives »*[59].

Le but ultime des positions des partisans de ce bord doctrinal est en somme au regard du normativisme de *« reproduire et authentifier la représentation idéologique que la doctrine cherche à donner d'elle-*

---

[55] *Ibid.*, p.147. Il en est ainsi du fait que selon les partisans de la théorie pure du droit, celle-ci est une science. Et comme telle, *« elle est obligée à rien d'autre ni plus qu'à saisir le droit positif dans son essence, et à le comprendre par une analyse de sa structure »*.

[56] M. TROPER, « La doctrine et le positivisme (A propos d'un article de Danièle Lochak) », in *Les usages sociaux du droit, op. cit.*, p. 287.

[57] D. LOCHAK, « Entre l'éthique du savant et les convictions du citoyen : le juriste face à ses dilemmes », *in*, L'architecture *du droit, Mélanges en l'honneur du Professeur Michel Troper,* Paris, Economica, 2006, p. 621.

[58] A. PERROT, « La doctrine et l'hypothèse du déclin du droit », *in La doctrine juridique, op. cit.*, 1993, p. 208. La fonction de conseil place la doctrine à la place de véritable entrepreneur savant mettant son avoir à la disposition des clients. V. Y. DEZALAY, « La production doctrinale comme objet et terrain de luttes politiques et professionnelles, *in La doctrine juridique, op. cit.,* p. 236.

[59] M.-E. OWONA NGUINI, « Juristes-savants, droit de l'État et État de droit au Cameroun… » préc., p. 64.

même, celle d'une recherche savante qui a pour seul souci l'amélioration du droit et poursuivie à l'écart des contraintes ou des pressions du monde social »[60].

Toutefois, si l'indifférence, voire l'indolence d'une certaine doctrine peut se justifier par des arguments objectifs, ils n'en demeurent pas moins incisifs, les arguments tirés des blocages socio-professionnels.

b – Les raisons socio-professionnelles poignantes

La neutralité et l'indifférence de la doctrine juridique à l'égard de la politique peuvent trouver justification dans l'environnement socio-professionnel dans lequel elle se meut.

Il s'agit d'abord d'un environnement qui présente encore des relents de monolithisme politique marqué par la peur obsessionnelle des représailles de nature à tempérer les élans de la doctrine[61]. Au lendemain de l'indépendance du Cameroun, *« L'Effort camerounais »,* un journal publié par l'église catholique romaine implantée au Cameroun, notait déjà au sujet de la peur qu'elle *« est mauvaise. Elle vide l'homme de tout ce qu'il est, avant de le vider de tout ce qu'il a. Elle inhibe l'intelligence, annihile la volonté, fait évanouir ce qui fait l'homme, la liberté. Ce qui était un homme devient un robot, un automate aux réflexes conditionnés. L'animal raisonnable est devenu l'animal tout court, voire moins qu'un animal .... C'est une chose analogue qui se passe dans une société sous l'empire de la peur, comme la nôtre. Cette peur, on la dénonce depuis des années ; mais plus elle dure, plus elle s'enfonce en des formes toujours perfides. Maintenant, elle est devenue chronique ... elle a paralysé la société camerounaise. Les personnalités s'étiolent dans la moutonnerie ambiante : « je ne veux pas lancer telle initiative, entend-on répéter ici et là, autrement on dira que... »*[62].

Certes le contexte a changé du fait de la libéralisation de l'espace public. Le Cameroun a depuis lors évacué de son arsenal juridique la

---

[60] Y. DEZALAY, « La production doctrinale comme objet et terrain de luttes politiques et professionnelles », *in La doctrine juridique, op. cit.,* p. 236.

[61] Sur la crainte des représailles dans la défense ou l'exercice des droits fondamentaux en Afrique au lendemain des indépendances, v. P.-F. GONIDEC, « Problèmes d'application de la législation en Afrique », in *Bull. de l'Inst. internat. d'Adm. Pub.*, n° 2, avril-juin 1967.

[62] A. EYINGA, *Introduction à la politique camerounaise*, Paris, *Anthropos*, 1978, p. 331.

notion de subversion qui tempérait les ardeurs des uns et des autres. De plus la doctrine juridique, protégée par les franchises universitaires, est à l'abri de quelques pressions visibles ou sanctions pour des opinions émises dans le cadre de ses missions et qui n'arrangeraient pas le pouvoir politique. La preuve en est que très souvent la doctrine se montre très dure envers le pouvoir[63].

L'on pourrait donc s'accorder avec le doyen Joseph-Marie Bipoun Woum, que tout comme en ce qui concerne les justiciables africains, cet argument n'explique pas tous les cas d'impassibilité de la doctrine juridique à l'égard du pouvoir politique et des luttes qu'il engendre juste par le *« souci de ne pas mettre en cause les institutions de la république, ni la sureté intérieure ou extérieure de l'État »*[64]. Dans un contexte où les salaires sont modestes, la crainte est celle d'être stigmatisé et marginalisé par le politique qui se sert de son pouvoir de nomination pour distribuer des postes de responsabilité et aux « bons » maîtres du droit (les moins bavards ou qui sont acquis à sa cause). Ce qui leur permet de savourer les bienfaits de l'article 2 de l'acte de nomination leur conférant *« les avantages de toute nature »* prévus par la règlementation en vigueur.

La neutralité peut également se justifier par la peur de connaitre des tracasseries dans l'avancement en grade. En effet, certains travaux ne manquent pas de relever le centralisme exacerbé dans l'organisation des institutions universitaires dont les responsables doivent leur promotion au pouvoir politique[65] ; le recteur et les chefs d'établissement en premier qui sont nommés et non désignés par leurs pairs ceux-ci procèdent parfois par des *« censures politico-doctrinales ensorceleuses »*[66]. De

---

[63] V. *infra*.

[64] J.-M. BIPOUN WOUM, « Recherches sur les aspects actuels de la réception du droit administratif dans les États d'Afrique noire d'expression française : cas du Cameroun », *RJPIC*, T.XXVI, n° 3, 1978, p. 380.

[65] F.-M. AFFA'A et TH. DES LIERRES, *L'Afrique noire face à sa laborieuse appropriation de l'université : les cas du Sénégal et du Cameroun*, Paris, L'Harmattan, 2002, cité par E. Olembe, *Production des savoirs dans le discours universitaire en situation d'évaluation endogène. Philosophie, sciences économiques et gestion au Cameroun*, Lyon II et Yaoundé II, 2010, Thèse mult., p. 84..

[66] Ainsi parlait le docteur Owona Nguini du professeur James Mouangue Kobila dans le journal *La Nouvelle Expression* du 05 aout 2011, consulté sur www.camerounlink.net. Dans *l'affaire So'o Georges c/. État du Cameroun*, (Jugement n° 2/CS/CA du 2 novembre 1978, *So'o Georges contre État du Cameroun*), il s'y dégage que sieur *So'o* l'avait appris à ses dépens ; lui qui avait été non seulement

plus, la gestion des carrières des enseignants du supérieur est l'apanage d'un comité sous l'étreinte étatique créé par décret n°93/035 du 19 janvier 1993 portant statut spécial des personnels de l'enseignement supérieur[67]. En effet, celui-ci est un puissant instrument étatique de contrôle du discours universitaire qui s'en trouve parfois très policé[68] préférant parfois se tourner vers la commercialisation de l'expertise juridique[69]. En vérité, il n'est pas interdit à cette doctrine dissidente de

---

renvoyé de l'université pour insuffisance académique et traité de surcroît *« de cynique menteur et de fauteur de trouble »* par le Chancelier de l'Université du Cameroun.

[67] Comité Consultatif des Institutions Universitaires (CCIU). En son article 17, il est « institué au sein du Ministère chargé de l'Enseignement Supérieur, un Comité Consultatif des Institutions Universitaires doté d'un Secrétariat Permanent ». Aux termes de l'article 1er de l'arrêté présidentiel n° 253 du 31 octobre 1994 portant organisation et fonctionnement du Comité consultatif des institutions universitaires, il s'agit d'« un organe de consultation et de coordination des activités académiques des institutions universitaires. Il est placé sous la tutelle du ministère chargé de l'enseignement supérieur ».

[68] On n'est pas loin de la pensée de Michel Foucault d'après laquelle : *« dans toute société la production de discours est à la fois contrôlée, sélectionnée, organisée et redistribuée par un certain nombre de procédures qui ont pour rôle d'en conjurer les pouvoirs et les dangers, d'en maîtriser l'événement aléatoire, d'en esquiver la lourde, la redoutable matérialité » et d'ajouter : « (...) On sait bien qu'on n' a pas le droit de tout dire, qu'on ne peut pas parler de tout dans n'importe quelle circonstance, que n'importe qui, enfin, ne peut pas parler n'importe quoi. Tabou de l'objet, rituel de la circonstance, droit privilégié ou exclusif du sujet qui parle : on a là le jeu de trois types d'interdits qui se croisent, se renforcent ou se compensent, formant une grille complexe qui ne cesse de se modifier »* ; M. FOUCAULT, *L'ordre du discours*, Paris, Gallimard, 1969, pp. 8 et s.

[69] En effet, *« en s'adaptant à la consolidation au Cameroun d'une orientation contractuelle et commerciale du droit favorisée par le déploiement de grands cabinets de droit et d'économie des affaires par rapport aux officines classiques d'avocats ou d'experts-comptables à la faveur de la libéralisation économique et politique, les producteurs universitaires du droit (public) occasionnellement intéressés par l'activité de consultants entendent conforter leur position parmi les « marchands de droit » en investissant dans des cabinets de conseil juridique. »* ; M.-E. OWONA NGUINI, « Juristes-savants, droit de l'État et État de droit au Cameroun… » préc., p. 78. Certains professeurs de droit se sont lancés dans la création avec plus ou moins de succès de cabinets de conseil juridique. Les plus en vue sont le cabinet de conseil juridique *Brain Trust* du doyen Kamto situé au quartier Nlongkak-Yaoundé. Ce cabinet de consultation s'était vu attribuer le marché n° 01AONR/CPM/MJ/2008 du 24 octobre 2008, d'un montant de 89 258 625 FCFA aux fins d'actualisation du code pénal, de l'élaboration d'un code civil bilingue, d'un code de procédure civile et commerciale bilingue, tenant compte du système bijuridique camerounais inspiré du droit romano-germanique et de la Common Law. Il est également loisible de citer le cabinet du professeur Joseph Owona situé au quartier Bastos-Yaoundé.

rentabiliser financièrement son savoir mais elle s'expose à ne jamais se voir attribuer un marché de prestations intellectuelles ou d'être consulté par les pouvoirs publics lorsque ceux-ci sont en difficulté comme ce fut le cas lors du différend frontalier avec le Nigeria[70] ou même à l'occasion de contentieux avec les particuliers[71].

Ces raisons objectives comme subjectives conduisant à la mesure dans le discours et les écrits, voire l'autocensure de la doctrine juridique à l'égard des questions politiques ne font pas l'unanimité au sein de la communauté universitaire. En effet, le postulat de la neutralité ou de l'indifférence de la doctrine pour ne pas s'attirer les foudres des tenants du pouvoir politique est l'objet de vives critiques.

2 – La critique de l'indifférence de la doctrine juridique à l'égard du pouvoir politique

La distanciation de la doctrine des questions politiques en général et celles intéressant le pouvoir politique en particulier, n'est pas vue d'un bon œil par tous. Pour certains, une doctrine juridique indifférente des questions politiques n'est qu'une simple vue d'esprit. En effet, le juriste, théoricien du droit se doit d'être engagé[72]. Cet engagement est en fait, contrairement au postulat de la théorie pure du droit, un puissant ressort pour la compréhension de la matière juridique. D'après Emmanuel Dockès, si la connaissance juridique est un outil pour l'engagement, il apparaît aussi clairement, que, la réciproque est, elle aussi, vraie. L'engagement et le constant éveil de l'esprit critique qu'il exige, permettront de révéler certains pans du droit sous un jour plus net, plus cru, plus corrosif aussi parfois.

---

[70] A l'occasion de ce différend ayant été porté par le Cameroun devant la CIJ, plusieurs professeurs de droit avaient été appelés à contribution par l'État du Cameroun pour lui prêter main-forte. L'on peut citer les professeurs Bipoun Woum, Joseph Owona, Maurice Kamto, Yana Ntamark, Ephraim Ngwafor…

[71] A titre d'exemple, dans l'affaire ayant opposé sieur Guiffo Mopo Jean-Philippe (renvoyé de l'université pour insuffisance académique) à l'État du Cameroun (*Guiffo Jean-Philippe c/. État du Cameroun*, jugement n° 40/CS/CA/80-81 du 3 avril 1981, note Nlep Roger-Gabriel, *Penant* n° 777-778, juillet-décembre 1982, pp. 73-91 ; *Guiffo Jean-Philippe c/. État du Cameroun*, arrêt n° 6/A/CS/AP du 13 Juin 1985), l'État avait pour conseil le professeur Joseph Owona.

[72] P. AMSELEK, « Théorie du droit et politique », *Études*, p. 127. http://fiejc.yolasite.com/resources/AMSELEK%2CTh%C3%A9orie%20du%20droit%20et%20politique.pdf consulté le 20 octobre 2019.

D'ailleurs, le constat est fait avec Danièle Lochak que nonobstant le fort ancrage du positivisme dans les facultés des sciences juridiques, l'idée que la doctrine doit être neutre est très vite démentie par l'observation. *« D'abord parce qu'on peut douter que la science du droit doive se cantonner dans la description du droit positif, ensuite parce qu'il est illusoire de prétendre décrire de façon « neutre et objective » une réalité qui n'est jamais « neutre » mais porteuse de signification politique et idéologique : de sorte que la description « neutre et objective » du droit positif produit des effets de naturalisation et de légitimation qui entrent directement en conflit avec la prétention à la neutralité de celui qui s'exprime »*[73]. Par conséquent, en dehors même des hypothèses où l'on discerne sans peine, sous l'apparente technicité de l'argumentation, l'idéologie qui l'inspire, on peut douter de la possibilité de produire une science du droit parfaitement neutre[74]. Selon Alain Didier Olinga, « *On ne peut, lorsque l'on est juriste, se permettre d'être un pur normativiste dans un environnement social où le droit est encore fortement « saisi » par la politique, un contexte où le respect de la culture du droit est encore à construire »*[75].

De surcroit, ce qui frappe c'est la fréquente propension des auteurs à prendre parti et à passer d'un discours de *lege lata,* à un discours de *lege ferenda*[76]. Il s'agit dès lors, comme le relève Yves Dézalay, de se

---

[73] D. LOCHAK, « La profession d'universitaire face à la question de l'engagement », in *Au cœur des combats juridiques. Pensées et témoignages des juristes engagés*, Actes du colloque Pratique du droit, « Pensée du droit et engagement social » organisé à Dijon les 11 et 12 mai 2006 par le CREDIMI (UMR 5598), le CNRS et l'Université de Bourgogne, pp. 31-40. Cette auteure continue sur sa lancée en montrant, à propos de la prétendue neutralité qu' *« en présentant de façon « neutre et objective » le droit antisémite, en se livrant à l'exégèse des textes et au commentaire des arrêts, en dissertant doctement sur les lois raciales, en leur appliquant les mêmes méthodes d'analyse qu'aux autres branches de la législation, les juristes, nous a-t-il semblé, ont contribué à banaliser ce droit et à légitimer la politique antisémite de Vichy, l'exclusion des Juifs n'apparaissant pas, à travers leurs écrits, comme un objectif dicté par la haine raciale mais comme une chose naturelle et évidente ».*

[74] *Ibid.*

[75] A.-D. OLINGA, *Qu'est-ce qu'un juriste ? Éléments pour une dogmatique éthique*, Yaoundé, éd. CLE, 2013, p. 97.

[76] Danièle Lochak insiste en ces termes : *« Dans le domaine qui nous concerne, l'idée qu'on peut dissocier entièrement les faits et les valeurs est illusoire parce que la réalité observée – les « faits » – ne prend sens qu'éclairée par les valeurs que la société lui attache. Par conséquent, en dehors même des hypothèses où l'on discerne sans peine, sous l'apparente technicité de l'argumentation, l'idéologie qui l'inspire, on peut douter de la possibilité de produire une science du droit parfaitement neutre*

garder de penser *« isoler la doctrine de l'espace social et professionnel dans lequel elle puise ses ressources et qui constitue son marché »*. En effet, si la doctrine juridique, simple technologue du droit selon Paul Amselek *« est tenu par les données du réel qui lui fournissent le matériau même de sa réflexion (le droit historiquement posé par les pouvoirs publics constitués à cette fin), il n'est pas pour autant un simple observateur neutre et impartial animé du seul souci de regarder et de comprendre »*[77] *;* à la différence du simple savant, le doctrinaire est un juriste-technologue qui ne se refuse pas de critiquer, prendre position et opiner[78]. De ce fait, toute doctrine juridique qui ne se met pas au service d'une cause est inutile, futile et stérile pour la société[79]. Une doctrine qui se veut neutre est lunatique, hypocrite et dangereuse pour la nation[80]. En effet, comment participer à l'appui au développement, (l'une des missions dévolues à l'enseignement supérieur au Cameroun) des nations en quête d'émergence dans un futur très proche à l'instar des pays africains en s'illustrant par l'esquive de l'engagement citoyen et la couardise ? De l'œuvre de la doctrine juridique, l'on doit pouvoir déceler les luttes entre forces sociales ; notamment les forces réformatrices et les forces conservatrices[81], que les forces destructrices.

Engagé, le doctrinaire reste un intellectuel[82] ; c'est dire *« un connaisseur du droit, qui s'engage en cette qualité, et qui entend user*

» ; D. LOCHAK, « Entre l'éthique du savant et les convictions du citoyen : le juriste face à ses dilemmes », préc., p.4.

[77] P. AMSELEK, « Théorie du droit et politique » préc., p. 127.

[78] *Ibid.* Pierre Bourdieu s'insurge contre les savants qui ont choisi les facilités vertueuses de l'enfermement dans leur tour d'ivoire.

[79] Une doctrine juridique qui se veut neutre pourrait être considérée *« égoïste, comme un repli sur soi et un désintérêt pour les malheurs du monde »*.

[80] De sa critique du positivisme juridique, Henri Dupeyroux dans les *Archives de philosophie du droit* en 1938 (cité par D. Lochak, « La profession d'universitaire… », *op. cit.*, p. 34), fustige le fait que *« le refuge le plus commode pour assister à tout le spectacle sans rien risquer » : « La règle, rien que la règle, rien que le commentaire de la règle ! Que sombrent les régimes politiques, qu'une dictature emporte le parlementarisme ou que la loi de la majorité se substitue à la volonté d'un seul [...], le positiviste juridique commente toujours, en principe avec une impassible tranquillité, parfois aussi avec le plus contagieux enthousiasme, la volonté changeante des maîtres du jour »*.

[81] G. RIPERT, *Les forces créatrices du droit, op. cit.*

[82] D'après un auteur, les intellectuels constituent *une « diversité d'hommes ayant acquis quelque notoriété par des travaux qui relèvent de l'intelligence, sciences exactes, sciences appliquées, médecine, littérature et qui abusent de cette notoriété*

de l'outil juridique au soutien des valeurs et des causes qu'il a faites siennes » fussent-elles politiques.

La neutralité clamée de la doctrine n'est donc qu'une simple vue d'esprit ou une pure hypocrisie car à en croire les propos du professeur Alain Didier Olinga, *« sauf ceux pour qui le travail sur le droit est dicté uniquement par le souci de valider des parcours académiques ou d'assurer sa promotion dans le corps de l'enseignement supérieur, sans autre ambition scientifique ou pratique particulière, il semble évident qu'il n'y a pas d'investissement dans le travail juridique savant sans choix éthique, axiologique, moral »*[83]. La doctrine ne peut commenter une loi sans lui donner au moins une apparence de quitus moral et politique[84].

Se cantonner dans une position d'observateur neutre et impartial, c'est donner l'impression de cautionner une législation ou un régime que l'on critique, voire, dans les cas extrêmes, que l'on estime devoir être combattus[85]. La doctrine juridique doit donc prendre clairement position en se mettant au service d'une idéologie fusse-t-elle celle du pouvoir politique.

B – La collusion entre doctrine juridique et pouvoir politique

Entre une frange de la doctrine juridique et le pouvoir politique c'est la grande idylle. Ladite doctrine juridique, adjuvante du politique et du pouvoir est considérée comme instrument universitaire du droit[86] pour le pouvoir politique. Cette caste de théoriciens du droit mobilise son savoir et son savoir-faire au service du pouvoir politique et transcende ainsi le simple cadre de l'expertise pour entrer en intelligence ou pire, en connivence avec son détenteur. Cette situation palpable dans la réalité camerounaise (1), n'est pas tout aussi exempte de critiques (2).

1 – Une collusion manifeste

---

pour sortir de leur domaine, et critiquer la société et les pouvoirs établis, au nom d'une conception globale et dogmatique de l'homme » ; J.-P. SARTRE, *Plaidoyer pour les intellectuels,* Paris, Gallimard, 1972, p. 13.

[83] A.-D. OLINGA, *Qu'est-ce qu'un juriste ? Éléments pour une dogmatique éthique, op. cit.*, p. 75.

[84] D. LOCHAK, « Entre l'éthique du savant… » préc., p. 3.

[85] D. LOCHAK, « La profession d'universitaire… » préc., p. 34.

[86] M.-E OWONA NGUINI, « Juristes-savants, droit de l'État et État de droit au Cameroun… » préc., p. 37.

Le manifeste de la collusion entre la doctrine juridique et le pouvoir politique peut trouver l'un de ses fondements lointains dans les actes du Conseil de l'enseignement supérieur tenu en 1982. Il y était déjà formulé « *la nécessité pour les enseignants, les chercheurs et les étudiants, d'être politiquement engagés dans le processus historique de construction nationale conformément aux orientations définies par le Parti, aux principes et à l'action menée par le gouvernement* »[87]. Il s'agit là d'une véritable perche tendue à la doctrine par le pouvoir politique en vue de son ralliement. L'opération de séduction s'était poursuivie par des propos qui avaient tout l'air de gâteries en exhortant *« que la communauté universitaire et les chercheurs soient toujours dignes par leur comportement et par leur rendement, de la confiance que l'État place en eux et de la grande sollicitude qu'il manifeste à leur égard , qu'à ce titre, les enseignants et les chercheurs soient à l'avant-garde de la lutte pour la conquête de notre identité culturelle, par le triomphe des valeurs morales, pour la promotion de l'unité nationale et la maîtrise de notre développement»*[88].

Cette *« bienheureuse doctrine juridique »*, courtisane, alliée ou complice du pouvoir politique est qualifiée de *« légiste du pouvoir »*[89] en opposition aux juristes de la chaire, montre à suffisance l'existence de *« transactions collusives entre le champ politique et le champ*

[87] Extrait Actes du Conseil de l'Enseignement Supérieur et de la Recherche Scientifique et Technique, 2e session 1982, p. 98.

[88] *Ibid.*, p. 100. C'est donc assurément ce qui aura justifié le fait que certaines doctrines juridiques aient été coptées par le pouvoir politique, quelques années plus tard, pour asseoir juridiquement le processus devant mener à une démocratie pluraliste. *« Des juristes et des politistes de l'Université sont impliqués dans les différents processus de précodification et de codification tels que les Prs. Joseph Bipoun Woum, Michael Aletum Tabuwe Kissob Formudey, Augustin Kontchou Kouomegni, Stanislas Melone, Adolphe Minkoa She, Ephraim Ngwafor, Roger-Gabriel Nlep, Paul-Gerard Pougoué, Peter Nana Ntamark et Joseph Owona ou encore des Drs. Nicole-Claire Ndoko, Etienne Lekene Donfack, Carlson Anyangwe, François Xavier Mbome et Pierre Moukoko Mbonjo »* ; M.-E. Owona Nguini, « Juristes-savants, droit de l'État et État de droit au Cameroun… » préc., p. 59.

[89] Les légistes du pouvoir s'opposent aux juristes de la chaire ; en ce sens, P. LEGENDRE, « Qui dit légiste, dit loi et pouvoir », *Politix* n° 32, 1995, pp. 23-44.

universitaire »[90]. Il y a véritablement effacement de la distance axiologique[91] prônée par Kelsen.

L'une des vertus reconnues à la doctrine juridique est sa fonction de légitimation au travers de son discours qui se veut savant et porteur de vérité d'évangile pour les profanes[92]. La classe politique dirigeante fait appel aux juristes-universitaires lorsqu'elle a *« besoin d'une expertise technique préalable à une prise de décision ou lorsque le savoir juridique peut [leur] apporter un surplus de légitimation »*[93]. Dans *La Doctrine,* Philippe Jestaz et Christophe Jamin montrent que cette fonction de légitimation est palpable en toutes circonstances, aussi bien en période exceptionnelle qu'au-delà[94]. Cette tâche de légitimation

---

[90] L. SINDJOUN, « Présentation générale : la réforme constitutionnelle du 18 janvier 1996 en question », *in La réforme constitutionnelle du 18 janvier 1996 au Cameroun..., op. cit.*, pp. IV et V.

[91] F.-J. AÏVO, « Les constitutionnalistes et le pouvoir politique en Afrique » préc., p. 789.

[92] En effet, s'agissant particulièrement des professeurs de droit constitutionnel, un auteur fait remarquer qu'ils *« se présentent comme les interprètes légitimes de la constitution et sont pris pour les interlocuteurs privilégiés des gouvernants dans l'art de bien faire la politique suivant les principes et règles constitutionnels. Le considérant, à raison, à la fois comme interprète du texte et interlocuteur des gouvernants, le pouvoir politique admet volontiers que l'esprit du texte constitutionnel ne peut être révélé que sur la base de la connaissance de ce savoir scientifique dont les constitutionnalistes seraient les seuls dépositaires »* ; F.-J. AÏVO, *ibid.*, p.791.

[93] Ph. JESTAZ, Ch. JAMIN, *La doctrine*, Paris, Dalloz, coll. « Méthodes du droit », 2004, p. 236. S'agissant de ceux ayant prêté leur expertise à un niveau très élevé dans les sphères étatiques, il est loisible de citer : au gouvernement de Paul Biya, les professeurs de droit public : Joseph Owona, Ministre d'État, Ministre de la santé, Ministre des sports, Ministre de l'Éducation nationale, SG/PRC, Ministre de la Fonction Publique... ; Joseph-Marie Bipoun-woum, Ministre des Sports, Etienne-Charles Lekene Donfack, Ministre d'État chargé de la ville, Augustin Kontchou Kouomegni, Ministre de la communication, Ministre d'État chargé des relations extérieures ; Moukoko Mbonjo, Ministre des relation extérieures, Narcisse Mouelle Kombi, ministre de la culture, ministre des sports ; conseillers spéciaux Luc Sindjoun et Narcisse Mouelle Kombi. Siègent au Conseil Constitutionnel Joseph-Marie Bipoun-Woum, Charles Etienne Lekene Donfack, Joseph Owona ; sur ce dernier point, v. P. CASTÉRA, *Les professeurs de droit membre du Conseil Constitutionnel,* Bordeaux, 2015, Thèse mult., 2015, 640 p. disponible sur http://tel.archives-ouvertes.fr/tel-01280310.

[94] *Ibid.* sur la légitimation de l'application d'une législation d'exception au Cameroun, v. J. OWONA, « L'institutionnalisation de la légalité d'exception dans le droit public camerounais », *RCD*, n° 6, 1974, pp. 104-123.

devant s'effectuer non seulement à l'attention de la communauté nationale[95], mais également à celle internationale[96].

Ces investissements doctrinaux de protection et légitimation du pouvoir transcendent le simple cadre universitaire pour se situer sur le terrain de l'engagement politique actif. *« En 2004, le président Biya bénéficiait d'entrée de jeu de l'appui remarquable et significatif d'intellectuels et universitaires camerounais tous horizons, régions et profils qui, à travers l'Appel de l'intelligentsia, l'invitèrent dès le 19*

---

[95] Sur le plan national, il est loisible de se remémorer le déploiement des professeurs Narcisse Mouelle Kombi (*Cameroon Tribune* n° 9855/605 du 27 mai 2011), James Mouangue Kobila et Marcelin Nguele Abada pour défendre la thèse de la légalité de la candidature du président Paul Biya à l'élection présidentielle de 2011. Bien avant eux, d'autres sommités du droit public notamment, se sont attelés à protéger le régime Biya durant sa période de fébrilité dans les années 90 ; J. OWONA, « Prestation de serment : les germes de la Révolution BIYA », in *Le renouveau camerounais : certitudes et défis. Essai sur les douze premiers mois du Président Paul Biya*, Yaoundé, éd. de l'ESSTI, 1983, p. 34. Joseph-Marie Bipoun Woum et François-Xavier Mbome s'étaient déjà opposés à l'organisation d'une conférence nationale souveraine qu'ils jugeaient sans fondement juridique et de plus sans objet.

[96] La légitimité sur le plan international n'en a pas été du reste. Le professeur Mouelle kombi célébrait déjà, deux décennies plus tôt, l'insertion dans le corpus constitutionnel de 1996 des dispositions relatives aux rapports entre les ordres juridiques interne et international (v. N. MOUELLE KOMBI, « La loi constitutionnelle camerounaise du 18 janvier 1996 et le droit international », in Stanislas Melone, Adolphe Minkoa She et Luc Sindjoun (dir), *La réforme constitutionnelle du 18 janvier 1996 au Cameroun : aspects juridiques et politiques*, Association Africaine de Science Politique et Fondation Friedrich Ebert- Cameroun, 1996, pp. 126-144. Plus d'une décennie plus tard, le professeur Mouelle Kombi présentait le Cameroun comme une vitrine démocratique en Afrique ; N. MOUELLE KOMBI, *La démocratie dans la réalité camerounaise. Libertés, légitimités et modernité politique sous Paul Biya*, Paris, Danoïa, 2013, p. 11 et s. En 2019, face aux rumeurs incessantes d'une intervention armée des États-Unis au Cameroun, le professeur Messanga Nyamding promettait sur la chaîne de télévision *Afrique Média*, un nouveau Vietnam s'ils intervenaient au Cameroun. www.Cameroun24.net, 24 mai 2019. Au cours de la séance d'ouverture de la 26e session ordinaire de la Commission Nationale des Droits de l'Homme et des Libertés (CNDHL), tenue le 9 mars 2019 à Yaoundé, le professeur Mouangue Kobila, vice-président de ladite Commission s'était désolidarisé du Président de cet organe qui tenait des propos excessifs à son goût à l'égard du pouvoir politique relativement au cessez-le-feu dans les zones anglophones. Il s'insurge en ces termes : *« Monsieur le président il faut que les choses soient claires. Précisez dans la salle que ce discours vous engage et n'engage pas tous les membres de la Commission. Je réitère ma position vous ne pouvez pas parler au nom de la Commission dans les pareilles circonstances parce que ce que vous dites n'engage que vous ».* www.camerouweb.com, 24 mai 2019.

janvier à se porter candidat à sa propre succession tout en demandant au peuple camerounais de lui accorder un autre mandat » [97].

En sus, des professeurs des facultés de droit sont membres militants du parti au pouvoir à des instances parfois très élevées[98]. Cette relation incestueuse entre certains savants du droit et le pouvoir politique camerounais n'est pas toujours fortuite encore moins gratuite. En effet, pendant que certains tirent leur épingle du jeu, d'autres se plaignent de ne pas voir leur militantisme rétribué ou pas suffisamment à leur goût[99]. Toute chose étant, la collusion entre certains universitaires et le pouvoir politique s'apparente à un « *partenariat gagnant-gagnant* » dans lequel

---

[97] N. MOUELLE KOMBI, *La démocratie dans la réalité camerounaise..., op. cit.*, p. 230. Un autre de faire remarquer que *« Depuis le début des années 90 l'on observe une importante mobilité des universitaires camerounais vers le champ politique, et de proche en proche une prise de position déclarée des éminences académiques pour le pouvoir politique en place. Cette mobilité n'est pas tout à fait neutre : on pourrait poser par hypothèse que le pouvoir politique a presque toujours pour dérivation dans notre contexte le pouvoir académique. Ceci est dans une certaine mesure en accord avec Pierre Bourdieu pour qui, l'enjeu de l'accumulation du capital symbolique (savoir) est le pouvoir »* ; E. OLEMBE : *Production des savoirs dans le discours universitaire en situation d'évaluation endogène. Philosophie, sciences économiques et gestion au Cameroun op. cit.*, p. 84.

[98] Sont ou ont été membres du comité central du Rassemblement Démocratique du Peuple Camerounais (RDPC), Joseph Owona, Charlemagne Messanga Nyamding, Charles Lekene Donfack, Pierre Moukoko Mbonjo... pour ne pas être exhaustif. D'aucuns ont été titulaires d'un mandat électif pour le compte du parti au pouvoir. Il s'agit par exemple du Docteur Bernard Momo qui a été maire de Dschang, localité située dans la région de l'Ouest-Cameroun ou du professeur Joseph Kankeu, ancien député.

[99] M. WEBER, *Le savant et le politique, op. cit.*, p. 90. ; R.-N. OYONO MENGUE, *La rétribution du militantisme au sein des partis politiques camerounais depuis 1990 : éléments de discussion sur une ressource politique et ses effets*, mémoire de Master 2 en Science Politique, Université de Douala, 2016-2017, 135 p. Il en est ainsi du cas de Messanga Nyamding, *« Biyaiste »*, qui estime n'être pas assez récompensé pour son militantisme. Pire, selon lui, des opposants les plus farouches à Paul Biya comme Maurice Kamto ont été faits ministres avant lui. Propos tenus sur la chaine de télévision *Equinoxe* le dimanche 5 mai 2019 sur *Droit de Réponse* (propos disponibles sur YouTube). De plus, si l'on s'en tient à certaines dispositions des textes de base du parti au pouvoir au Cameroun, notamment l'article 103 du règlement intérieur du RDPC : *« (1) les fonctions de membre du comité central, de membre du secrétariat général du comité central, de membre du bureau politique et de membre des bureaux nationaux des organisations spécialisées ainsi de responsable des organes de base, sont gratuites.*
(2) Toutefois, le comité central peut, compte tenu des moyens disponibles du parti, assurer la couverture de certains frais ».

la rétribution de la doctrine n'est pas toujours que matérielle, mais également symbolique comme voir son candidat rempiler pour un nouveau mandat[100]. Toutefois, cette relation incestueuse n'est pas exempte de critiques parfois les plus acerbes.

2 – Une collusion critiquable

Il est légitime selon Frédérique Rueda de chercher à travailler en collaboration avec la classe dirigeante de son époque[101]. Prêter son concours au politique est parfaitement légitime dans une démocratie. Néanmoins, la doctrine doit être digne et se garder d'être obséquieuse car selon Émile Durkheim, *« le savant a le devoir de développer son esprit critique, de ne soumettre son entendement à aucune autre autorité que celle de la raison »*[102]. La collusion entre doctrine juridique et pouvoir politique présente un risque certain de confinement de la doctrine au rôle de valet ou de laquais du pouvoir politique. Cet état de chose est susceptible de conduire à la corruption de la pureté de la pensée rationnelle en y mêlant des prises de position politiques[103]. En effet, l'expertise de la doctrine juridique dans les sphères du pouvoir peut donner lieu à des formes d'utilisation dévoyées, notamment lorsque l'invocation d'un savoir technique sert à appuyer un argument d'autorité, à légitimer des choix politiques ou à camoufler un parti pris idéologique[104] lui-même mû par des fins égoïstes.

D'après Owona Nguini, bon nombre de légistes du pouvoir, *« cautions politico-intellectuelles se recrutent parmi les universitaires qui font un usage perverti de leur qualité doctorale, de leur dignité agrégatiale ou de leur félicité professorale »*[105]. Il poursuit en concluant

---

[100] N. MOUELLE KOMBI, « Les atouts majeurs de Paul Biya ou pourquoi le candidat président est le meilleur choix », *Cameroon Tribune,* 21 septembre 2011.

[101] F. RUEDA, « Gabriel Ardent, ou l'intervention difficile de la doctrine en politique », p. 1. https://www.researchgate.net/publication/224845330, 7 février 2019.

[102] E. DURKHEIM, *Leçons de sociologie. Physique des mœurs et du droit (1890-1900),* Paris, 1950, (rééd.) « Les classiques des sciences sociales », Québec, 2002, p. 27. www.uqac.uquebec.ca/zone30/Classiques_des_sciences_sociales/index.html, 26 avril 2020.

[103] M. WEBER, *Le savant et le politique, op. cit.,* p. 12.

[104] D. LOCHAK, « La profession d'universitaire… », *op. cit.,* p. 35.

[105] M.-E. OWONA NGUINI, « Des légistes savants hypnotisés par les malins génies totémistes », *La Nouvelle Expression* du 05/08/2011, consulté sur www.camerounlink.net le 31 mars 2019.

que dans leur mission s'érigent en véritables *« inquisiteurs de grands prêtres de l'absolutisme présidentialiste au Cameroun »*[106]. Dans l'optique de ne pas tous les stigmatiser, le politiste précise que ce n'est pas toute la doctrine au /proche du pouvoir qui est ainsi peinte en noir. Il ne s'agit en fait, pour le reprendre, de marteler que *« cette perversion des privilèges professoraux et /ou agrégatiaux n'est pas le fait de tous ceux qui sont dotés de ces prestigieux attributs, mais seulement par certaines phalanges d'arrivistes souvent sans talent et sans consistance aux plans scientifiques et intellectuels qui le doivent à des collusions fraternaires et en font libidinalement un usage de terrorisme statutaire »*[107]. Il s'agit visiblement selon lui, *« d'académiciens pouvoiristes qui visent à se poser en inquisiteurs universitaires chargés de cautionner à tout prix les stratagèmes juridico-politiques gouvernants de forçage permanent des institutions »*[108].

Selon Owona Nguini, cette catégorie de doctrine, *« ceux qui tiennent lieu d'intellectuels du pouvoir ne sont pas des intellectuels », mais plutôt « des clercs, je ne dirais pas des courtisans parce que en fait, c'est désobligeant ». Le clerc c'est celui qui met son intelligence, son savoir au service d'un pouvoir, il est là pour rendre le pouvoir acceptable. Il peut avoir des compétences intellectuelles mais sa manière d'agir fait qu'il n'est pas intellectuel.il ne faut donc pas confondre celui qui fait dans la cléricature et l'intellectuel »*[109].

Ces propos apparaissent quelque peu excessifs. Selon Emmanuel Dockès, parlant de la doctrine juridique, il n'existe pas *« de catéchisme du bon juriste engagé. Il n'est que des figures multiples, diverses, parfois opposées ou contradictoires, et qui forment ensemble une image bigarrée ».* De plus, l'engagement de la doctrine n'obère aucunement *« de la variété des chemins que peut emprunter celui ou celle qui entend user de l'outil juridique et de son savoir, au service d'une certaine éthique, d'une certaine conscience ».* Les légistes du pouvoir sont bel

---

106 *Ibid.*

107 *Ibid.*

108 *Ibid.* La doctrine juridique, *« savant lui-même devenu membre d'une sorte de clergé d'État, conférant l'autorité de la science à des décisions relevant de choix de valeur. La distance séparant le savant du politique n'est pas un obstacle mais une condition de l'éclairage de la décision de l'un par les lumières de l'autre »* ; A. SUPIOT, « Le savant et le politique : avenir d'un vieux couple ». Discours de clôture du séminaire *« Transfert des connaissances en SHS »,* Ministère de la recherche, Paris, 4 juillet 2016. p. 3.

109 Propos tenus sur son compte Facebook le 27 février 2019.

et bien des intellectuels et non des apostats ou des hérétiques scientifiques vouées aux gémonies. Autant ils se doivent de garder un peu de lucidité pour ne pas tomber dans la flagornerie ; autant leurs contradicteurs se doivent d'être moins sentencieux et plus tolérants. En définitive, comme Owona Nguini le relève lui-même, *« mettre son expertise au service du débat public est légitime, mais à condition de ne pas céder à la tentation — hélas fréquente — de brandir la science, ou plutôt « sa » science, comme un argument »*[110] d'autorité.

S'il est vrai que le duo que forment la doctrine juridique et le pouvoir politique peut être viable car empreint de chaleur, de convivialité et de cordialité ; toutefois, cette idylle n'est pas établie *ad vitam aeternam*. Les positions de la doctrine peuvent évoluer[111] et de sérieuses divergences peuvent naître entre la doctrine juridique et le pouvoir politique au point d'affecter négativement leur relation, donnant ainsi à voir un tandem inflammable.

II – La dysharmonie entre doctrine juridique et pouvoir politique

L'engagement de la doctrine juridique peut consister à ramer à contre-courant du pouvoir politique. Cette attitude peut conduire très sensiblement à la détérioration de leur relation qui, dans le meilleur des cas, devient tendue lorsque l'universitaire soumet le pouvoir politique au feu nourri de sa critique (A) ; dans les cas extrêmes, très explosive lorsque la doctrine se pose en challenger du détenteur du pouvoir politique suprême (B).

A – La tension perceptible : la doctrine juridique, critique du pouvoir politique

Il est des doctrines juridiques qui s'inscrivent en porte-à-faux avec les points de vue du pouvoir politique. Cette attitude critique est souvent parfois source de tensions vives entre les deux. Cet air de tension est tout à fait normal du point de vue du droit. Si les journalistes sont réputés être des glossateurs, il ne serait pas exagéré de penser que les professeurs et docteurs de droit sont de grandes gueules. S'ils se taisent

[110] D. LOCHAK, « La profession d'universitaire… » préc., p. 37.

[111] Le savant n'est pas prisonnier de sa pensée. Elle peut à tout moment évoluer. A ce titre, au regard des jeux et des enjeux, la position de la doctrine sur une question peut évoluer dans un sens ou dans un autre.

qui prémunira le faible de l'oppression sous couvert d'un droit tyrannique ? En effet, l'une des fonctions dévolues à la doctrine engagée est la critique du droit et du fonctionnement des institutions. Cette critique doctrinale trouve ses linéaments dans le droit (1) et est souvent acerbe sur certains points précis (2).

1 – La licéité de la critique

Selon le doyen Georges Vedel, l'enseignant des universités est libre d'enseigner et de chercher : *« il décide de ce qu'il dira et n'aura d'autre critère que le vrai, tel qu'il le voit »*[112]. Aussi, dans un État de droit de type démo-libéral, la critique du pouvoir politique n'est que chose normale. Elle traduit la diversité et la vivacité de la pensée qui ne se veut plus seulement urgente mais réellement présente. Cette pensée sécrétée n'est pas seulement élogieuse à l'égard du pouvoir politique ; elle est contrairement aux théories réalistes et positivistes parfois d'une critique acerbe. Le professeur Alain Didier Olinga *« n'est clairement pas d'avis que critiquer la loi ou le droit soit une activité extérieure au métier de juriste ou, pire, nécessairement, « une opération politique », que l'on mènerait en opérant un « abus de qualité de juriste », en s'en prévalant pour dissimuler son engagement politique »*[113]. Bien avant cet auteur contemporain, Émile Durkheim fustigeait déjà cette couardise de certains enseignants en martelant : *« Nous avons des devoirs comme professeurs, qui ne sont pas ceux des commerçants ; l'industriel en a de tout autres que le soldat, le soldat que le prêtre, (...). Le savant a le devoir de développer son esprit critique, de ne soumettre son entendement à aucune autre autorité que celle de la raison ; il doit s'efforcer d'être un libre esprit. Le prêtre, le soldat, à certains égards, ont le devoir contraire »*[114]. Cette liberté d'esprit emporte non seulement liberté d'opinion, *« liberté pour chaque individu d'adopter, dans n'importe quel domaine, l'attitude intellectuelle de son choix, qu'il s'agisse d'une attitude intérieure, d'une pensée intime ou d'une*

---

[112] G. VEDEL, « Les libertés universitaires », *Revue de l'enseignement supérieur*, 1960, n° 3, p. 134, cité par V. Champeil-Desplats, E. Bourdier, S. Hennette-Vauchez et S. Slama, « Mon « univer6T » va craquer », *La Revue des droits de l'homme* [En ligne], 14 | 2018, p. 7, consulté le 23 avril 2019. http://journals.openedition.org/revdh/4223 ; DOI : 10.4000/revdh.4223.

[113] A.-D. OLINGA, *Qu'est-ce qu'un juriste ? (...)*, *op. cit.*, p. 73.

[114] E. DURKHEIM, *Leçons de sociologie (...), op. cit.,* p. 27.

prise de position publique. En somme, la liberté pour chaque homme de penser et de dire ce qu'il pense vrai »[115] ; et liberté de conscience.

Cette liberté d'esprit des théoriciens du droit n'est pas explicitement consacrée par les textes juridiques camerounais. L'on peut la déduire d'un certain nombre de dispositions consacrant de manière générale, les droits et libertés au Cameroun. Il s'agit en premier lieu du préambule de la constitution camerounaise du 18 janvier 1996 qui reconnait à tous la liberté d'expression, d'association, la liberté syndicale ainsi que le droit de grève[116].

La liberté d'esprit des enseignants dans les universités camerounaises, liberté matricielle trouverait une assise législative. Il s'agit notamment des lois n° 90/052 du 19 décembre 1990 sur la liberté de communication sociale, n° 90/053 du 19 décembre 1990 portant liberté d'association. S'agissant spécifiquement du décret n°93/027 du 19 janvier 1993, en son article 47, il reconnaît aux enseignants des universités des franchises et libertés universitaires traditionnelles dans l'exercice de leur fonction. La liberté d'esprit des enseignants d'université pourrait-elle être circonscrite au cadre des fonctions uniquement ?

Assurément, il serait hasardeux de conclure par la négative en l'état actuel du droit positif camerounais au regard de l'épanchement de la doctrine en dehors des sphères de l'université. En Europe occidentale, la question a été élucidée par la Recommandation n° 1762(2006) de l'Assemblée Parlementaire du Conseil de l'Europe[117] suivie par la Cour Européenne des Droits de l'Homme dans l'arrêt *Kula contre Turquie*

---

[115] J. ROBERT et J. DUFFAR, *Droits de l'homme et libertés fondamentales*, Paris, Montchrestien, 1996, p. 528.

[116] En droit français, le juge constitutionnel français dans le troisième considérant de sa décision CC n° 76-67 D.C. du 15 juillet 1976 a reconnu la liberté de conscience et d'opinion aux fonctionnaires énonçant : « Considérant qu'en vertu de l'article 13 de l'ordonnance n° 59-244 du 04 février 1959 portant statut général des fonctionnaires, aucune mention faisant état des opinions politiques, philosophiques ou religieuses des intéressés ne peut figurer aux dossiers des fonctionnaires ; que dès lors la faculté qui est ouverte aux jurys par la loi soumise à l'examen du Conseil Constitutionnel de consulter les dossiers individuels ne saurait avoir pour effet de méconnaître les dispositions de l'article 6 de la déclaration des droits de l'homme et du citoyen de 1789 ».

[117] Elle s'intitule « liberté académique et autonomie des universités ».

du 19 juin 2018[118]. Dans cet espace juridique, la liberté d'esprit des enseignants d'université est conçue comme devant transcender les limites de l'université et des fonctions. Dans la jurisprudence sus-citée, le juge européen des droits de l'homme, dans le paragraphe 38, reconnait aux enseignants des universités une liberté dite académique *« qui doit garantir la liberté d'expression et d'action, la liberté de communiquer des informations, ainsi que celle de rechercher et de diffuser sans restriction le savoir et la vérité ».*

En clair, la liberté d'esprit de la doctrine juridique, ne peut connaitre de limites que celles de la scientificité et dans une moindre mesure, les frontières de l'ordre public tracées par les pouvoirs publics, l'une des pommes de discorde en les deux institutions.

2 – Les pommes de discorde majeures

« Face au développement des inégalités, à la montée croissante des injustices, aux multiples violations des droits et de la dignité humaine et leur connaissance facilitée par la globalisation et la médiatisation, rester sur son Aventin, fût-il scientifique, ne paraît plus tenable »[119]. Doctrine juridique et pouvoir politique s'étripent souvent au sujet d'un certain nombre de choses, l'interprétation des textes juridiques notamment. Si pour Hans Kelsen, l'interprétation des textes juridiques rentre dans le champ général des activités de pure description auxquelles il ramène toute science, il s'agit, en l'occurrence, de décrire le cadre, l'éventail de possibilités ou alternatives de sens auquel

---

[118] Des faits de l'espèce, il en ressort qu'un professeur d'université avait été condamné disciplinairement à la réduction d'un huitième de son salaire pour être sorti des frontières de sa ville de résidence sans autorisation de son Doyen dans l'optique de participer à une émission télévisée. Dans l'arrêt *Sorguc c/. Turquie* (CEDH, 23 juin 2009, *Sorguc c/. Turquie*, req. n° 17089/03), la haute juridiction européenne affirmait déjà que *« la liberté d'expression des universitaires bénéficie d'une large protection contre les accusations de diffamation, au titre de la liberté d'expression dont doit pouvoir jouir normalement un universitaire dans un débat public».* De façon plus contemporaine, ladite juridiction réitérait *« la possibilité pour les universitaires d'exprimer librement leurs opinions, fussent-elles polémiques ou impopulaires, dans les domaines relevant de leurs recherches, de leur expertise professionnelle et de leur compétence »,* V. (CEDH, 27 mai 2014, *Mustafa Erdogan c/. Turquie*, n° 346/04).

[119] P. BONIFACE, *Les intellectuels faussaires. Triomphe médiatique des experts en mensonge,* Paris, éd., Jean-Claude Gawsewitch, 2011, p. 23.

correspond toute réglementation juridique[120]. Dans sa *Théorie pure du droit*[121], le théoricien autrichien affirme que le travail de théoricien du droit ou doctrine juridique doit être objectif et dénué de toute subjectivité. Aussi tout doctrinaire juridique est un savant devant se comporter comme tel : son travail ne doit relever que de la fonction de connaissance et non de volonté ; l'interprétation de l'universitaire demeure non authentique *a contrario* de celle des autorités détentrices du pouvoir politique car elle est celle devant faire foi jusqu'à ce que le juge, véritable bouche de la loi n'en vienne à donner l'interprétation valant vérité d'évangile.

La doctrine juridique camerounaise consciente de cet état de chose ne s'est pour autant pas fait prier pour procéder à l'interprétation des nouvelles dispositions constitutionnelles issues de la révision du 14 avril 2008. Fin avril 2011, le professeur Alain Didier Olinga, qui s'était déjà illustré quelques années auparavant, par une opposition farouche à la révision de la constitution[122], lançait le débat sur la rééligibilité du Président en fonction à l'élection présidentielle de la même année. Il soutenait à son corps défendant que la nouvelle constitution ne déliait pas le président sortant de l'obligation de ne plus se représenter, en dépit du fait qu'elle faisait sauter le verrou de la limitation des mandats. Il n'était plus rééligible[123]. Malheureusement pour lui, la Cour Suprême

---

[120] P. AMSELEK, « L'interprétation dans la *Théorie pure du droit* de Hans Kelsen », disponible sur http://paul-amselek.com/textes/melanges_cote.pdf, 12 novembre 2021.

[121] H. KELSEN, *Théorie pure du droit*, 2e éd., trad. Charles Eisenmann, Paris, Dalloz, 1962.

[122] Hilaire Kamga et Owona Nguini n'en étaient pas du reste. Pour le premier, la révision constitutionnelle de 2008, en dépit de tous les arguments développés par les uns et les autres, pour la justifier, n'avait pour finalité véritable que de permettre à Paul Biya de briguer un nouveau mandat en 2011, ce que ne lui permettait pas la constitution du 18 janvier 1996 qui limitait à deux le nombre de mandats. Or, justement, Paul Biya consommait déjà son second mandat.

[123] Jamais, depuis l'avènement du multipartisme au Cameroun une vingtaine d'années plus tôt, un débat juridique ne fut autant houleux et passionnant. L'on y vit des factions se former et se déchirer les toges à coups d'arguments et de propos pas très polis, encore moins élogieux. D'un côté, le commando du professeur Alain Didier Olinga, celui de l'inéligibilité du président Biya avec pour principaux lieutenants le professeur Claude Abe, les docteurs Owona Nguini (« Le juridisme et l'herméneutisme manipulateurs, outils du légisme et du légitisme ultraconservateurs », *Germinal*, 07 juillet 2011, consulté sur www.germinalnewspaper.com le 11 juillet 2019 ; « Des légistes savants hypnotisés par les malins génies totémistes », *La Nouvelle Expression,* 05 août 2011), Hilaire Kamga, des non-universitaires tels Me Fidèle Djoumbissie, Paul Aron Ngomo et pour ne citer que ceux-là. De l'autre côté, un autre

statuant en lieu et place du Conseil Constitutionnel avait déclaré Paul Biya rééligible en déclarant sa candidature recevable mettant ainsi un terme au pugilat intellectuel qu'il avait ouvert[124]. Toutefois, l'on croyait l'affaire close jusqu'à ce que, le professeur Nkou Mvondo vienne jeter de nouveau, le pavé dans la mare en lançant le mouvement *« 2018 : Tout, sauf Biya »*[125].

Parfois la critique de la doctrine porte sur des valeurs. Cela est l'essence même de la doctrine engagée. Le juriste étant souvent le mieux placé pour démontrer le caractère dangereux ou pervers de certains textes en les décortiquant pour enfin les dénoncer. S'il refuse de se livrer à ce travail, qui le fera, s'interrogeait Danièle Lochak ? Ce qui amène donc Alain Didier Olinga à conclure que *« le juriste doit être, non pas un rhéteur ou un glossateur perdu dans les nuées et arguties de toutes sortes, non pas un marchand sans scrupule éthique de son savoir, mais un ferment de la mutation positive de sa société, un défenseur acharné de l'État de droit et de la démocratie, un défenseur intransigeant des droits et libertés des personnes, à commencer par les plus vulnérables, « les victimes de la dureté du monde », un partisan déterminé de l'amélioration « du sort des statutairement faibles », un promoteur d'un espace sécurisé pour les activités économiques légitimes et les patrimoines matériels ou immatériels régulièrement*

---

commando avec pour chef de file le professeur Narcisse Mouelle Kombi (*« Les atouts majeurs de Paul Biya ou pourquoi le candidat président est le meilleur choix », Cameroon Tribune,* 21 septembre 2011) secondé des professeurs Nguélé Abada, James Mouangue Kobila (« rééligibilité de Paul Biya : James Mouangue réplique à Mathias Owona Nguini et à Paul-Aaron Ngomo…», *Germinal*, 7 juillet 2011, pp. 6-10. Consulté sur www.germinal.newspaper.com le 12 mai 2019), et de nombreux non universitaires tels Christian Limbouye Yem et consorts.

[124] L'interprétation est, dans ce cas, le fait d'un organe juridique. « Dans l'application du droit par un organe juridique, l'interprétation du droit à appliquer, par une opération de *connaissance, s'unit à un acte de volonté par lequel l'organe applicateur de droit fait un choix entre les possibilités révélées par l'interprétation à base de connaissance ... L'interprétation par l'organe d'application du droit a toujours un caractère authentique : elle crée du droit ... Il faut observer que la voie de l'interprétation authentique, c'est-à-dire de l'interprétation des normes par les organes juridiques qui doivent les appliquer, ne permet pas seulement de réaliser l'une d'entre les possibilités révélées par l'interprétation – à base de connaissance – des normes à appliquer, mais peut également aboutir à la création de normes qui sont tout à fait en dehors du cadre que constituent les normes à appliquer »* ; H. KELSEN, *Théorie pure du droit, op. cit.*, pp. 460-461.

[125] Ce mouvement avait été précédé d'une « Lettre ouverte à Son Excellence Paul Biya », le 20 février 2016.

constitués »[126]. Suivant la même veine, Alain Didier Olinga fait remarquer que c'est une dogmatique éthique qui doit guider les juristes en général, les juristes des sociétés qui émergent ou entendent émerger à l'État de droit et à la démocratie en particulier[127]. Le professeur de droit doit être saisi par la conscience de l'importance éthique de son savoir, en particulier à notre sens d'un savoir devant être résolument mis au service de la dignité de la personne humaine[128]. D'ailleurs pour Danièle Lochak, *« il ne peut faire de doute pour personne que ni le positivisme ni le jusnaturalisme en tant que tels ne prémunissent contre – ni ne prédisposent à – l'adhésion à un régime ou à des lois que tout partisan sincère de la démocratie et des droits de l'homme devrait considérer comme haïssables »*[129].

S'agissant spécifiquement de la question des droits de l'homme, la doctrine s'est attelée à démontrer la nécessaire conciliation entre les exigences tenant à l'État de droit et la protection des libertés fondamentales de la personne humaine[130]. Alain Didier Olinga, dans sa critique de l'état des droits de l'Homme au Cameroun, préconise la mise sur pied d'*« un système crédible de contrôle de la constitutionnalité des lois et des engagements internationaux de l'État et en défendant « la consolidation du statut du juge » dans le sens de l'indépendance, visent à renforcer ce statut de contrôleur comme "instrument de protection des droits constitutionnels »*[131].

---

[126] A.-D. OLINGA, *Qu'est-ce qu'un juriste ?*, *op. cit.*, p. 11. La dogmatique éthique s'entend du *« juriste, serviteur d'une éthique humaniste »*.

[127] *Ibid.*

[128] *Ibid.*, p. 30. Le doyen Alain Ondoua quant à lui y voit *« la nécessité d'approfondir le chantier constitutionnel au Cameroun, en vue d'un constitutionnalisme servant de matrice à l'État de droit »*, www.over-blog.com consulté le 08 décembre 2022. Sur le bilan de la Constitution du 18 janvier 1996, v. A. ONDOUA (dir), *La constitution camerounaise du 18 janvier 1996. Bilan et perspectives*, Yaoundé, Afredit, 2007, 268 p.

[129] D. LOCHAK, « Entre l'éthique du savant et les convictions du citoyen… » préc., p. 2.

[130] M. NGUELE ABADA, « État de Droit et Libertés fondamentales au Cameroun », *RJPIC* n° 3, octobre-décembre 1995, pp. 285-303 ; v. aussi J.-C. KAMDEM, « Mise en œuvre des mécanismes juridiques garants les droits de l'homme en Afrique : le cas du Cameroun », *in* Dominique Maugenest et Paul-Gérard Pougoué (dir.), *Droits de l'homme en Afrique Centrale,* Paris-Yaoundé : KARTHALA-UCAC, 1995, pp. 137-153.

[131] A.-D. OLINGA, « Vers une garantie constitutionnelle crédible... », in Stanislas Melone, Adolphe Minkoa She et Luc Sindjoun, *La réforme constitutionnelle du 18*

L'un des points sur lesquels certains membres de la doctrine universitaire du droit vont également s'attarder est la question de la gouvernance qu'ils ne trouvent pas très bonne. Saisissant la perche à lui tendue par le chef de l'État Paul Biya dans ses discours fustigeant l'inertie et l'immobilisme de l'appareil politico-administratif au Cameroun[132], le professeur Alain Didier Olinga constate quant à lui que l'inertie ce n'est pas une affaire de certains au Cameroun : *« le problème est notre inertie à chacun de nous, notre absence de mouvement ou notre résistance individuelle, sectorielle ou collective au mouvement, notre absence de dynamisme, de proactivité, de prompte réactivité, de rigueur, professionnalisme, d'ardeur au travail de capacité d'adaptation à un contexte nouveau ayant des exigences nouvelles... »*[133].

---

janvier 1996 au Cameroun : aspects juridiques et politiques. Association Africaine de Science Politique et Fondation Friedrich Ebert- Cameroun, 1996, pp. 342 et s.

[132] V. les messages à la nation du 31 décembre 2003, 2005, 2006 et 2007, 2011, 2013, disponibles sur www.prc.cm.

[133] A.-D. OLINGA, *Propos sur l'inertie : essai,* Yaoundé, éd CLE, 2009, 84 p. Sans vouloir nier tout ce qui a déjà été fait et qui est en cours d'accomplissement par Paul Biya, l'auteur l'accuse subtilement d'être le premier à entretenir l'inertie. Ce point de vue selon lequel l'inertie partirait du sommet de l'État du Cameroun pour innerver la base, se tient et se vérifie au regard d'un certain nombre d'éléments. Il s'agit d'abord de la constitution du 18 janvier 1996 dans ses dispositions transitoires, qui laissent au Chef de l'État l'opportunité de mettre en place des institutions dans un timing « trop » souple. En effet, la loi fondamentale parle d'une mise en place « progressive », sans fixer un délai butoir. Aussi, certaines institutions ont été mises en place plus d'une décennie ; d'autres mécanismes constitutionnels à l'instar de la déclaration des biens prévus à l'article 66, se font attendre. Il est également à relever, le goût prononcé pour la procrastination. Celle-ci est perceptible dans prises de paroles du président Biya. En 1994, le président de la République disait à Roger Milla, footballeur africain du siècle, lors de la finale de la coupe du Cameroun : *« Je vous verrai... »*. Seulement une petite décennie plus tard, il se souvint de lui en le nommant Ambassadeur itinérant. Un autre exemple de ce plaisir à remettre *sine die* ce qui pourrait ou devrait être fait instamment, est tiré de la visite d'État du président français François Hollande au Cameroun le 03 juillet 2015. Pierre Boisselet, journaliste à *Jeune Afrique* posait ainsi la question au Président Biya : *« J'ai une question qui s'adresse aux deux Présidents. Monsieur le Président François Hollande, avez-vous évoqué avec votre homologue, le sort de l'avocate Me Lydienne Yen Eyoum, votre compatriote ? Monsieur Paul Biya, est-ce que vous envisageriez de faire un geste dans ce dossier ? »*. La réponse : *« Je verrai ce que je pourrais faire si tel est le souhait de l'intéressée et si la Constitution me donne les moyens de faire quelque chose, c'est de bon cœur que je le ferai le moment venu »*. Consulté sur www.camerounweb.com le 23 avril 2019. Le fameux moment vint un an plus tard, jour pour jour.

La restauration de la démocratie pluraliste a engendré des logorrhées plus ou moins compatibles avec la raison sociale et la logique d'État[134]. *« Dans certains cas le libéralisme doctrinal de ces différentes lois sur les libertés publiques est fortement tempéré par les dispositions relatives à la protection de l'ordre public, c'est-à-dire à la défense de l'ordre social »*[135], à la déontologie, ainsi qu'aux valeurs républicaines.

Toutefois l'on ne saurait donner à tous ces détracteurs du pouvoir politique, le démiurge sans confession. Tandis que certains font une critique objective, l'entreprise de matraquage n'est mue que par des visées opportunistes liées à la subsistance. Parfois derrière toute cette poussière remuée se cache un désir ardent de positionnement[136].

De façon plus contemporaine, en novembre 2018, la CAF avait éliminé le Cameroun sur tapis vert pour n'avoir pas communiqué à temps le nom de son second représentant à la coupe de la CAF. Ce retard était imputable au Président de la République qui n'avait pas trouvé un espace dans son agenda pour présider la finale de la coupe du Cameroun. Le vainqueur dudit match devait représenter le Cameroun. L'inertie du président est également observable au travers du rythme qu'il procède au remplacement de certains commis de l'État décédés ou promus à d'autres responsabilités. L'inertie se nourrit également de l'immobilisme, mieux, de la passivité des collaborateurs du chef de l'État. Il est agaçant d'entendre ministres et autres hauts commis de l'État se servir de la fameuse formule devenue un récital : *« sous très hautes instructions du chef de l'État »* pour justifier leurs actes, même lorsque ceux-ci relèvent de leurs attributions normales. Il serait donc loisible de penser que dans l'administration camerounaise, pas de très hautes instructions du chef de l'État, pas d'action ; et pas d'action au-delà desdites instructions. Cet état de chose qui peut s'avérer risible est en réalité ridicule.

[134] M.-P. ZE, *Fonctionnaire et politique au Cameroun. Contribution à l'étude des systèmes politico-administratifs des États africains*, Reims, 2005, thèse mult., 2005, p. 76.

[135] M. KAMTO, « Quelques réflexions sur la transition vers le pluralisme politique au Cameroun », in Gérard Conac (dir.), *L'Afrique en transition,* Paris, Economica, 1993, p. 224. *« Dans cette relative libre expression, les frictions avec la hiérarchie sont davantage interpersonnelles qu'institutionnelles »* ; M.-P. ZE, *Fonctionnaire et politique au Cameroun. Contribution à l'étude des systèmes politico-administratifs des États africains, op. cit.*, p. 85. Dans tous les cas, c'est ce que l'on pourrait croire au vu de la lettre ouverte que le professeur Nkou Mvondo adressait au professeur Fame Ndongo, ministre de l'enseignement supérieur en date du 20 février 2016. Lettre consultable sur www.camer.be.

[136] Cette posture très critique allant jusqu'à l'animosité à l'égard du pouvoir politique se justifie très souvent par l'exclusion de certains des sphères légistes du pouvoir ouvrant droit à quelques privilèges et avantages. Ceci est d'autant plus vrai que le salaire des enseignants des universités d'État au Cameroun est l'un des plus bas d'Afrique sub-saharienne. Il ne leur permet pas de vivre décemment. La prime spéciale, dédiée à la recherche, à eux gracieusement octroyée par le président de la

Quelque fois d'autres universitaires, critiques à l'égard du pouvoir politique, se démarquent souvent par *« l'arrogance des intellectuels-savants qui pensent parfois être – par leur statut de savant – plus légitimes que d'autres pour intervenir sur des questions sociales et politiques »*[137].

La critique, essence même de la doctrine juridique engagée, peut être faite isolément ou dans le cadre des mouvements syndicaux[138]. La critique du pouvoir politique par certains juristes théoriciens leur vaut très souvent de vives critiques de la part des professeurs et docteurs alliés ou sympathisants du pouvoir[139].

B – La belligérance ouverte : la doctrine juridique, challenger du politique

L'ivresse du pouvoir ne serait-elle réservée qu'aux politiciens et la science du droit qu'à la doctrine juridique ? D'après le professeur Narcisse Mouelle Kombi, autant chaque régime politique a ses piliers et ses soutiens œuvrant à sa consolidation ou sa perpétuation, autant il sécrète naturellement une classe d'opposants qui ont intérêt à sa chute. Mêmement, *« L'existence de tout pouvoir appelle en effet, la question*

République, obéit au principe de la trimestrialité. Leur famille ne bénéficie pas d'une assurance santé. Les primes et autres prestations internes sont payées de manière aléatoire, les conditions de travail sont souvent très difficiles.

[137] B. LAHIRE, « Le savant et les politiques. A quoi servent les sciences sociales ? », disponible sur www.ses.ens-lyon.fr. Consulté le 23 avril 2019. L'auteur sur la question poursuit en s'interrogeant en ces termes : *« Faut-il être savant, et reconnu par ses pairs, pour pouvoir légitimement s'indigner de l'extension du travail précaire, des licenciements en masse organisés par des entreprises qui maintiennent par ailleurs leurs profits, du traitement politique réservé aux « sans-papiers », des conditions de logement précaires, du sort fait aux « sans-abri », de la fermeture des petites maternités, des actes de violence racistes, sans parler des génocides ou des actes de torture passés ou présents ? »*.

[138] Autrefois, l'enseignement supérieur comptait deux syndicats au Cameroun : SYNES (Syndicat National des Enseignants du Supérieur), du SYNEC-SUP (Syndicat National des Enseignants du Cameroun). De nos jours, il ne reste que le SYNES qui soit encore visible.

[139] Le professeur Mouangue Kobila traitait ainsi le docteur Owona Nguini de *« Jargonneur de la politologie »*, ou d'*« affabulateur de premier ordre »* ; v. son article précité « Rééligibilité de Paul Biya : James Mouangue réplique à Mathias Owona Nguini et à Paul-Aaron Ngomo… », p. 6.

de savoir qui va le conquérir ou le posséder »[140]. Aussi, la conquête du pouvoir et la quête de sa maîtrise engendrent un champ de luttes et de joutes, de compétitions et d'émulation, de rivalités et d'hostilités[141]. Ces conquête et quête du pouvoir – bien que la réussite ne soit pas toujours au rendez-vous – peuvent également être le fait d'une doctrine universitaire dénommée par les experts, *« politique juriste »*[142], acteur directement impliqué dans le jeu politique[143]. Il s'agit de doctrine dont la notoriété politique l'emporte sur la qualité d'universitaire[144]. Avant d'examiner la matérialité des belligérances entre la doctrine juridique et le titulaire du pouvoir politique (2), il sied d'examiner la dorsale justifiant l'entrée de la doctrine dans l'arène politicienne (1).

1 – La dorsale de l'engagement politique de la doctrine à la conquête du pouvoir

Depuis le début des années 2000 avec l'arrivée d'un certain Laurent Gbagbo au pouvoir en Côte-d'Ivoire, l'on constate un enhardissement des professeurs qui n'hésitent pas à se jeter corps et âme, à la conquête du pouvoir suprême avec des fortunes plus ou moins heureuses à l'instar des professeurs Alpha Condé ou Faustin-Archange Touadera. Juridiquement, cette entreprise repose sur un double socle à la fois doctrinal (a) et normatif (b).

a – La richesse du socle doctrinal

Pour la doctrine, il n'est pas de comportement-type qui serait la définition du juriste engagé. En effet, celui-ci peut consister à conquérir

---

140 N. MOUELLE KOMBI, *La démocratie dans la réalité camerounaise, op. cit.,* p. 26.

141 Ibid.

142 Le *« politique juriste »* est selon Marc Milet, celui dont la notoriété politique l'emporte sur la qualité d'universitaire ; v. D. LOCHAK, « La profession d'universitaire (…) » préc., p. 38.

143 J. CHEVALLIER et D. LOCHAK, « Les juristes dans l'espace public » préc., p. 360, disponible sur https://ds.hypotheses.org/1621, consulté le 23 avril 2019.

144 Au Cameroun, l'on peut citer le professeur Nkou Mvondo et son parti Univers ; le professeur Maurice Kamto et son parti le M.R.C. Au Burkina Faso, le professeur Abdoulaye Soma et son parti politique Soleil d'Avenir ont décidé de se lancer à la course au fauteuil présidentiel en 2020. En Guinée Conakry, le professeur Alpha Condé chef RPG (Rassemblement du Peuple Guinéen).

le pouvoir pour y faire triompher ses idées et imposer sa vision de la société.

Les prolégomènes de l'engagement de la doctrine juridique en politique peuvent être trouvés chez les penseurs de l'Antiquité eu égard de Platon. Selon lui, dans l'État idéal, les philosophes devraient être couronnés rois, ou les rois et souverains de ce monde doivent réellement et sincèrement devenir philosophes. En d'autres termes et pour extrapoler, science et puissance politique doivent se trouver réunies en un même homme pour se prêter un mutuel secours[145]. Or le doctrinaire est un savant, donc un citoyen éclairé ; quoi de plus normal donc qu'il aspire à diriger l'État ?

Toute pensée sans action est stérile et toute action sans pensée étant futile pour Karl Marx, la doctrine juridique ne saurait se contenter de contempler le pouvoir politique, l'analyser, le critiquer ou le conforter selon le cas ; son auteur devrait normalement pouvoir chercher à le conquérir et l'exercer. D'après Max Weber, *« tout homme qui fait de la politique aspire au pouvoir - soit parce qu'il le considère comme un moyen au service d'autres fins, idéales ou égoïstes, soit qu'il le désire « pour lui-même » en vue de jouir du sentiment de prestige qu'il confère »*[146]. Or, le glissement du juriste-universitaire, à l'instar des autres agents publics, vers une entreprise politique et la conquête du pouvoir, sont souvent dus au fait que d'après Martin-Paul ZE, tous deux, sont généralement *« frustrés des gratifications matérielles et symboliques auxquelles ils aspirent, irrités par l'immobilisme et l'anachronisme caractéristiques de la gérontocratie aux commandes politiques et administratives, dans lesquels s'enlise la vie du parti et des blocages au niveau des créneaux d'ascension sociale et professionnelle, notamment dans l'administration »*[147]. En effet, les

---

145 PLATON, *La république,* trad., Robert Baccou, Paris, Garnier frères, p. XXXVII.

146 M. WEBER, *Le savant et le* politique, *op. cit.*, p. 87.

147 M.-P. ZE, *Fonctionnaire et politique au Cameroun. Contribution à l'étude des systèmes politico-administratifs des États africains*, *op. cit.*, pp. 47-48. Cette frange de politiciens opportunistes s'oppose aux hommes politiques par vocation en ce qu'ils font de l'entreprise politique et de la quête du pouvoir, un moyen de subsistance. Il est à relever pertinemment le fait que certains juristes universitaires sont victimes de frustrations et autres bizutages dans les partis dans lesquels ils militent. Généralement les partis sont hiérarchisés. Or, certains jeunes cadres et jeunes militants de base, bardés de diplômes universitaires supportent que mal l'ombrage et le diktat des anciens. C'est qui justifie en partie la sortie de Nkou Mvondo du parti au pouvoir, le RDPC et la création de sa formation politique UNIVERS.

barons des partis et autres formations politiques, qui eux, évoluent d'un petit poste politique grimpent les échelons jusqu'au sommet, sont frileux à l'idée de se laisser phagocyter par cette classe montante et envahissante de jeunes loups aux ambitions d'autant plus dangereuses qu'ils en ont les arguments[148].

Par ailleurs, *« dans un système de fonction publique où les promotions sont lentes et les procédures d'avancement lourdes, dans un contexte de paupérisation des agents publics avec la diminution drastique des salaires et le gel des augmentations, pour les moyens et petits fonctionnaires, un siège au Parlement représente une promotion importante. En plus de l'attrait de l'indemnité parlementaire, ils trouvent très souvent dans cette élection un moyen de satisfaire des ambitions que la fonction publique n'a pu combler »*[149]. Enfin, parfois, ceux des universitaires qui se lancent à la quête du pouvoir politique y sont poussés non seulement par l'attrait du pouvoir, mais par les conseils, les exhortations de leur entourage, qui compte profiter de leur élévation[150].

Toutefois, la liberté d'opinion politique au travers d'une doctrine comporte un double risque : la compromission de l'action de l'État et le risque d'entorse à la neutralité et à l'impartialité auxquels le doctrinaire est astreint[151]. Aussi à titre de rappel, l'article 3 de la constitution camerounaise dispose que les enseignants de droit, comme tous agents publics *« doivent respecter les principes de la démocratie,*

---

[148] *Ibid.,* p. 47. Au sein du Rassemblement Démocratique du Peuple Camerounais (RDPC), parti de Paul Biya, en réaction à cette situation, l'on a pu observer la naissance d'un mouvement dit des *progressistes*. Il comptait dans ses rangs des jeunes tels : Charles Ateba Eyene, Pius Ottou, Messanga Nyamding, Milla Assoute.

[149] M.-P. ZE, *Fonctionnaire et politique au Cameroun. Contribution à l'étude des systèmes politico-administratifs des États africains, op. cit.*, p. 284.

[150] PLATON, *La république, op. cit.,* p. XL. Au Cameroun, les pères fondateurs du parti MRC avaient vu en la personne du professeur Maurice Kamto, une figure messianique, véritable homme-providence pouvant faire chavirer le régime Biya. Du côté du parti au pouvoir (RDPC) également, certaines *« créatures et créations »* (propos du professeur Jacques Fame Ndongo, Ministre d'État en charge de l'enseignement supérieur, sur le magazine *Actulité Hebdo*, diffusé sur la chaine d'État CRTV et publiés dans le quotidien *Le Jour* du 18 avril 2010) voient en Paul Biya, *« l'homme-président »* peut-être même, le président fait homme.

[151] M.-P. ZE, *Fonctionnaire et politique au Cameroun. Contribution à l'étude des systèmes politico-administratifs des États africains, op. cit.,* p. 74.

de la souveraineté et de l'unité nationales. Ils se forment et exercent leurs activités conformément à la loi ».

b – La diversité des fondements normatifs

Il n'est pas d'hérésie pour un citoyen de se lancer à la conquête du pouvoir politique. Les professeurs et autres enseignants à l'instar d'autres fonctionnaires, demeurent des citoyens et, en tant que tels, dans une démocratie où le pluralisme est la règle, ils doivent pouvoir adhérer aux idées politiques de leur choix et participer à la vie politique de leur pays.

Dans un contexte de libéralisme tel celui du Cameroun, plusieurs instruments juridiques tendent à légitimer l'entreprise politique de ceux des membres de la doctrine juridique. L'un des premiers linéaments pourrait être trouvé dans la Déclaration française des droits de l'Homme et du citoyen qui énonçait en son temps que tous les citoyens *« sont également admissibles à toutes dignités, places et emplois publics, selon leur capacité, et sans autre distinction que celle de leurs vertus et de leurs talents ».* Ce principe de l'égalité entre les êtres humains est repris dans la Déclaration Universelle des Droits de l'Homme et la Constitution camerounaise du 18 janvier 1996, qui consacrent l'égalité de tous les êtres humains en droits et en devoirs.

La loi 90/053 du 19 décembre 1990 sur la liberté d'association et la loi 90/056 sur les partis politiques ne posent pas de restrictions particulières à l'endroit des agents publics. Tout au contraire, ils redonnent un sens et une consistance à la liberté politique dans la fonction publique camerounaise. Cette saillie faite par le législateur a été exploitée par le pouvoir règlementaire. En effet, à travers le décret 94/199 du 07 octobre 1994 portant statut général de la fonction publique de l'État en son article 21 alinéa 2, il y est admis en substance que tout fonctionnaire *« peut notamment adhérer à une association politique ou culturelle, à un syndicat professionnel légalement reconnu en vue d'assurer la représentation et la défense de ses intérêts de carrière ».* Et pour le mettre à l'abri de quelque pression, l'article 23 du décret 94/199 susvisé formule l'interdiction de faire figurer dans le dossier du fonctionnaire, aucune mention, ni document relatif à ses opinions ou convictions politiques, syndicales, philosophiques ou religieuses. Sur cette base, en droit camerounais, n'importe quel agent public peut désormais militer au sein du parti politique de son choix, y compris au sein de formations politiques visant la transformation des institutions, voire le renversement du gouvernement en place ou encore du régime lui-même[152]. Dans le même ordre d'idées, l'on pourrait également évoquer le principe traditionnel du cumul possible entre la fonction d'universitaire et le mandat parlementaire[153].

Pour ce faire, s'agissant spécifiquement de l'entreprise consistant à challenger le Président de la République en place au Cameroun, le code électoral camerounais ne fait pas obstacle à la candidature d'un enseignant des facultés de droit. Aussi, la quête de la magistrature suprême est ouverte à tous, y compris aux universitaires suivant certaines conditions spécifiques. Il s'agit en sus d'être citoyen camerounais d'origine et justifier d'une résidence continue sur le territoire national d'au moins douze mois consécutifs et d'une inscription sur les listes électorales à la date du scrutin, de jouir de la plénitude de ses droits civiques et politiques ainsi qu'avoir trente-cinq ans révolus à la date de l'élection[154]. N'en sont inéligibles que les enseignants de droit, à l'instar de toute autre personne qui, de leur propre fait, se sont placées dans une situation de dépendance ou d'intelligence vis-à-vis d'une personne, d'une organisation ou d'une puissance étrangères ou d'un État étranger. Dans ce cas spécifique, leur inéligibilité est constatée par le Conseil Constitutionnel dans les trois jours de sa saisine, à la diligence de toute personne intéressée ou du ministère public[155].

Il ne suffit pas d'extérioriser simplement une intention, le code électoral camerounais pose l'obligation de faire une déclaration de candidature revêtue de sa signature légalisée[156]. En outre, tout candidat

---

[152] M.-P. ZE, *Fonctionnaire et politique au Cameroun. Contribution à l'étude des systèmes politico-administratifs des États africains, op. cit.*, p. 99. Y sont en principe exclus, les membres des forces de sécurité et de défense, les magistrats en activité. S'agissant du militantisme des professeurs de droit l'on pourrait mentionner les cas du professeur Prosper Nkou Mvondo dans le parti *UNIVERS* ; le professeur Maurice Kamto dans le SDF dans les années 90, puis de nos jours dans le MRC, partis visant le renversement du RDPC.

[153] M. ABHERVÉ, « Cumuler un mandat politique et un mandat universitaire », consultable sur www.blog.educpros.fr .

[154] Loi n° 2012/001 du 19 avril 2012 portant Code électoral, modifiée et complétée par la loi n° 2012/017 du 21 décembre 2012 en son article 117.

[155] *Ibid,* article 118.

[156] Les déclarations de candidature doivent indiquer conformément à l'article 122 de la loi n° 2012/001 du 19 avril 2012 portant Code électoral, modifiée et complétée par la loi n°2012/017 du 21 décembre 2012 : les noms, prénoms, date et lieu de naissance,

doit être, soit investi par un parti politique[157] comme ce fut le cas du professeur Maurice Kamto lors de la présidence d'octobre 2018 au Cameroun[158]; soit indépendant[159]. Dans l'un ou l'autre cas, une telle entreprise n'est pas sans risque de conflit manifeste entre la doctrine et celui qui exerce le pouvoir politique.

2 – La matérialisation du conflit

Aussi vrai qu'en Common Law, il est une maxime selon laquelle, *« Who comes to equity must have clean hands »*[160], le juriste qui décide d'engager une carrière politique ne doit pas craindre de se salir les mains et d'être sali. Le doctrinaire qui se lance en politique se retrouve donc ainsi tiraillé entre sa conscience (a), ses pairs et l'adversaire

---

profession et domicile des intéressés ; la couleur (exceptés la combination à la fois du vert, rouge et jaune), le signe et le titre choisis pour l'impression des bulletins de vote. Par ailleurs la déclaration de candidature est accompagnée de la liste de 300 signatures des personnalités requises à l'article 118 de la même loi, le cas échéant ; d'un extrait d'acte de naissance du candidat datant de moins de trois (03) mois ; de la lettre de présentation et d'investiture du parti cautionnant la candidature du postulant, le cas échéant ; d'une déclaration sur l'honneur par laquelle le candidat s'engage à respecter la Constitution ; d'un bulletin n° 3 du casier judiciaire datant de moins de trois (03) mois ; d'un certificat d'imposition ou de non-imposition ; d'un certificat de nationalité ; de l'original du certificat de versement du cautionnement de 30 000000 de F.CFA.

[157] Aux termes de l'article121 (2) 122 de la loi n° 2012/001 du 19 avril 2012 portant Code électoral, modifiée et complétée par la loi n° 2012/017 du 21 décembre 2012, le candidat investi par un parti politique non représenté à l'Assemblée nationale, au Sénat, dans un Conseil régional ou dans un Conseil municipal doit également remplir les conditions prévues à l'alinéa (1) de l'article 121 applicables aux candidats indépendants. Lesdites personnalités doivent apposer leurs signatures légalisées par les autorités administratives territorialement compétentes sur les lettres de présentation. Une même personnalité ne peut apposer qu'une seule signature et pour un seul candidat.

[158] Ce fut également le cas des professeurs Alpha Conde en Guinée Conakry, Faustin Archange Touadera en RCA. Estimant ses chances de battre Paul Biya, Président sortant faible, le professeur Nkou Mvondo avait cédé le fauteuil de challenger à l'un de ses anciens étudiants, Cabral Libii. Celui-ci avait occupé la 3e place derrière Paul Biya et Maurice Kamto lors de la présidentielle camerounaise de 2018.

[159] La condition (herculéenne) requise pour les candidats indépendants est qu'ils se doivent d'être présentés comme candidat à l'élection du Président de la République par au moins trois cents (300) personnalités originaires de toutes les régions, à raison de trente (30) par région et possédant la qualité soit de membre du Parlement ou d'une chambre consulaire, soit de conseiller régional ou de conseiller municipal, soit de chef traditionnel de premier degré.

[160] À propos de cette maxime, v. S. WORTHINGTON, *Equity*, Oxford University Press, Coll. « Clarendon Law Series », 2003, 321 p.

politique coriace qu'il entend supplanter comme très souvent dans les démocraties africaines (b).

a – La doctrine en conflit centripète

Selon Max Weber, *« entrer dans la politique, c'est participer à des conflits dont l'enjeu est la puissance - puissance d'influer sur l'État et par-là même sur la collectivité. Du même coup, on s'oblige à se soumettre aux lois de l'action, fussent-elles contraires à nos préférences intimes et aux dix commandements »*[161]. Le combat politique est le lieu d'enjeux divers qui en appellent un certain nombre de jeux parfois tout aussi malicieux que pernicieux. *« Le savoir pendant des siècles, disons depuis Platon, s'est donné comme statut d'être d'une essence fondamentalement différente du pouvoir. Si tu deviens roi, tu seras fou, passionné et aveugle. Renonce au pouvoir, renonce à l'ambition, renonce à vaincre, alors tu pourras contempler la vérité. Il y a un fonctionnement très ancien de tout le système de savoir dans son opposition ou son indépendance à l'égard du pouvoir »*[162]. De petits glissements en petites accommodations, le chercheur engagé peut avoir du mal, en fin de compte, à maintenir les règles de l'art qui sont, à un moment ou à un autre, fatalement en contradiction avec ses pulsions ou ses convictions politiques[163]. De temps à autre, il en arrive parfois à prendre des trajectoires scientifiquement peu compréhensibles. Au point de faire dire au professeur Joseph Owona, s'agissant du professeur Kamto à l'issue du contentieux post-électoral de l'élection présidentielle d'octobre 2018 au Cameroun que, *« le politique a déshabillé l'agrégé »*[164] *;* confortant peu ou prou Esther Olembé pour qui, le pouvoir s'apparente à une véritable nécrose du savoir[165]

L'arène politique n'est pas un long fleuve tranquille. La difficulté, pour le professeur qui veut entrer dans la politique, vient au premier chef de la discipline et des doctrines des partis politiques. En dépit de

---

[161] M. WEBER, *Le savant et le* politique, *op. cit*., p. 22.

[162] R.-P. DROIT, *Michel Foucault : entretiens, op. cit.,* p. 128.

[163] B. LAHIRE, « Le savant et les politiques. A quoi servent les sciences sociales ? » préc., p. 11.

[164] Propos tenus sur la chaîne de télévision *Canal 2 International* le 17 octobre 2018 et consultables sur www.cameroondailyjournal.com.

[165] E. OLEMBÉ, *Production des savoirs dans le discours universitaire en situation d'évaluation endogène. Philosophie, sciences économiques et gestion au Cameroun, op. cit.,* p. 279.

toute sa science, il lui est quasiment impossible de fouler au pied, le programme d'aucun parti politique dans aucun pays du monde, à aucune époque[166]. Il en va de même des lois républicaines.

En deuxième lieu, *« La vocation de la science est inconditionnellement la vérité. Le métier du politicien ne tolère pas toujours qu'on la dise »*[167]. La doctrine qui décide de descendre dans l'arène politique pour challenger le titulaire du pouvoir politique doit accepter se départir de ses atours scientifiques et accepter de se rouler dans la gadoue. Car comme le relève Raymond Aron, dans la lutte pour la quête du pouvoir politique, il n'est pas d'exemple que l'opposition n'emploie des arguments injustes ou mensongers, arguments qui consistent à reprocher au Gouvernement de n'avoir pas remporté des succès qu'aucun autre n'aurait pu remporter ou d'avoir consenti des concessions qu'aucun autre n'aurait pu éviter. De là résulte chez le professeur de droit qui veut être politiquement actif, une tension permanente entre la préservation de l'obligation de *« dignité et à l'honneur »*[168] liée au statut d'universitaire, la probité liée à l'aura et à la charge académiques à l'objectif et le désir ardent d'assouvir ses ambitions parfois démesurées de pouvoir.

A titre illustratif, dans un éditorial publié le 26 octobre 2004 dans le journal *Mutations*, le professeur Kamto, ministre délégué auprès du ministre de la justice, déclarait : *« La cour suprême statuant comme conseil constitutionnel a arrêté et proclamé les résultats de l'élection présidentielle du 11 octobre 2004. On en connait le vainqueur, exit donc la bataille des chiffres. Car pour ceux qui sont attachés à la légalité républicaine, les décisions de cette auguste juridiction sont comme des dogmes. Non pas qu'on y puisse déceler parfois quelques acories ; mais notre système juridique pose pour principe immuable, qu'en disant le droit, la haute juridiction, tel le Pape, est habité par la grâce d'infaillibilité. C'est pourquoi, elle parle ne varietur, une fois pour toutes. Et ce qu'elle arrête et proclame est sans recours »*[169]. Or, quelques années plus tard, candidat malheureux à l'élection présidentielle d'octobre 2018, l'agrégé de droit public, laissait croire que le Conseil Constitutionnel camerounais, Pape jadis habité par la

---

[166] M. WEBER, *Le savant et le* politique, *op. cit.*, p. 25.
[167] M. WEBER, *Le savant et le* politique, *op. cit.*
[168] Jugement n° 2/CS/CA du 02 novembre 1978, *Affaire So'o Georges contre État du Cameroun* préc.
[169] www.lebledparle.com ou www.cameroon-info.net consulté le 28 juillet 2019.

grâce d'infaillibilité, était désormais possédé par les démons de la faillibilité. Aussi, en refusant de reconnaître les résultats que l'auguste conseil avait proclamés et en s'autoproclamant vainqueur, il reniait son attachement à la légalité républicaine. Cet acte donna lieu à un conflit avec les institutions en place et tous ceux qui n'étaient pas de son avis.

b – La doctrine en conflit centrifuge

Selon le professeur Messanga Nyamding, lorsque les universitaires s'investissent dans le champ politique, cela peut faire très mal[170]. C'est sans nul doute la raison pour laquelle, l'article 9 du décret n° 2022/008 du 06 janvier 2022 portant organisation administrative et académique de l'Université de Bertoua, dispose clairement que l'institution universitaire est un lieu clos et apolitique. La douleur est ressentie aussi bien du côté du pouvoir politique qui, titillé, exposé et parfois même calomnié ou vilipendé, se retrouve sous le feu des projecteurs tant sur le plan interne qu'à l'international[171] que du côté de la doctrine juridique qui s'attaque avec virulence au régime en place.

S'agissant spécifiquement du *« professeur-politicien »,* le prix à payer s'avère souvent très élevé. Faisant fi des cas de conflit avec des citoyens ordinaires qui est diffus, l'antagonisme est plus poignant entre le régime en place et ses pairs acquis à sa cause. Très souvent, il s'agit d'épreuves morales telle des discriminations et autres humiliations. Cette situation a été établie par le juge administratif camerounais dans *l'affaire Kamto Maurice contre Université de Yaoundé*[172]. Dans l'espèce, le juge constate une rupture de l'égalité de traitement du sieur Kamto Maurice par rapport aux autres fonctionnaires du corps des enseignants du supérieur.

La doctrine juridique qui s'érige en homme politique n'est pas à l'abri d'atteinte à son intégrité physique. En effet, à l'occasion d'une

---

[170] Propos tenus sur le plateau de Décryptage, émission diffusée sur la chaine de télévision *Vision 4*. Depuis la sortie du professeur Maurice Kamto du gouvernement et son ralliement au parti MRC, le régime en place à Yaoundé traverse une zone de turbulences sérieuses. Il est tiraillé entre Boko haram au Nord, des bandes armées venues de la RCA à l'Est, les séparatistes anglophones dans les régions du Nord-Ouest et du Sud-Ouest et la crise post-électorale dont l'éminent professeur et son parti sont à l'origine.

[171] V. Communication gouvernementale en réponse à la Résolution 2019 / 2691 (RSP) du Parlement Européen sur le Cameroun, Yaoundé, 22 avril 2019.

[172] CS/CA, jugement n° 254/2011 du 02 novembre 2011.

manifestation politique organisée le 29 mars 2016 à Yaoundé, certains enseignants des universités parmi lesquels le professeur Nkou Mvondo qui relate sa mésaventure, dans une lettre-ouverte adressée au ministre de l'enseignement supérieur : *« ...J'ai été molesté et torturé par un sous-préfet et ses policiers le 29 mars 2016 : c'était à Yaoundé, la capitale du Cameroun, située à 800 kilomètres du campus de l'Université où j'exerce mes fonctions... »*[173].

L'atteinte à l'intégrité physique peut également consister en une privation de liberté suivie d'une incarcération dans un établissement pénitentiaire. Le 28 janvier 2019 à Douala, alors qu'il organisait une réunion politique dans le domicile d'un de ses lieutenants, le professeur Maurice Kamto avait été appréhendé par un important dispositif des forces de maintien de l'ordre, puis conduit à Yaoundé où il avait été placé en détention provisoire à la prison centrale dans la nuit du 12 au 13 février 2019. Le juge d'instruction du tribunal militaire de Yaoundé lui reprochait outre le trouble à l'ordre public orchestré par ses *« marches blanches »,* l'incitation à l'insurrection, rébellion en groupe, hostilité contre la patrie[174]. Ces infractions sont sanctionnées par la peine capitale en droit pénal camerounais. Mais, l'on est dubitatif quant à la pertinence d'une incarcération de cette doctrine dans la mesure où, comme le relève Danièle Lochak, *« l'invocation d'une menace, réelle ou supposée, peut aussi servir d'arme politique pour faire taire une*

[173] Lettre-ouverte consultée sur www.cameroon-info.net, le 18 juillet 2019. Les voies de fait sur des enseignants d'université engagés en politique n'est pas une affaire typiquement camerounaise. En Côte-d'Ivoire, Laurent Gbagbo en a fait l'amère expérience à plusieurs reprises. Il en va de même du professeur Alpha Condé en Guinée qui a également été molesté et embastillé à maintes reprises. En réalité au regard du droit, de tels agissements de l'autorité administrative constituent selon une jurisprudence camerounaise constante des voies de fait administratives ; v. arrêt n° 08/CFJ/AP du 16 octobre 1968, *Max Keller Ndongo c/. État Fédéral du Cameroun Oriental* ; arrêt n° 10/CFJ/AP du 17 octobre 1968, *Mve Ndongo c/. Procureur Général et Ngaba Victor* ; jugement n° 68/CS/CA du 26 mai 1988, *Nomeny Nguissi Emile c/. État du Cameroun (Commune Urbaine de Dschang)*.

[174] Le professeur Kamto, sans aucun doute, médite aujourd'hui les propos d'un auteur qui reconnaissait qu'il n'est pas très intelligent *« de cohabiter et de vivre en bonne intelligence avec ces barbares [les hommes politiques] qui, pour avoir le fruit, n'hésitent pas à abattre l'arbre producteur »* ; F. WODIÉ, « L'hommage de la communauté universitaire » in *La Constitution béninoise du 11 décembre 1990. Un modèle pour l'Afrique ? Mélanges en l'honneur de Maurice Ahanhanzo-Glèlè*, p. 49, cité par F.-J. Aïvo, « Les constitutionnalistes et le pouvoir politique en Afrique » préc., p. 800.

opposition gênante »[175]. Fort heureusement, par un acte historique, le président Paul Biya décida de l'arrêt des poursuites contre le sieur Kamto et ses alliés le 04 octobre 2019[176].

Parfois, attaques et injures fusent de ses pairs universitaires et/ou politiciens. Elles peuvent porter sur les moyens employés pour parvenir à ses fins. Au Cameroun, le professeur Nkou Mvondo, du parti *Univers* et fervent opposant au régime Biya, dit des stratégies de lutte politique du professeur Kamto qu'elles sont tout, sauf chevaleresques. Il continue en s'indignant qu'*« un universitaire ne fait pas la politique comme un charbonnier »*[177]. Pour lui, son collègue fait partie d' *« une certaine opposition haineuse mue par des visées insurrectionnelles et subversives »*[178]. Selon ce Maître de droit privé en service à l'Université de Ngaoundéré, l'homme politique doit être un pédagogue et surtout un légaliste. Il surenchérit en ces termes : *« les méthodes modernes aujourd'hui sont diverses et permettent d'atteindre facilement la cible surtout jeune » ; aussi, pas besoin d'aller dans la rue pour contester une élection acquise par un autre candidat depuis trois mois »*[179].

Certaines attaques s'apparentent à de véritables coups bas. Elles portent parfois sur des questions sensibles et intimes. Sur le plateau de la chaîne panafricaine *Afrique Media*, le 02 octobre 2018, puis quelques

---

[175] D. LOCHAK, « Les droits politiques des fonctionnaires ou les contradictions du libéralisme », préc., p.19. Le 20 avril, 1997, après sa démission spectaculaire du gouvernement et son ralliement à l'opposition en vue de challenger son ancien mentor, le président Paul Biya, le professeur Titus Edzoa et ses complices avaient été accusés d'avoir détourné près de 350 millions de F CFA destinés à l'Office national de commercialisation des produits de base (ONCPB). Il purgea 17 ans de prison jusqu'à sa libération par grâce présidentielle le 18 février 2014. Toutefois en ce qui concerne le cas du professeur Kamto et du *MRC*, les faits sont assez éloquents. En effet, comment peut-on crier au hold-up électoral, organiser de vastes campagnes de désobéissance civile et ne détenir aucun document qui tendrait à démontrer que la victoire à l'élection présidentielle a été volée par le *RDPC* et s'attendre à ne pas subir les foudres du régime en place ? Au Bénin également, le cas du professeur Frédéric Joël Aïvo, opposant et candidat recalé à l'élection présidentielle est embastillé depuis le 15 avril 2021 est topique. Il lui est notamment reproché les faits d'atteinte à la sûreté de l'État et de blanchiment.

[176] V. annonce faite sur le compte Twitter officiel du Président Paul BIYA (@PR_PAUL_BIYA), 04 octobre 2019, 20h31 min ; voir également, communiqué de presse du Ministre d'État, SGPR du 04 octobre 2019.

[177] Propos tenus sur le plateau de *Club d'élite*, émission dominicale diffusée sur la chaine de télévision privée, *Vision* 4 le dimanche 27 janvier 2019.

[178] *Ibid.*

[179] *Ibid.*

jours plus tard sur *Vision 4*, le professeur Charlemagne Messanga Nyamding demande aux électeurs de ne pas accorder leurs suffrages au candidat Maurice Kamto. Pour cause, il déclare détenir des preuves accablantes, en l'occurrence une vidéo tendant à démontrer que le professeur pratique une sexualité contre-nature sanctionnée à l'article 347 bis du code pénal camerounais relatif à l'homosexualité[180]. S'estimant victime d'un coup en dessous de la ceinture, le professeur Maurice Kamto a formellement démenti ces accusations et a promis de porter plainte pour diffamation et déclarations mensongères[181].

Parfois la critique de ses pairs traduit la transposition des querelles de leadership scientifique et académique sur le terrain politique. A titre illustratif, l'un des exemples les plus anciens pourrait être tiré du désaccord entre les professeurs Joseph Owona et Maurice Kamto, sur les stratégies de constitutionnalisation de la démocratie dans les années 90. Plus proche de nous, l'on pourrait citer les diatribes entre les professeurs James Mouangue Kobila et Owona Nguini au sujet notamment de l'éligibilité/inéligibilité du président Paul Biya en 2011[182]. Plus prolixe et acerbe est manifestement la critique du

---

[180] *« Portez-moi plainte si vous voulez, je vais vous montrer une vidéo du ministre Kamto nu en pleine relation sexuelle avec un jeune garçon. Et tenez-vous bien le garçon en question vit ».* Tels sont les propos tenus *in extenso* sur *Afrique Media* le 1er octobre 2018 dans le cadre de l'émission *« Présidentielle 2018 ».*

[181] Démenti effectué sur la chaîne de Télévision Canal 2 International, lors de son passage à l'émission « *Face aux électeurs*» le 03 octobre 2018. Le professeur Kamto y déclare : *« On m'a fait état d'une vidéo ordurière de quelqu'un qui se dit être professeur d'université et qui me prête des relations avec de jeunes garçons. Depuis sept ans, je suis couvert d'insultes, mais je voudrais dire à mes compatriotes que dès demain, j'ai demandé à mes avocats de déposer une plainte contre l'individu dont je ne n'ose même pas prononcer le nom. C'est indigne. Il ne faut pas que la perspective de l'échec rende certains militants du RDPC fous ».* www.lebledparle.com, 05 octobre 2018. Le procès, d'après le porte-parole du professeur avait été intenté pour diffamation et la première audience se tint à la chambre correctionnelle du Tribunal de Première Instance de Yaoundé Centre Administratif, le 08 janvier 2019. Invité de l'émission *l'Arène* sur *Canal 2 International* le dimanche 22 septembre 2019, le professeur Messanga Nyamding déclarait n'avoir jamais été notifié d'une quelconque plainte. Émission disponible sur YouTube.com/canal2international. A ce jour, l'on ne saurait dire de quel côté se trouve la vérité.

[182] Cette querelle a donné lieu à une abondante littérature par voie de presse et sur les réseaux sociaux. Certains de ces écrits ont été mentionnés plus haut. *« Mathias Owona Nguini est bien connu comme un politologue sans spécialisation(s) précise(s) qui prétend se mêler aussi bien des questions de technique juridique pure, de théorie juridique, d'économie, de football, d'électricité, de maçonnerie que de celles de marketing, scandalisant chaque fois les spécialistes de chacune des disciplines où il*

Professeur Mouangue Kobila à l'égard de son directeur de thèse le professeur Maurice Kamto, qu'il ne manque de saborder à vent et à tout venant[183].

En fin de compte, de tels crêpages de chignons illustrent comment, *« la logique de la compétition académique et la recherche d'un débouché plus large contribuent à la production d'arguments juridiques contradictoires qui peuvent et paraissent délibérément justifier des positions proprement politiques »*[184]. Hélas, comme le déplore Alain Didier Olinga, *« Délibérément ou involontairement, les possesseurs (réels ou autoproclamés) du savoir juridique ont été embarqués dans la mêlée et les controverses politiques (...) Le brouillage quant au statut des uns et des autres s'est avéré patent, la prise de parole 'juridique' étant fort peu distinguée de la prise de parole politique, militante ou idéologique ou tout simplement citoyenne »*[185].

******

En définitive, la relation entre la doctrine juridique et le pouvoir politique est très délicate, complexe et parfois très mouvementée. Aussi, elle ne saurait se percevoir que dans le sens de l'antagonisme ou de l'harmonie. La vérité est que la doctrine juridique n'est pas unanime quant à l'idéal de conduite à tenir face au pouvoir politique. Chaque tendance y va en fonction de ses convictions, passions et ambitions. Nonobstant ce fait, il est constant de relever l'existence d'une idylle entre certains professeurs et docteurs de droit et ceux des détenteurs du pouvoir politique. Ceux-là, s'opposent aux autres doctrines pas toujours en odeur de sainteté avec le pouvoir politique en place du fait de leurs

---

exerce ainsi inconsciemment des ravages », J. MOUANGUE KOBILA, « Rééligibilité de Paul Biya… », *op. cit.*, p. 6.

[183] À ce propos, v. J. MOUANGUE KOBILA, « Les sept péchés capitaux de Maurice Kamto », inédit ; « Imposture et escroquerie politique. Maurice Kamto aime-t-il la jeunesse camerounaise ? », Douala, 14 février 2016, 16:59, inédit. Tout serait parti d'une affaire de plagiat de documents devant servir à la publication d'un ouvrage de méthodologie des exercices corrigés de Droit international public. Le professeur Mouangue Kobila accusant son directeur de thèse de vol de documents et plagiat.

[184] D. GAXIE, « Jeux croisés : Droit et politique dans la polémique sur le re de la signature des ordonnances par le Président de la république », *in Les usages sociaux du droit, op. cit.*, p. 211.

[185] A.-D. OLINGA, *Qu'est-ce qu'un juriste, op. cit.*, p. 13.

critiques virulentes ou de leur engagement politique[186]. De par sa posture à l'égard du pouvoir politique, il apparait que la doctrine juridique est l'un des atouts et garant majeurs de l'État de droit démocratique en Afrique ; tant il apparait comme un véritable pouvoir doté de la faculté de faire, défaire, refaire et parfaire la société politique dans laquelle elle s'exprime. A ces doctrines indécises, l'éloquence de ces quelques vers tirés de *La Marseillaise, « debout citoyens, formez vos bataillons... »*, choisissez vos camps !

---

[186] En temps de paix ou de consensus sur l'idéologie juridique dominante, cet engagement passe souvent inaperçu. En revanche, dans une période troublée, cet engagement se dévoile et fait l'objet de discussions passionnées *a posteriori* ; v. O. CAMY, « L'engagement ontologique du juriste », in *Au cœur des combats juridiques*, *op. cit,* p. 327.

Chronique législative

L'accès au droit au renouvellement du bail en droit O.H.A.D.A.

Mouhamadou Moustapha TALL

Maître de Conférences assimilé en droit privé à l'Université Cheikh Anta de Diop

Résumé : *Accéder au droit au renouvellement du bail n'est pas aussi aisé qu'il n'y paraît. Pour acquérir cette prérogative pourtant destinée à lui garantir la stabilité dans l'exploitation de son activité, le preneur est parfois amené à faire face à divers obstacles qui se dressent devant lui. Dérivant de règles particulièrement rigides et restrictives, ceux-ci constituent de véritables entraves qui l'empêchent d'accéder sans difficultés à ce droit fondamental.*

Mots clés : ***Droit au renouvellement du bail, bail à usage professionnel, bailleur, preneur, exclusion.***

Très souvent, le commerçant n'est pas propriétaire du local d'exploitation de son activité[1]. Il en est de même de l'exploitant d'une activité professionnelle d'une forme différente. Le local d'exploitation est généralement occupé par le biais d'un contrat de bail à usage professionnel. En droit de l'Organisation pour l'harmonisation en Afrique du droit des affaires, « est réputé bail à usage professionnel toute convention, écrite ou non, entre une personne investie par la loi ou une convention du droit de donner en location tout ou partie d'un immeuble (…) et une autre personne physique ou morale, permettant à celle-ci, le preneur, d'exercer dans les lieux avec l'accord de celle-là, le bailleur, une activité commerciale, industrielle, artisanale

---

[1] A. FOKO, « Bail commercial (Bail à usage professionnel) », Paul-Gérard Pougoué (dir.), *Encyclopédie du droit OHADA,* Lamy, 2011, p. 401 ; Y. GUYON, *Droit des affaires,* Dalloz, 2009, p. 75 ; J.-M. MOULIN, *La location des actifs professionnels : Le guide pratique,* AFNOR, 2012, p. 51.

ou toute autre activité professionnelle »[2]. Le bail à usage professionnel est donc générateur d'un droit de jouissance sur un immeuble appartenant à une personne, le bailleur, pour l'exercice d'une activité professionnelle[3]. Le preneur, également appelé locataire, est le bénéficiaire de ce droit en contrepartie du paiement d'une somme d'argent dite loyer[4].

La réglementation du bail à usage professionnel est particulièrement protectrice du preneur[5]. Il est institué à son profit un droit fondamental

---

[2] Article 103 de l'Acte uniforme relatif au droit commercial général.

[3] J.-M. MOULIN, *La location des actifs professionnels, op. cit.* p. 51 ; V. DE BARY, *Le bail commercial : De la rédaction à la fin du contrat : Conseils pratiques,* AFNOR, 2012, p. 5 ; A. DIOH « Le bail à usage professionnel à l'épreuve de la procédure collective du bailleur en droit OHADA : Étude à la lumière du droit français », *Revue de l'ERSUMA,* n° 2, ERSUMA, mars 2013, p. 131 ; P. PUIG, *Contrats spéciaux*, 8ème éd., Dalloz 2019, p. 518 ; F. COLLART DUTILLEUL et P. DELEBECQUE, *Contrats civils et commerciaux*, 11ème éd., Dalloz, 2019, p. 518.

[4] T. DEBARD et S. GUINCHARD, *Lexique des termes juridiques,* 30ème éd., Dalloz, 2022, p. 823.

[5] C.-A.-W. NDIAYE, *Droit des entreprises individuelles : Commerçant / Entreprenant / Bail à usage professionnel / Fonds de commerce / Vente commerciale / Commerce électronique,* L'Harmattan, 2018, p. 183 ; A. DIOH, « Le bail à usage professionnel à l'épreuve de la procédure collective du bailleur en droit OHADA : Etude à la lumière du droit français », préc. p. 133. Cette logique de protection est héritée du droit français qui a assez tôt institué à travers le Code de commerce, un dispositif normatif protecteur appelé statut des baux commerciaux. Trouvant ses racines dans le Décret-loi du 30 septembre 1953, ce statut a fait l'objet d'une codification dans le chapitre V du Code de commerce intitulé « bail commercial ». Initialement destiné au commerçant pour la protection exclusive de son fonds de commerce, le statut s'est progressivement étendu à d'autres acteurs économiques au point, aujourd'hui, de couvrir quasiment toutes les activités professionnelles : B. MERCADAL, *Les mots-clés du droit des affaires*, 1ère éd., Dalloz 2019, p. 29. Q. MAGHIA, *Le nouvel équilibre du bail commercial depuis les dernières réformes (2014 - 2018),* Toulouse 1, 2018, Thèse mult., p. 96 ; F. KENDERIAN et C. BOURGEOIS, « Le statut français des baux commerciaux face à la problématique européenne », *Revue internationale de droit économique*, (t. XXVII), 2013, pp. 263-266. Aux termes de l'article 135 de l'Acte uniforme relatif au droit commercial général, « le fonds de commerce est constitué par un ensemble de moyens qui permettent au commerçant d'attirer et de conserver une clientèle ». A l'opposé du droit OHADA, le droit français n'en donne pas de définition. Il se contente tout au plus d'en indiquer les éléments mobiliers corporels et incorporels qui le composent, notamment l'outillage, le matériel et les marchandises, la clientèle, le nom commercial, l'enseigne, les droits de propriété industrielle et éventuellement, le droit au bail ; v. G. MUBERANKIKO, *La protection du locataire-gérant en droit OHADA,* L'Harmattan, 2013, p. 11 ; J.-M. MOULIN, *Transmettre son entreprise : Les différentes formes de cession,* AFNOR, 2011, p. 21 ; B. MERCADAL, *Les mots-clés*

baptisé droit au renouvellement du bail. Cependant, il ne s'agit pas d'un droit inconditionnel. Encore faudrait-il qu'il remplisse les conditions qui lui permettent d'en bénéficier, d'y accéder. Se pose ainsi la question de l'accès au droit au renouvellement du bail, dont l'étude des règles qui en déterminent les conditions, créatrices de véritables entraves, demeure la principale préoccupation de la présente réflexion. D'après les dictionnaires de la langue française, *Le Robert* et *Le Petit Larousse*, accéder à un droit consiste à atteindre un privilège, parvenir à l'obtenir[6]. Dans le même ordre d'idées, on peut estimer avec Robert Lafore que c'est le fait de parvenir à en être bénéficiaire[7]. A cet égard, l'accès au droit au renouvellement du bail désigne l'action d'acquérir ce droit, le fait d'en devenir bénéficiaire.

Le droit au renouvellement du bail est un mécanisme de protection du bail. Mis au service du preneur, il lui permet d'exiger, autant de fois que de besoin, la reconduction de son bail. Le bailleur récalcitrant à l'idée de le renouveler encourt une sanction financière destinée à l'en dissuader[8]. Une telle prérogative dont la finalité est d'assurer au preneur une stabilité dans l'exploitation de son fonds, lui confère le privilège de jouir des lieux aussi longtemps qu'il le désire[9]. Elle est si importante qu'elle empêche le bailleur de récupérer aisément le local des mains du preneur qui exerce un véritable droit dessus. Pour ces raisons, elle est

---

du droit des affaires, op. cit., p. 2 ; M. POUMAREDE, « La réforme du bail commercial par la loi Pinel », *Droit et ville,* n° 79, 2015, pages 79 ; A. FOKO, « Bail commercial (…) », préc., p. 406.

[6] *Le Petit Larousse illustré*, Larousse, 2001, p. 32 ; *Le Robert*, Dico en ligne : https://dictionnaire.lerobert.com/definition/acceder.

[7] R. LAFORE, « L'accès aux droits, de quoi parle-t-on ? », *Regards,* n° 46, 2014, p. 23.

[8] En cas de refus de renouvellement non justifié par un motif grave, sérieux et légitime, le bailleur est condamné au paiement d'une somme d'argent entre les mains du preneur, appelée indemnité d'éviction ; v. T.-A. NDIOGOU, « L'indemnité d'éviction du locataire-exploitant d'un fonds de commerce en droit OHADA », *Annales africaines,* vol. 2, n° 17, Credila, 2022, p. 466 ; B. ROBINE, « Indemnité d'éviction due au locataire commercial évincé : Aspects opérationnels », *BRDA* 19/19, Éditions Francis Lefebvre, p. 23 ; Y. RENHARD cité par Foko, « Bail commercial (…) », préc., p. 437 ; L. PAULET, *Droit commercial,* 2ème éd., Ellipses, 2018, p. 414

[9] H.-A, BITSAMANA, *Dictionnaire OHADA*, 3ème Ed., L'Harmattan, 2015, p. 272 ; H.-D. AMBOULOU, *Le droit des affaires dans l'espace OHADA,* L'Harmattan, 2014, p. 123 ; A. DE GRANDI, L. POSOCCO et P. POSOCCO, *Droit commercial,* Ellipses, 2022, p. 353 ; Q. MAGHIA, *Le nouvel équilibre du bail commercial, op. cit.*, p. 105.

aussi appelée propriété commerciale[10], constitutive pour certains auteurs, d'un véritable démembrement de la propriété immobilière[11]. A travers l'objectif de maintien durable de son bail, elle est censée lui garantir la stabilité dans l'exploitation de son activité[12].

Le droit au renouvellement du bail est une institution motivée par la qualité de partie réputée faible du preneur. D'après la doctrine, est considérée faible la partie qui se trouve en position d'infériorité intellectuelle ou économique lors de la négociation ou de l'exécution du contrat. Cette infériorité est telle que son influence sur la détermination de ses obligations est mineure[13].

Certes, le droit OHADA a beaucoup puisé dans le Code de commerce français, mais à un moment donné il a su s'en démarquer. Alors que le droit français continue à employer la notion de bail commercial, l'Acte uniforme relatif au droit commercial général a substitué à cette notion celle de bail à usage professionnel. Sans doute, c'est parce qu'il a pris conscience de l'incohérence de la démarche française. Une telle démarche laisse penser que le statut des baux commerciaux est réservé aux commerçants alors qu'il s'applique aussi aux non-commerçants. Le droit OHADA avait initialement consacré la notion de bail commercial bien que le dispositif ait été conçu pour les commerçants, artisans, industriels et autres professionnels. Contrairement aux idées reçues, les règles correspondantes n'étaient pas réservées aux commerçants. Elles s'appliquaient à tout exploitant d'une activité professionnelle de quelque nature que ce soit. La réforme de l'Acte uniforme relatif au droit commercial général en date du 15 décembre 2010[14] n'a pas opéré une extension desdites règles aux non-commerçants. Ces derniers étaient déjà dans leur champ d'application. En réalité il existait un décalage entre l'intitulé « bail commercial » et le corps de règles qui formaient son contenu. Son changement en « bail

---

[10] J. DERRUPE, Dalloz, *Répertoire droit commercial*, septembre 1998, *v* Fonds de commerce*, p. 8.

[11] H. KENFACK « Propriété commerciale et franchise », *Droit et ville,* Tome 59, 2005, p. 112 ; T.-A. NDIOGOU, « L'indemnité d'éviction du locataire-exploitant d'un fonds de commerce en droit OHADA », préc. p. 469.

[12] J.-M. MOULIN, *La location des actifs professionnels, op. cit.*, p. 51.

[13] M.-K. AKAKPO, *La protection de la partie faible dans l'arbitrage OHADA*, L'Harmattan, 2018, p. 18.

[14] P. FIENI, « Droit commercial général dans l'espace OHADA : étude comparative de l'ancien et du nouvel Acte uniforme », *Actualités juridiques,* Edition économique, n° 3, 2012, p. 22.

à usage professionnel » procède d'une simple harmonisation entre le titre et son contenu[15].

La rédaction du nouveau texte est à magnifier. L'ancien témoignait de maladresse dans la syntaxe. En déterminant les activités entrant dans le champ d'application du bail commercial, il citait « toute activité commerciale, industrielle, artisanale ou professionnelle »[16]. Finir la phrase par les termes « ou professionnelle » laisse insinuer que les activités commerciale, industrielle et artisanale n'ont pas un caractère professionnel, ce qui n'est évidemment pas le cas. Le nouveau texte a pu corriger cette maladresse en employant la formule du style « une activité commerciale, industrielle, artisanale ou toute autre activité professionnelle »[17]. La mention « toute autre activité professionnelle » suggère que les activités sus-évoquées sont bien des professions. Hormis cette correction et la substitution « bail à usage professionnel » à « bail commercial », le nouveau texte n'a pas modifié le champ d'application tracé par le précédent.

A la lumière de ces précisions, le droit au renouvellement du bail est censé profiter à tout preneur, exploitant d'une activité professionnelle. L'ensemble des biens meubles corporels et incorporels, constitutifs d'une universalité de fait et affectés à l'exploitation de son activité, pouvant être appelé fonds professionnel. Selon que l'activité est commerciale, agricole, artisanale ou encore libérale, on parle alors de fonds de commerce, agricole, artisanal ou libéral[18]. Pour les besoins de la présente réflexion et par commodité, le terme « fonds » sera génériquement employé pour viser n'importe quel type de fonds professionnel. En outre, les règles qui gouvernent le bail à usage professionnel seront désignées sous le vocable « statut des baux à usage professionnel » ou « statut ». Étant entendu que le terme « statut »

---

[15] D. TRICOT, « Bail à usage professionnel et fonds de commerce », *Revue Droit et Patrimoine,* n° 281, mars 2011, p. 72 ; B. TOGORA, « Sort du bail à usage professionnel en OHADA au décès du preneur », *Jurifis,* édition spéciale, n° 12 octobre 2012, p. 54

[16] Article 71 de l'Acte uniforme relatif au droit commercial général (version du 1er octobre 1997).

[17] Article 103 de l'Acte uniforme relatif au droit commercial général (version en vigueur).

[18] S. GUINCHARD et T. DEBARD, *Lexique des termes juridiques,* 25ème éd., Dalloz, 2017, p. 950.

correspond à une réglementation qui fixe les garanties fondamentales propres à une collectivité.

L'accès au droit au renouvellement n'est pas concomitant à la formation du bail, des conditions sont à remplir. Toutefois, celles-ci ne sont pas toujours clairement posées par les règles y afférentes au point que des difficultés d'interprétation font surface. En plus de relever de règles qui se présentent ainsi, le preneur en quête du droit au renouvellement du bail fait face à des difficultés supplémentaires. Ce qui conduit à l'interrogation suivante : le droit OHADA témoigne-t-il suffisamment de clarté et de souplesse pour permettre au preneur d'accéder aisément au droit au renouvellement du bail ?

Le champ d'application tant personnel que matériel de cette prérogative est strictement tracé. Ce qui relève de l'ordre normal des choses, mais une catégorie de preneurs sont exclus de son bénéfice. Une exclusion qui est la conséquence des limites qui entravent l'accès à ce droit. Des preneurs, du fait de leur exclusion, se trouvent dans une situation d'instabilité et d'insécurité dans l'exploitation de leurs activités respectives. L'entreprenant[19] et la plupart des acteurs économiques opérant dans le secteur informel sont concernés. Il en est de même des personnes morales de droit public envers qui les règles sont si rigides qu'une faible minorité a la possibilité d'accéder au droit au renouvellement. La personne morale de droit public est dotée d'une personnalité juridique qui fait d'elle un sujet de droit. Désignant l'État, la collectivité territoriale ou l'établissements public, elle a la particularité d'assumer des missions d'intérêt général. Elle relève du droit public et reste investie de prérogatives de puissance publique, c'est-à-dire de pouvoirs exorbitants de droit commun[20].

---

[19] Il est précisément défini par l'article 30 de l'Acte uniforme relatif au droit commercial général comme « un entrepreneur individuel, personne physique qui, sur simple déclaration (…) exerce une activité professionnelle civile, commerciale, artisanale ou agricole ».

[20] D. SY, *Droit administratif,* 2ème édition revue, corrigée et augmentée, L'Harmattan, 2017, pp. 163-164 ; M. DEGOFFE, *Droit administratif,* 4ème éd., Ellipses, 2020, p. 44 ; H. PAERELS, *Le dépassement de la personnalité morale : Contribution à l'étude des atteintes à l'autonomie des personnes morales en droit privé et droit fiscal français,* Lille II, 2008, Thèse mult., p. 6 ; L. WADE, *Le contrôle de légalité des actes des collectivités territoriales au Sénégal*, L'Harmattan, 2022, p. 25.

La réforme de 2010 a pu réduire les cas d'exclusion en supprimant la condition relative au nombre d'habitants[21]. Cependant, d'autres initiatives devraient suivre en ce sens qu'une constante demeure. La survivance de facteurs d'exclusion générés par des entraves d'origine diverses est notée. De telles entraves qui se dressent devant le preneur lui rendent, dans une certaine mesure, l'accès au droit au renouvellement du bail difficile. Les difficultés d'accès à ce droit fondamental étant précisément imputables à des règles particulièrement restrictives. Pendant que les unes sont en rapport avec la qualité du preneur (I), les autres sont relatives à la convention de bail (II).

I – Un accès difficile imputable à des règles en rapport avec la qualité du preneur

Parmi les conditions à remplir par le preneur pour accéder au droit au renouvellement du bail, on compte celles qui sont relatives à sa qualité. Le droit OHADA s'est certes efforcé de les déterminer avec une certaine souplesse. Néanmoins, la tâche ne s'est pas révélée totalement réussie. Une série de règles, par manque de souplesse, produit un effet d'exclusion des preneurs ayant qualité de personne morale de droit public (A). Au même moment, une autre série, pour le moins restrictive, montre également un visage exclusif envers un groupe de preneurs personnes physiques (B).

A – L'effet d'exclusion des personnes morales de droit public

Les règles applicables aux personnes morales de droit public sont manifestement rigides. Or, elle se trouvent dans un contexte marqué par une forte diversité des formes qu'elles peuvent revêtir (1). Dès lors, afin d'enrayer les difficultés auxquelles elles doivent faire face pour accéder au droit au renouvellement du bail, un assouplissement desdites règles devrait être opéré (2).

1 – Une rigidité dans un contexte fort hétérogène

[21] A juste raison, il a été relevé que le critère du nombre d'habitants fixé à 5000 ne détermine pas forcément le niveau d'animation économique d'une localité. Le dynamisme économique d'une zone géographique dotée d'importantes infrastructures peut être d'un niveau plus élevé que celui d'une ville qui compte bien plus d'habitants ; en ce sens, A. FOKO, « Bail commercial Bail (…) », préc., p. 404.

L'article 102 de l'Acte uniforme relatif au droit commercial général étend le champ d'application du statut des baux à usage professionnel aux personnes morales de droit public. Également dites personnes publiques ou encore personnes morales administratives, celles-ci se divisent en deux catégories. La première est composée de l'État et des collectivités territoriales, tandis que la seconde renvoie aux organismes publics, généralement appelés établissements publics[22]. L'établissement public est défini comme « toute personne morale de droit public chargée d'une mission d'intérêt général, dotée de l'autonomie financière et bénéficiant de prérogatives de puissance publique »[23]. Ce qui est relayé par le professeur Demba Sy qui parle de « personne morale de droit public chargée d'exercer à la place de l'État, mais sous son contrôle, une ou plusieurs activités »[24]. Compte tenu de la nature de l'activité, deux catégories d'établissements publics sont traditionnellement mises en opposition. C'est d'une part, les établissements publics administratifs, lesquels sont investis d'une

---

[22] Procédant d'une décentralisation par service, les établissements publics sont des personnes administratives spécialisées. Ils n'ont vocation qu'à réaliser le service pour lequel ils sont créés par l'autorité administrative de tutelle. Au même titre que les entreprises privées, l'État et les autres collectivités publiques pénètrent dans le secteur de l'économie. Cette participation à la vie économique s'opère par la régie qui est l'exploitation directe du service par l'administration. Elle s'opère aussi, et de plus en plus, par le recours à un établissement public, dont l'objet est la gestion d'un service public. Celui-ci est jugé être un mode adapté et souple mis à la disposition des personnes publiques pour mieux répondre aux besoins croissants des administrés : D. Sy, *Droit administratif, op. cit.*, p. 166 ; A. MURAIN, *Droit administratif,* 12ème éd., Dalloz, 2020, p. 120 ; J.-C. RICCI et F. LOMBARD, *Droit administratif,* 15me éd., Hachette Supérieur, 2021, p. 101 ; J. WALINE, *Droit administratif,* 27ème éd., Dalloz, 2018, pp 58-59 ; P.-E. ABANE ENGOLO, *Traité de droit administratif du Cameroun : Théorie générale et droit administratif spécial,* L'Harmattan, 2019, p. 157 ; N. CHIFFOT et M. TOURBE, *Droit administratif,* 18ème éd., Dalloz, 2022, p. 439.

[23] Article 3 de la Loi burkinabé n° 010-2013/AN portant règles de création des catégories d'établissements publics.

[24] D. SY, *Droit administratif, op. cit.*, p. 268. Une définition similaire à celle proposée par David Renders selon qui, « un établissement public est un organisme public personnalisé qui jouit de l'autonomie organique et technique, et qui est doté d'organes propres. Il est créé unilatéralement par une ou plusieurs personnes de droit public qui jouent, à son égard, le rôle de fondatrices ». Investi d'une mission d'intérêt général, il est considéré comme un service public personnalisé. A cet égard, il est la manifestation de l'évolution de la notion de service public qui ne se limite plus aux activités régaliennes de l'État. La conception du service public est si large qu'elle s'étend à toute activité d'intérêt général, à toute activité réalisée au service de la plus grande masse des populations ; en ce sens, D. RENDERS, *Droit administratif général*, Bruylant, 2015, p. 64.

mission de service public administratif et sont soumis au droit administratif à moins de recourir à un mode de gestion privé, leurs ressources provenant essentiellement de l'État[25]. C'est d'autre part, les établissements publics à caractère industriel et commercial, singulièrement chargés d'un service public marchand[26].

En somme, les personnes morales de droit public désignent à la fois l'État, les collectivités territoriales et les établissements publics. Toutefois, elles ne relèvent pas toutes du statut des baux à usage professionnel qui se montre rigide et très restrictif à leur égard. Seuls les établissements publics sont visés. La rigidité est si accentuée qu'il ne suffit pas que la personne morale de droit public soit un établissement public pour entrer dans le champ d'application dudit statut, encore faudrait-il que son objet ait une nature industrielle ou commerciale. La doctrine s'accorde à reconnaître le caractère industriel ou commercial de l'établissement public par le rattachement de son activité au secteur économique. Celle-ci consistant précisément à produire des biens et services à caractère toujours payant. Dotées de ressources essentiellement alimentées par les sommes prélevées sur les bénéficiaires sous forme de taxes et redevances en contrepartie des services rendus, son organisation et son fonctionnement sont similaires à ceux des entreprises industrielles et commerciales ordinaires[27].

D'après l'article 102 de l'Acte uniforme relatif au droit commercial général, les règles régissant le bail à usage professionnel « sont également applicables aux personnes morales de droit public à caractère industriel ou commercial, (…), qu'elles agissent en qualité de bailleur ou de preneur »[28]. L'effet de la rigidité de cette disposition à l'égard des personnes morales de droit public est radical. L'accès au droit au

---

[25] D. SY, *Droit administratif, op. cit.*, p. 267 ; G. PEISER, *Droit administratif général,* 26ème éd, Dalloz, 2014, p. 176.

[26] L'entrée des établissements publics à caractère industriel et commercial dans le droit privé est très avancé. D'autant plus qu'ils sont plus proches des entreprisses privées que des institutions publiques, tant par rapport aux activités exploitées qu'au mode de gestion et de fonctionnement : L. VALENTIN, *Droit administratif,* Ellipses, 2018, p. 46 ; D. SY, *Droit administratif, op. cit.*, p. 266 ; A. GALABOY et G. ROUET, *Services publics, entreprises publiques, quelle place pour les citoyens ?* L'Harmattan, 2015, p. 10 ; J. WALINE, *Droit administratif, op. cit.*, p. 63.

[27] J.-C. RICCI et F. LOMBARD, *Droit administratif, op. cit.*, p. 98 ; P.-E. ABANE ENGOLO, *Traité de droit administratif du Cameroun*, *op. cit.*, p. 156 ; D. SY, *Droit administratif, op. cit.*, pp. 266-268.

[28] Article 102 de l'Acte uniforme relatif au droit commercial général.

renouvellement ne leur est reconnu qu'à la seule condition d'avoir la forme d'un organisme à caractère industriel ou commercial. Or, on assiste à une diversification, une hétérogénéité de plus en plus poussée des formes qu'elles peuvent revêtir.

Le champ d'intervention des pouvoirs publics au moyen des établissements publics couvre des domaines fort divers, si bien que la qualification attribuée ne correspond pas toujours au service public pris en charge[29]. Aujourd'hui, on parle de confusion et de crise de la notion qui a perdu en netteté[30]. Un auteur a remarqué que certains établissements publics administratifs portent à tort leur qualification et auraient dû recevoir le statut d'établissement public caractère industriel et commercial[31]. A sa suite, d'aucuns ont relevé l'existence d'organisme dits établissements publics professionnels ou corporatifs. Leurs missions ne se rapportant pas forcément au service public mais à l'organisation et à la défense des intérêts propres à une profession ou à un groupe de professions données[32]. En France, la présence des établissements publics dans des domaines si variés s'est traduite par l'apparition d'organismes de droit public qualifiés de *sui generis*, car ne pouvant être classés ni dans les établissements publics administratifs ni dans les établissements publics à caractère industriel et commercial[33].

La tendance des établissements publics à se diversifier de plus en plus, notamment en France[34], est notée dans la zone de l'Organisation pour l'harmonisation en Afrique du droit des affaires. Au Sénégal, ils sont classés en établissements publics à caractère industriel et commercial et en établissements publics administratifs. Ces derniers se subdivisant en des variantes que sont les établissements publics à caractère professionnel, les établissements publics à caractère scientifique et technologique, les établissements publics de santé, entre

---

[29] L. VALENTIN, *Droit administratif, op. cit.*, p. 46.

[30] N. CHIFFLOT et M. TOURBE, *Droit administratif, op. cit.*, p. 434.

[31] M. BELLITO, *Une histoire du Sénégal et de ses entreprises publiques,* L'Harmattan, 2006, p. 10.

[32] Les chambres de commerce, d'industrie et d'agriculture peuvent servir d'illustration : J.-C. RICCI et F. LOMBARD, *Droit administratif, op. cit.*, p. 98 ; A. MURAIN, *Droit administratif, op. cit.*, p. 128 ; P. DELVOLVE, *Le droit administratif,* 7ème éd., Dalloz, 2018, p. 29.

[33] J.-C. RICCI et F. LOMBARD, *Droit administratif, op. cit.*, p. 100.

[34] P. DELVOLVE, *Le droit administratif, op. cit.*, p. 27.

autres[35]. Cette classification du législateur sénégalais suscite des polémiques. En distinguant nettement ces types d'établissement publics des établissements publics administratifs[36], le professeur Demba Sy ne semble pas l'avoir suivi dans sa logique. Même les législateurs burkinabé, camerounais et malien ont pris le contre-pied de leur homologue sénégalais. Créant quasiment les mêmes types d'établissements publics, ils ont écarté toute idée d'en faire des variantes de l'établissement public administratif. Étant entendu que le législateur burkinabé a préféré à la notion d'établissement industriel et commercial celle d'établissement public à caractère économique. Il en est de même du législateur camerounais qui lui a préféré la notion d'établissement public à caractère économique et financier[37]. En République Démocratique du Congo, l'établissement public à caractère industriel ou commercial est inconnu de la loi, seuls les établissements publics administratifs, les établissements à caractère social et culturel

---

[35] Article 5 de la Loi d'orientation n° 2022-08 du 19 avril 2022 relative au secteur parapublic, au suivi du portefeuille de l'État et au contrôle des personnes morales de droit privé bénéficiant du concours financier de la puissance publique.

[36] D. SY, *Droit administratif, op. cit.*, pp. 269-270.

[37] Au Burkina, l'article 8 de la Loi n° 010-2013/AN portant règles de création des catégories d'établissements publics dispose : « Il est créé les catégories d'établissements publics ci-après : les établissements publics à caractère administratif, en abrégé E.P.A ; les établissements publics à caractère scientifique, culturel et technique, en abrégé E.P.S.C.T ; les établissements publics de santé, en abrégé E.P.S ; les établissements publics à caractère professionnel, en abrégé E.P.P ; les établissements publics de prévoyance sociale, en abrégé E.P.P.S ; les fonds nationaux, en abrégé F.N ; les groupements d'intérêt public, en abrégé G.I.P ; les établissements publics à caractère économique, en abrégé E.P.E.C. ». Au Mali, l'article 39 de la Loi n° 94-009 portant principes fondamentaux de la création, de l'organisation, de la gestion et du contrôle des services publics indique que « les Établissements publics se divisant en : Établissements publics à caractère administratif, dont la mission et les modalités de gestion sont voisines de celles d'un Service public administratif non personnalisé de l'État ; Établissements publics à caractère scientifique et technologique ou culturel dont la mission est d'effectuer des activités de recherches, de formation ou de promotion culturelle ; Établissements publics à caractère industriel et commercial, dont la mission, marquée par une activité de production ou d'échange, le mode de gestion et les rapports avec les tiers sont analogues à ceux des entreprises privées comparables ; Établissements publics à caractère professionnel chargés de l'organisation et de la représentation d'une profession ou d'un groupe de professions. Ils comprennent notamment les Ordres professionnels et les Chambres corporatives ». En droit gabonais, aux termes de l'article 2 de la Loi n° 2017 / 010 du 12 juillet 2017 portant statut général des établissements publics, les types existants sont ceux qui ont un caractère administratif, social, hospitalier, culturel, scientifique, technique, professionnel, spécial ou enfin économique et financier.

ainsi que les établissements à caractère scientifique et technique sont prévus[38]. Enfin, les cas de la Guinée Conakry et du Bénin méritent d'être signalés. En Guinée, seul l'établissement public administratif est consacré, aucune autre forme d'établissement public n'est instituée. Les activités considérées à caractère industriel ou commercial ne peuvent être réalisées par les pouvoirs publics que par le biais de sociétés anonymes dont ils détiennent la majorité du capital[39]. Ce que la doctrine appelle société d'économie mixte ou société à participation publique majoritaire[40]. Pour ce type de sociétés, aucun problème particulier ne se pose ; les dispositions sur le bail à usage professionnel leur sont applicables au regard de l'article 102 susmentionné. Le problème est plutôt à appréhender du côté des établissements publics. Du moment qu'ils ne peuvent être que des établissements publics administratifs, aucun établissement public guinéen ne peut accéder au droit au renouvellement du bail. Le même constat est fait au Bénin où les entreprises publiques sont classées en deux catégories : établissement public et société commerciale. Ne revêtant aucun caractère particulier, l'établissement public se voit confier par le législateur béninois une mission de gestion d'« activités de service public à des fins essentiellement d'intérêt général ». Les activités à caractère industriel ne pouvant être réalisées que par les sociétés d'État ou à participation publique majoritaire[41].

Le droit OHADA donne l'impression d'être en décalage avec beaucoup de législations nationales. Le fait le plus marquant demeure l'évolution notée dans plusieurs États. Désormais, sauf notamment, au Bénin et en Guinée Conakry, il existe une forte variété de formes d'établissement public à côté des deux formes traditionnelles que sont les établissements publics administratifs et les établissements publics à caractère industriel ou commercial. C'est le résultat de la propension des pouvoirs publics à participer de plus en plus à l'animation économique. Cette évolution marquée par l'hétérogénéité accrue des

---

[38] Article 4 de la Loi n° 08/009 du 07 juillet 2008 portant dispositions générales applicables aux établissements publics.

[39] Article 2 de la Loi L/2017/0056/AN modifiant certaines dispositions de la Loi L/2016/075/AN du 30 décembre 2016, portant modification gouvernance financière des sociétés et établissements publics en République de Guinée.

[40] J.-C. RICCI et F. LOMBARD, *Droit administratif*, *op. cit.*, p. 102 ; D. SY, *Droit administratif*, *op. cit.*, p. 164

[41] Articles 4 et s. de la Loi n" 2020-20 du 02 septembre 2020 portant création, organisation et fonctionnement des entreprises publiques en République du Bénin.

formes de personnes morales de droit public ne semble pas avoir été prise en compte. La règle limitant le statut des baux à usage professionnel à une forme uniquement, en l'occurrence l'établissement public à caractère industriel ou commercial s'avère de ce fait très rigide. Ne reconnaissant qu'à celui-ci le pouvoir d'accéder au droit au renouvellement, elle est exclusive de toute autre forme de personne morale de droit public. Elle ne répond pas à la logique de souplesse, pourtant recherchée par la puissance publique dans ses actes de gestion par le biais de la création d'établissements publics. Vu l'hétérogénéité marquée des formes de personnes morales existantes, il convient de songer à son assouplissement.

2 – Un assouplissement attendu à la faveur des autres personnes morales de droit public

Autant les établissements publics à caractère industriel ou commercial ont besoin d'être placés dans des conditions qui puissent leur garantir la stabilité dans l'exploitation de leurs activités, autant les autres formes d'établissement public en éprouvent le besoin. Les établissements publics d'enseignements telles les universités ou de santé tels les hôpitaux, ou encore professionnels comme les ordres professionnels et chambres de commerce, peuvent être cités en exemple. Compte tenu de la nature de leurs activités, même si les textes fondateurs ne leur ont pas attribué la dénomination établissement public à caractère industriel ou commercial, ils devraient être placés dans les mêmes conditions. D'autant plus qu'au-delà de former avec les établissements publics à caractère industriel ou commercial une unité rattachée à l'administration, ils présentent à bien des égards des traits communs avec ces derniers, dont le caractère payant du service qui gagne de plus en plus du terrain[42].

S'ils agissent en qualité de preneur, leur placement dans le champ d'application du statut leur garantirait la stabilité pour assurer efficacement leurs missions. D'ailleurs, en France, pour des besoins de stabilité, sans avoir le statut d'établissement public à caractère industriel ou commercial., même les établissements d'enseignement public relèvent du statut des baux commerciaux[43]. Pour les mêmes

[42] P. DELVOLVE, *Le droit administratif*, *op. cit.*, p. 27.
[43] Article 145-2 du Code de commerce ; v. A. FOKO, « Bail commercial (…) », préc. p. 406.

raisons, le droit marocain retient une solution identique dans le domaine médical et pharmaceutique. Les organismes publics qui y opèrent sont traités de la même manière que leurs homologues privés[44].

A cause de sa rigidité, la réglementation de l'Organisation pour l'harmonisation en Afrique du droit des affaires prive tous les établissements publics autres que les établissements publics à caractère industriel ou commercial de l'accès au droit au renouvellement du bail. Il les met hors du champ d'application du statut. Il en est de même pour les autres personnes morales de droit public n'ayant pas le statut d'établissement public. C'est le cas de l'État et des collectivités territoriales telles les communes. Or, il est noté qu'à l'instar des établissements publics, il arrive qu'ils concluent des contrats de bail en qualité de bailleur ou de preneur. Du moment qu'ils échappent au statut, leurs partenaires contractuels, en leur qualité de preneur, ne peuvent non plus accéder au droit au renouvellement du bail. Ils n'ont accès à ce droit que si leurs bailleurs sont sous l'emprise du statut des baux professionnels.

Pour mettre un terme à cette situation, les règles applicables aux personnes morales de droit public devraient être assouplies. Il convient de ne plus exiger qu'elles aient un caractère industriel ou commercial pour accéder au droit au renouvellement. Cette rigidité doit être abolie. S'il n'est pas opportun de les placer toutes à la fois dans le champ d'application du statut, une nouvelle conception desdites règles s'impose tout de même. A titre d'assouplissement, il serait judicieux de s'inspirer des droits marocain et algérien. Citant les personnes morales de droit public placées dans le champ d'application des baux commerciaux, outre les communes exploitantes de services en régie, ils mentionnent les établissements publics, sans en préciser le caractère. Par sa souplesse, cette formulation offre la possibilité à tout type d'établissement public, quelle que soit la nature de son activité, d'accéder au droit au renouvellement du bail. Inversement, comme en droit français[45], le sort est le même pour tout exploitant d'activité professionnelle dans un immeuble hors du domaine public et appartenant à l'État, à une collectivité territoriale, ou à un

[44] D'après l'article premier de la Loi n° 49-16 relative aux baux des immeubles ou des locaux loués à usage commercial, industriel ou artisanal, sont visés les cliniques et établissements similaires, les structures pharmaceutiques et les laboratoires d'analyses et de biologie médicale.
[45] Article 145-2 du Code de commerce.

établissement[46]. Une réforme dans ce sens rendrait moins rigide notre réglementation. Le groupe des personnes, publiques comme privées, pouvant accéder au droit au renouvellement serait ainsi élargi. Dans leur majorité, les personnes morales de droit public, et pas seulement les établissements publics à caractère industriel ou commercial, seraient éligibles au bénéfice du droit au renouvellement. Il en serait de même pour les preneurs exploitants d'un fonds professionnel dans les immeubles leur appartenant. Et dans un registre tout autre, on devrait également s'intéresser à d'autres règles. Propres aux preneurs personnes physiques, celles-ci sont aussi créatrices de facteurs d'exclusion.

B – L'existence de règles exclusives propres à certains preneurs personnes physiques

L'étude des conditions de fond requises des preneurs personnes physiques révèle que celles qui se rapportent à leur qualité sont de nature à empêcher certains d'entre eux d'accéder au droit au renouvellement. En raison de sa qualité d'entreprenant, le preneur est en principe exclu du groupe des bénéficiaires du droit au renouvellement du bail (1). De la même manière, faute de formalisation, le preneur acteur de l'économie informelle, se trouve exclu de ce groupe (2).

1 – Le principe de la non-reconnaissance du droit au renouvellement à l'entreprenant

Une situation d'une discrimination flagrante est créée par l'article 134 de l'Acte uniforme relatif au droit commercial général. Le texte prévoit que « sauf convention contraire entre le bailleur et l'entreprenant, ce preneur ne bénéficie ni d'un droit au renouvellement du bail, ni d'un droit à la fixation judiciaire du loyer du bail renouvelé ». Il s'infère de cette disposition que l'entreprenant est en principe privé du droit au renouvellement du bail, pourtant institué à l'intention des preneurs exploitants de fonds professionnels.

---

[46] Pour le Maroc, v. l'article premier de la Loi n° 49-16 relative aux baux des immeubles ou des locaux loués à usage commercial, industriel ou artisanal et l'article 169 du Code de commerce pour l'Algérie.

La notion d'entreprenant est introduite dans l'Acte uniforme relatif au droit commercial général en décembre 2010[47]. Elle est inspirée du concept de statut d'indépendant créée par la loi française du 4 août 2008 portant modernisation de l'économie[48]. Un statut uniquement applicable aux personnes physiques ayant qualité de travailleur indépendant, c'est-à-dire autonome dans l'organisation du travail et libéré de toute subordination juridique à l'égard d'un employeur. L'indépendant est également désigné sous le vocable entrepreneur individuel, auto-entrepreneur ou encore micro-entrepreneur. Au-delà de favoriser la création d'entreprise, ce statut est créé en France avec, en toile de fond, une volonté d'accorder un minimum de protection à l'indépendant[49]. Ce qui a abouti à l'adoption d'un dispositif de protection appréciable dans plusieurs domaines. La protection sociale lui est accordée, il en est de même de la protection de sa résidence principale. Le bénéfice du statut protecteur des baux commerciaux lui est également reconnu[50].

Au grand dam de l'entreprenant, la logique de protection exprimée par le législateur français n'a hélas pas été suivie par le législateur OHADA. Celui-ci est moins soucieux de sa protection que de sa sortie du milieu informel pour migrer vers le secteur structuré[51]. La création du statut d'entreprenant n'est point motivée par la recherche d'une protection du petit entrepreneur. Elle trouve plutôt sa motivation dans le souhait du législateur communautaire de réduire la taille du secteur

---

47 D. TRICOT, « Statut du commerçant et de l'entreprenant », *Revue Droit et patrimoine,* n° 281 mars 2011, p. 67.

48 M. GONOMY, « Le statut de l'entreprenant dans l'Acte uniforme relatif au droit commercial général révisé : entre le passé et l'avenir », *Revue de l'ERSUMA,* n° 4, Septembre 2014, p. 213 ; R.-G. LANOU, « Le nouveau statut de l'entreprenant du droit OHADA : une réforme Inachevée ? », *Bulletin de droit économique,* Université Laval, 2017, p. 4.

49 B. MERCADAL, *Les mots-clés du droit des affaires,* 1ère éd., Dalloz, 2019, p. 27.

50 M. SENTEY, *Auto-entrepreneurs, lancez-vous : S'informer, se protéger et piloter son activité,* Dunod, 2019, pp. 14-15 ; M. D'AMOURS, *Le travail indépendant : Un révélateur des mutations du travail*, Presses de l'Université du Québec, 2006, p. 32 ; N. LEVRATTO et E SERVERIN, « Être entrepreneur de soi-même après la loi du 4 août 2008 : les impasses d'un modèle productif individuel », *Revue internationale de droit économique*, 2009, p. 328 ; P. DENOS, *Création d'entreprise, Guide Pratique, L'entreprise individuelle : E.I., E.I.R.L., Auto-entreprise, E.U.R.L., S.A.S.U.*, Eyrolles, 2013, p. 25.

51 M. GONOMY, « Le statut de l'entreprenant dans l'A.U.D.C.G. révisé (…) », préc. p. 213 ; S.-S. KUATE TAMEGHE, « Entreprenant », in Paul Gérard Pougoué (dir.), *Encyclopédie du droit OHADA, op. cit.*, p. 275.

informel en créant les conditions d'insertion de ses acteurs dans le milieu formel.

L'entreprenant est caractérisé par sa relative vulnérabilité liée au caractère limité des moyens dont il dispose pour l'exercice de son activité. C'est en considération du caractère limité de ses moyens qu'ont été définis des seuils au-delà desquels la personne perd sa qualité d'entreprenant[52]. Leur dépassement suggère que son activité n'est plus de faible dimension. L'entreprenant n'est exploitant que d'une activité économique d'une envergure bien modeste, d'une petite entreprise, voire une microentreprise[53]. Ce qui motive sa soumission à un système comptable très allégé[54] et à la formalité de la simple déclaration de son activité au Registre du commerce et du crédit mobilier, entre autres[55]. Sa vulnérabilité aurait dû justifier qu'il soit bénéficiaire d'un dispositif de protection plus ou moins semblable à celui de son homologue français, le micro-entrepreneur[56]. Contrairement à ce dernier, il ne jouit pas de la protection du bail qui découle du statut des baux. Trouver une explication qui puisse justifier l'édiction d'une règle si discriminatoire envers cet acteur économique est pour le moins difficile.

La privation de l'entreprenant du droit au renouvellement rend sa situation davantage précaire. Il n'est pas à l'abri d'une instabilité permanente dans l'exploitation de son activité. Un local mis durablement à sa disposition de façon à lui permettre d'exploiter de manière stable son fonds ne lui est pas garanti. Il est laissé à la merci du

---

[52] Les seuils sont définis par l'article 13 de l'Acte uniforme portant organisation et harmonisation des comptabilités des entreprises (AUPOHCE) au titre du système minimal de trésorerie (SMT). Pour les entreprises de négoces, le chiffre d'affaires annuel est plafonné à 30 millions FCFA. Pour les entreprises artisanales et assimilées, le plafond est fixé 20 millions FCFA. Enfin, en ce qui concerne les entreprises de services, le plafond est de 10 millions FCFA ; v. aussi R.-G. LANOU, « Le nouveau statut de l'entreprenant du droit OHADA : une réforme inachevée ? » préc., p. 10.

[53] J. ISSA-SAYEGH, « L'entreprenant, un nouvel acteur économique en droit OHADA : ambiguïtés et ambivalence », *Penant,* n° 878, janvier-mars 2012, p. 5.

[54] L'entreprenant a l'obligation de tenir une comptabilité formelle, mais simplifiée avec un livret comptable journalier faisant inventaire des entrées et sorties financières et le montant des emplois ; v. BIT, *Diagnostic de l'économie informelle au Sénégal Genève*, 2020, p. 20.

[55] P-G POUGOUE et *alii,* « Actes uniformes » in Paul Gérard Pougoué (dir.), *Encyclopédie du droit OHADA, op. cit.*, pp. 49 et 50.

[56] V. DE BARY, *Le bail commercial : De la rédaction à la fin du contrat : Conseils pratiques*, *op. cit.*, p. 13.

bailleur qui est en état de décider de son bon vouloir de ne pas maintenir le bail ou de le prolonger aux conditions de son choix.

Totalement à la défaveur de l'entreprenant, toute possibilité de spéculation sur le bail est offerte au bailleur. Est présent, le risque permanent qu'il soit évincé de son local d'exploitation. Celui-ci est susceptible d'être récupéré aisément par le bailleur pour être mis à la disposition d'un nouveau preneur contre un loyer plus élevé. Et si l'entreprenant réussit à obtenir la reconduction de son bail, ce n'est probablement qu'à condition de consentir à une hausse, même démesurée, du loyer. Une hausse contre laquelle il n'est d'ailleurs pas protégé par la loi. En effet, à défaut d'accord sur le nouveau loyer déterminé par le bailleur, il n'a pas droit à sa fixation judiciaire[57].

Cette situation extrêmement défavorable aux preneurs ayant qualité d'entreprenant ne saurait tout de même laisser penser qu'aucun d'entre eux n'a les moyens de s'en prémunir. Heureusement, les dispositions de l'article 134 susmentionnées et qui les excluent du groupe des bénéficiaires du droit au renouvellement du bail ne sont pas d'ordre public. L'emploi de l'expression « sauf convention contraire », révèle qu'elles sont supplétives. Les parties qui désirent placer leur convention sous l'égide de la réglementation donnant accès au droit au renouvellement ont la faculté de les écarter par une stipulation contraire[58]. Elles ont donc la possibilité de paralyser le jeu du principe qui refuse à l'entreprenant le droit au renouvellement. Pour y parvenir, il suffit d'un accord exprès des parties de se soumettre aux règles du statut des baux à usage professionnel donnant lieu à la mise en œuvre du droit au renouvellement du bail. Toutefois, l'espoir de voir cette hypothèse se présenter fréquemment reste très faible. Obtenir l'accord du bailleur pour la mise en jeu de ce mécanisme de protection du bail, qui ne lui est pas favorable, n'est sûrement pas facile pour l'entreprenant. Ses chances de réussir à faire consentir le bailleur à une telle stipulation sont faibles. Le rapport de force qui l'unit au bailleur est bien plus favorable à ce dernier qui n'est enclin à consentir qu'à des stipulations qui sont de nature à préserver ses intérêts. Or, il est constant que le droit au renouvellement du bail, institué qu'à des fins de protection du preneur, est censé être plus favorable à celui-ci. On imagine difficilement que le bailleur renonce volontiers à l'application

[57] Article 134 de l'Acte uniforme relatif au droit commercial général.
[58] S.-S. KUATE TAMEGHE, « Entreprenant », préc. p. 110.

d'une règle qui lui est totalement bénéfique à la faveur d'une autre qui l'est beaucoup moins.

Souvent exploitants d'activités d'envergure modeste, c'est généralement en qualité de preneur qu'ils occupent leurs locaux d'exploitation. Plus que les grands commerçants, industriels et autres opérateurs économiques, ils ont besoin de sécurité et de stabilité. Ce qui devrait justifier qu'ils soient libérés de toutes entraves les empêchant d'accéder au droit au renouvellement du bail. A cet égard, il serait opportun de songer à une réforme guidée par une meilleure prise en compte de leurs préoccupations. Donc, en vue de mettre un terme à la persistance de l'exclusion de la plupart d'entre eux, il est convenable de repenser les règles les concernant. Quand bien même elles ont un caractère supplétif, celles qui leur refusent l'accès au droit au renouvellement devraient être abrogées purement et simplement. Elles érigent une véritable barrière les empêchant d'accéder à cet outil précieux de préservation du bail. Leur mise à l'écart lors de la formation de la convention de bail ne dépend quasiment que de la seule volonté du bailleur.

Supprimer ces règles particulièrement défavorables à l'entreprenant, ce serait, de la part du législateur communautaire, adopter une solution raisonnable. D'autant plus que le modèle français qui a servi d'inspiration n'exclut point l'entrepreneur individuel de la foule des preneurs bénéficiaires de cet avantage. En toute hypothèse, pour le bien de tous les preneurs, entreprenants ou non, le dispositif de préservation durable du bail n'en serait que davantage amélioré. Par ailleurs, il faut reconnaitre qu'au même titre que les entreprenants, les acteurs de l'économie informelle se trouvent dans une situation préoccupante. Faute de formalisation, eux aussi sont privés du droit au renouvellement du bail.

2 – L'exclusion des acteurs de l'économie formelle du bénéfice du droit au renouvellement

Devant les acteurs de l'économie informelle, se dresse un obstacle à l'accès au droit au renouvellement du bail. Les facteurs explicatifs tiennent aux caractéristiques de ce segment singulier de l'économie également appelé secteur informel[59]. Les caractéristiques qui lui sont

[59] L'Organisation internationale du travail a employé pour la première fois le concept de « secteur informel » il y a environ cinquante ans pour insister sur le caractère non

généralement attribuées fédèrent la doctrine[60]. La caractéristique la plus déterminante, et qui a motivé son qualificatif « informelle », reste le non-respect par ses acteurs de la réglementation afférente à leurs activités[61]. L'exercice d'activités en marge des normes correspondantes est en grande partie la source de leurs maux. Parmi ceux-ci, figure leur privation des avantages reconnus à leurs homologues du milieu formel, dont le droit au renouvellement du bail.

Trouvant son siège dans l'article 60 de l'Acte uniforme relatif au droit commercial général, l'immatriculation au Registre du commerce

---

officiel des activités qui y sont recensées. Ce n'est que récemment qu'elle a remplacé ce concept par celui d'« économie informelle ». Néanmoins, le concept de « secteur informel » n'est pas complétement abandonné, son emploi reste encore contemporain. D'autres dénominations, tel secteur non structuré, économie parallèle, et économie souterraine, ont fait leur apparition mais elles recouvrent toutes la même réalité : S. MBAYE, « Dynamique de l'artisanat dans la région de Ziguinchor (Sénégal) », *Revue Tiers Monde,* n° 212, 2012, p. 155 ; F. LAPEYRE et A. LEMAÎTRE, *Politiques publiques et pratiques de l'économie informelle en Afrique subsaharienne,* Academia, 2014, p. 6 ; Y. PESQUEUX, « L'économie informelle, une bonne « mauvaise pratique » ? », *Revue française de gestion,* n° 228-229, 2012, p. 222.

[60] Les entreprises sont essentiellement de nature familiale. Souvent de petite taille, elles sont exploitées individuellement ou collectivement et fonctionnent à partir de faibles moyens. La plupart des acteurs sont dans une situation de vulnérabilité accentuée par un niveau d'alphabétisation à la langue française nul ou très bas. L'hétérogénéité des activités est si marquée que les entreprises sont présentes dans tous les secteurs d'activité. Le commerce étant l'activité prédominante à côté de celle qui est de nature artisanale ; en ce sens, Y. PESQUEUX, « L'économie informelle, une bonne « mauvaise pratique » ? » préc., p. 222 ; F. LAPEYRE et A. LEMAÎTRE, *Politiques publiques et pratiques de l'économie informelle en Afrique subsaharienne, op. cit*., p. 18 ; BIT, *Diagnostic de l'économie informelle au Sénégal Genève, op. cit*., 2020, p. 5 ; S. KWEMO, P. DELEBECQUE et M.-T. MENGUE, *L'OHADA et le secteur informel : L'exemple du Cameroun,* Éditions Larcier, 2012, n° 44.

[61] A cause du défaut de formalisation, les pouvoirs publics éprouvent des difficultés à identifier les entreprises informelles. Il faut avouer que, dans certains cas, le non-respect de la réglementation est moins dû à la réticence qu'à l'ignorance. Sa vulgarisation à leur endroit et surtout son adaptation à leurs besoins sont nécessaires. Depuis longtemps, les préoccupations des acteurs ont été peu prises en compte par le législateur OHADA. Plus enclin à attirer les investisseurs étrangers, son ambition de départ a eu l'effet négatif d'éloigner les corps de règles édictées des réalités socio-économiques africaines ; en ce sens, F. LAPEYRE et S. BARUSSAUD, *L'économie informelle en Afrique, op. cit*, p. 30 ; S. KWEMO, P. DELEBECQUE et M.-T. MENGUE, *L'OHADA et le secteur informel, op. cit.*, n° 35 ; F. THERA, *La réforme de l'OHADA et les procédures collectives d'apurement du passif,* L'Harmattan, 2012, p. 19 ; M. TRAORÉ, *Le règlement des litiges commerciaux en Afrique de l'Ouest,* Lyon III, 2021, Thèse mult., p. 36.

et du crédit mobilier est capitale pour accéder au droit au renouvellement du bail. Son bénéfice en est tributaire[62]. Le commerçant personne physique a tout intérêt à s'en acquitter pour pouvoir bénéficier de tous les privilèges attachés à son statut[63]. Le droit au renouvellement du bail n'est donc pas reconnu au preneur, commerçant personne physique non immatriculé au Registre du commerce et du crédit mobilier, car considéré comme commerçant de fait déchu, de ce chef, de tous les avantages découlant de l'immatriculation [64].

Le juge français a rendu une décision parfaitement conforme aux dispositions de l'Acte uniforme relatif au droit commercial général, au demeurant fortement inspirées du Code de commerce sur la question[65]. Il a relevé « que le statut des baux commerciaux s'applique aux locaux dans lesquels un fonds est exploité par un commerçant immatriculé au registre du commerce »[66]. Cette solution se justifie par les impératifs de protection des tiers. Autant le commerçant et les autres assujettis à l'immatriculation ont besoin d'être protégés, autant les tiers méritent une protection en étant bien informés à leur égard[67].

En considération de ce qui précède, il n'est guère étonnant que la majorité des commerçants qui s'activent dans l'économie informelle ne puissent pas accéder au droit au renouvellement du bail, faute d'immatriculation. Le constat est le même pour les artisans, autre

---

[62] Cette formalité est érigée au rang d'une obligation légale en droit OHADA au même titre qu'en droit français ; v. I.-F. KAMMANG KOMGUEP, « Le contentieux de l'immatriculation du commerçant au registre du commerce et du crédit mobilier en droit OHADA », *Revue de Droit,* n° 1, vol. 46, 2016, pp. 156-156.

[63] J.-G. ZOA ATANGANA, « La portée de L'immatriculation dans la protection des commerçants en droit OHADA », *International Multilingual Journal of Science and Technology,* vol. 6, 2021, p. 3147.

[64] J.-G. ZOA ATANGANA, « La portée de l'immatriculation… », préc., p. 3151.

[65] Art. L. 123-8 : « La personne assujettie à immatriculation qui n'a pas requis cette dernière à l'expiration d'un délai de quinze jours à compter du commencement de son activité, ne peut se prévaloir, jusqu'à immatriculation, de la qualité de commerçant tant à l'égard des tiers que des administrations publiques. Toutefois, elle ne peut invoquer son défaut d'inscription au registre pour se soustraire aux responsabilités et aux obligations inhérentes à cette qualité ».

[66] Civ, 3ème, arrêt n° 84-15.938 du 5 mars 1986, publié au bulletin.

[67] L'immatriculation joue également ce rôle de protection des tiers. Grâce à sa fonction de publicité, elle leur distille les informations nécessaires sur les assujettis afin de leur permettre de s'engager envers ces derniers en toute connaissance de cause.

composante essentielle de l'économie informelle[68]. Beaucoup d'entre eux demeurent dans l'informalité. La formalité d'immatriculation au répertoire des entreprises artisanales est peu respectée[69], de même que celle de l'inscription au registre des métiers[70]. Il s'agit pourtant de formalités requises pour pouvoir accéder au droit au renouvellement du bail.

Du fait de leur exclusion du bénéfice du droit au renouvellement, la précarité dans laquelle se trouve la plupart des acteurs de l'informel s'intensifie. Elle est accentuée par l'extrême difficulté à se doter de locaux offrant les garanties de stabilité et de pérennité dans l'exploitation de leurs activités. Pour combattre ce phénomène, il urge de vulgariser à grande échelle l'obligation d'immatriculation et le rapport qui existe entre elle et le droit au renouvellement du bail. L'ignorance notée en milieu informel par rapport à cette constante impose une sensibilisation. Néanmoins, l'enrayement d'autres entraves devrait être entrepris. Il s'agit en l'occurrence de celles dérivant des règles restrictives en rapport avec la convention de bail.

II – Un accès entravé par des règles restrictives afférentes à la convention de bail

Le caractère restrictif des règles applicables aux personnes morales de droit public et aux preneurs personnes physiques ne constitue pas la seule entrave à l'accès au droit au renouvellement. D'autres facteurs également constitutifs de véritables entraves sont à chercher dans les règles qui sont directement en relation avec la convention de bail. Ces règles, en cohabitation avec d'autres particulièrement équivoques (B), sont si restrictives qu'elles favorisent des difficultés supplémentaires d'accès au droit au renouvellement du bail (A).

A – Des règles restrictives créatrices de difficultés supplémentaires d'accès au droit au renouvellement

[68] S. MBAYE, « Dynamique de l'artisanat dans la région de Ziguinchor (Sénégal) » préc., p. 153.

[69] Article 27 du Code communautaire de l'artisanat : « Par dérogation aux dispositions de l'article 872 de l'Acte uniforme de l'OHADA relatif au Droit des sociétés commerciales et du Groupement d'intérêt économique du 17 avril 1997, le Groupement d'intérêt économique artisanal est immatriculé au répertoire des entreprises artisanales et non au registre du commerce et du crédit mobilier ».

[70] Article 31 du Code communautaire de l'artisanat.

Une condition majeure à remplir pour que le preneur puisse accéder au droit au renouvellement est relative à la convention de bail. Indépendamment de la qualité du preneur, le bail doit porter sur un immeuble se trouvant dans le champ d'application du statut des baux à usage professionnel. Du moment que le terrain nu est exclu de ce champ d'application, le preneur partie à une convention de bail qui s'y rapporte se voit privé du droit au renouvellement (1). Le même sort lui est réservé si celle-ci, bien que portant sur un immeuble placé sous l'emprise du statut, est conclue pour une durée inférieure à la durée minimale requise (2).

1 – L'exclusion du terrain nu du champ d'application du statut des baux

L'article 101 de l'Acte uniforme relatif au droit commercial général place dans le champ d'application du statut des baux à usage professionnel trois catégories d'immeubles à usage commercial, industriel, artisanal ou à tout autre usage professionnel. D'abord, sont visés les locaux principaux, constitués des lieux au sein desquels le fonds est exploité[71]. Ensuite, il y a les locaux accessoires dépendant des locaux principaux[72]. Enfin, il faut mentionner les terrains nus sur lesquels ont été édifiées des constructions, avant ou après la conclusion du bail[73]. Par rapport à cette dernière catégorie, la réglementation, empruntée au droit français[74], est discriminatoire. En son application, la C.C.J.A. a relevé, « en l'espèce, qu'aucune construction n'a été édifiée sur les terrains nus objet du contrat (...) ni avant ni après la conclusion dudit bail ; qu'il s'ensuit que le contrat liant les parties ne

[71] De nature close et couverte, ils sont principalement destinés à l'accueil de la clientèle, c'est le cas des magasins, boutiques, bureaux et usines, entre autres ; v. J.-P. LE GALL et C. RUELLAN, *Droit commercial : Notions générales,* 17ème éd, Dalloz, 2017, p. 71.

[72] C'est l'exemple des ateliers, entrepôts de stockage et bâtiments affectés au logement du personnel. Indispensables au fonds et participant de son exploitation effective, leur suppression est susceptible de compromettre la poursuite de l'activité du preneur ; en ce sens, A. FOKO, « Bail commercial (...) » préc., p. 405 ; J.-P. LE GALL et C. RUELLAN, *Droit commercial, op. cit.*, p. 71.

[73] A. FOKO, « Bail commercial (...) » préc., p. 406.

[74] Article L. 145-1 du Code de commerce.

rentre pas dans le champ d'application de l'Acte uniforme portant sur le droit commercial général »[75].

Le preneur d'un terrain nu n'est admis au bénéfice du droit au renouvellement du bail que si, avec l'accord du bailleur, des constructions y ont été édifiées. Inversement, cette prérogative ne peut être invoquée dans l'hypothèse d'un bail portant sur un terrain nu destiné à ne recevoir aucune construction. Probablement, l'exclusion des terrains nus de l'application du statut des baux professionnels s'explique par le souci de permettre aux bailleurs d'en disposer en temps voulu, notamment, pour y édifier des constructions destinées à l'habitation ou à d'autres fins.

Le juge français a eu l'occasion de préciser que les édifices auxquels allusion est faite doivent être des constructions caractérisées par leur solidité et leur fixée permanente au sol[76]. En vertu d'un respect constant de cette interprétation jurisprudentielle, l'application du statut des baux commerciaux en France a été, à juste titre, écartée des terrains ayant reçu des constructions démontables ou encore des containers ou baraquements simplement posés au sol[77]. La réglementation OHADA n'est pas la seule à hériter de cette solution ; certaines législations nationales en ont fait de même. Les législations malgache, algérienne et marocaine peuvent être citées en exemple. Elles se sont toutes abreuvées à la même source d'inspiration à savoir le droit de l'ancien colon français.

La pertinence de cette règle est néanmoins douteuse dans le contexte africain. Pour ne citer que le Sénégal en exemple, bien assez souvent des activités professionnelles, principalement de type commercial ou

---

[75] CCJA, 28 janvier 2021, *aff. A Ae c/ Société d'Étude et de Développement de la Culture Bananière dite SCB,* arrêt n° 017/2021.

[76] Civ. 3ème, 17-10-1968, *Bull. civ. III*, n° 382 : « Attendu qu'aux termes de ce texte, les dispositions dudit décret s'appliquent aux baux des terrains nus sur lesquels ont été édifiés - soit avant, soit après le bail - des constructions à usage commercial, industriel ou artisanal, à condition que ces constructions aient été élevées ou exploitées avec le consentement exprès du propriétaire) ; Qu'en statuant ainsi, sans rechercher si le bail présentait, notamment du double point de vue de la solidité et de la stabilité, les caractères d'une construction au sens du texte susvisé, la cour d'appel n'a pas donné une base légale a sa décision ».

[77] Cass. Civ. 3ème, 1-10-2014, *Bull. civ*. III, n° 121 : « Sauf si des constructions à usage commercial, industriel ou artisanal, présentant des qualités de solidité et de fixité suffisantes, y sont édifiées avec l'accord exprès du propriétaire, la location d'un terrain nu n'est jamais soumise au statut des baux commerciaux… ».

artisanal, sont exploitées sur des terrains nus. Les professionnels du commerce de l'automobile sont fréquemment amenés à conclure des baux professionnels avec des propriétaires de terrains nus. Généralement, aucune construction en dur n'y est édifiée. Tout au plus, il n'est noté que des containers posés au sol ou des tentes démontables faisant office de bureau ou de lieu d'accueil de la clientèle. Le même constat est fait à l'endroit des mécaniciens, les garages où s'activent un nombre impressionnant d'ouvriers sont aménagés dans des espaces nus. Il en est de même pour d'autres segments de la population ouvrière artisane.

Cette règle pas forcément adaptée à notre contexte est de nature à compromettre la stabilité de l'activité du preneur. Ne pouvant pas accéder au droit au renouvellement, il est mis dans les mêmes conditions que ses homologues allemand, autrichien, finlandais ou encore suédois. Le droit au renouvellement du bail est totalement absent des législations respectives de ces derniers. Ce qui les contraint à consentir l'effort d'acquérir l'immeuble loué pour s'assurer d'une stabilité dans l'exploitation de leur activité[78]. En Afrique, pour la plupart des preneurs, en faire de même est particulièrement difficile.

Une réforme en vue d'une extension du champ d'application du statut des baux à usage professionnel à leur endroit serait louable. Ce serait le seul moyen qui puisse leur permettre d'accéder au droit au renouvellement et d'être à l'abri d'une éventuelle instabilité dans l'exploitation de leurs activités. La législation belge[79] pourrait servir de modèle d'inspiration. Les terrains, mêmes nus et sans constructions à y édifier, relèvent du statut protecteur des baux commerciaux. Pour autant qu'ils soient destinés à l'exercice d'une activité commerciale, artisanale ou industrielle, ils ne constituent pas un obstacle au bénéfice du droit au renouvellement. Dès l'année 1964, la Cour suprême belge a tranché le débat. Elle a pu préciser « qu'aux termes de l'article 1er de la loi du 30 avril 1951, cette disposition s'applique aux baux d'immeubles ou parties d'immeubles qui (...) sont affectés à (...) l'exercice d'un

---

[78] Q. MAGHIA, *Le nouvel équilibre du bail commercial, op. cit.*, p. 8.

[79] Article 1 de la loi du 30 avril 1951 sur les baux commerciaux : « Tombent sous l'application de la présente section les baux d'immeubles ou de parties d'immeubles qui, soit de manière expresse ou tacite dès l'entrée en jouissance du preneur, soit de l'accord exprès des parties en cours du bail, sont affectés principalement par le preneur ou par un sous-locataire à l'exercice d'un commerce de détail ou à l'activité d'un artisan directement en contact avec le public ».

commerce (…) ; Attendu qu'il n'apparait pas de ces termes que le législateur n'a visé que les terrains bâtis, puisque, en vertu de l'article 518 du Code civil, le terme « immeubles » comprend les fonds tant bâtis que non bâtis… »[80]. La même solution est retenue par le droit luxembourgeois, aucune distinction entre immeuble bâti et non bâti n'est opérée[81].

A défaut de sa suppression de l'Acte uniforme relatif au droit commercial général, l'érection en norme supplétive de la règle écartant les baux de terrains non bâtis du statut protecteur pourrait être une solution. Ce serait à l'image des règles qui gouvernent la détermination du capital social de la société à responsabilité limitée[82]. Possibilité sera ainsi offerte à chaque État membre, où les acteurs économiques en éprouvent le besoin, d'y déroger par voie législative pour créer les conditions favorables à l'accès au droit au renouvellement. Une mesure de cette nature contribuerait à la réduction des cas d'exclusion du bénéfice de ce droit, lequel d'ailleurs, en d'autres circonstances, est susceptible d'être refusé au preneur en considération exclusive de la durée du bail.

2 – L'exclusion du bail de moins de deux ans du statut des baux

Aux termes de l'article 104 de l'Acte uniforme portant droit commercial général, « les parties fixent librement la durée du bail. Le bail à usage professionnel peut être conclu pour une durée déterminée ou indéterminée. A défaut d'écrit ou de terme fixé, le bail est réputé conclu pour une durée indéterminée ». En vertu de cette disposition, le

---

[80] Cass. 1ère Ch., 11 décembre I964.

[81] Art 1762-3 du Code civil Luxembourg (Loi du 3 février 2018) : « Est commercial tout bail d'un immeuble destiné à l'exercice d'une activité commerciale, industrielle ou artisanale » ; v. G. ROMMEL, *Question d'actualité en droit immobilier : le bail commercial*, disponible sur https://bib.kuleuven.be/rbib/collectie/archieven/tvred/1985-6.pdf. Dernière consultation, le 17 mars 2024.

[82] Parlant de la SARL, l'article 311 de l'Acte uniforme relatif au droit des sociétés commerciales et G.I.E., dispose que « Sauf dispositions nationales, le capital social doit être d'un million (1.000.000) de francs CFA au moins… ». Pour mieux stimuler l'entreprenariat et favoriser la transition des petites entreprises entre le secteur informel et celui dit informel, le législateur sénégalais a dérogé à ladite disposition communautaire en adoptant la Loi n° 2015 07 du 09 avril 015 portant réglementation du capital de la société à responsabilité limitée. Le capital étant fixé librement par les associés.

principe de la liberté contractuelle reçoit une intense application dans le cadre du bail initial. Non seulement, les parties décident librement de la forme du contrat mais aussi de sa durée[83]. Ce principe ne reçoit tempérament que très timidement. Si elles optent pour la forme verbale, la durée indéterminée leur est imposée. Le choix entre la durée déterminée et la durée indéterminée ne leur est offert que si elles ont opté pour la forme écrite. Sous cette réserve, elles décident librement du temps d'exécution du bail. Étant relevé que cette liberté disparaît en ce qui concerne le bail reconduit qui devra durer au moins trois ans[84].

Le degré intense de la liberté contractuelle sur le bail initial est un danger pour le preneur dans la mesure où il donne au bailleur les moyens de l'empêcher d'accéder au droit au renouvellement. Aidé par le rapport de force qui lui est généralement favorable du fait de sa position de force, il a le pouvoir d'imposer au preneur le temps d'exécution de son choix. Il est utile de rappeler que le droit au renouvellement ne profite au preneur qu'après deux années d'exploitation de son activité dans le local pris à bail. Pour entraver sa naissance, il suffit donc au bailleur de ne consentir le bail que pour une durée inférieure à deux ans et de ne pas le renouveler à son terme. De même, dans l'hypothèse d'un bail à durée indéterminée, il lui appartiendra simplement de le résilier en servant un délai congé prenant effet avant la deuxième date anniversaire du contrat.

Certainement, c'est en considération de ce risque qui guette le preneur, que le législateur français ne reconnaît pas le bail à durée indéterminée. Ce type de contrat, résiliable à tout moment sous réserve d'un préavis dûment observé, serait un frein à la conduite de sa politique de pérennisation du bail. Seul le contrat à durée déterminée est la forme autorisée du bail commercial. La liberté des parties quant à la détermination de la durée est strictement encadrée. La durée minimale imposée par le Code de commerce est de neuf années révolues, sauf cas exceptionnel[85]. Selon un avis répandu, le choix de cette durée légale est

---

[83] B. TOGORA, « Sort du bail à usage professionnel en OHADA au décès du preneur », *Jurifis*, Édition spéciale, n° 12 octobre 2012, p. 54.

[84] Art. 123 AUDCG. « En cas de renouvellement exprès ou tacite, le bail est conclu pour une durée minimale de trois ans ».

[85] Il est permis de conclure un bail de moins de 9 ans mais sans excéder 3 ans. Ce type de bail, dit de courte durée, est un bail d'essai pour les deux parties. Il leur est possible de le placer hors du champ d'application des baux commerciaux, mais à condition que ce soit expressément stipulé ; en ce sens, M. POUMARÈDE, « La réforme du bail commercial par la loi Pinel » préc., p. 89.

fondé sur le besoin de stabilité suffisante ressenti par le preneur quant à l'exploitation de son activité. Le seul moyen qui puisse lui permettre d'amortir en un temps raisonnable les investissements qu'il aurait la propension à réaliser en vue de sa compétitivité[86]. Il est important de préciser que durant les neuf années d'exécution du bail, le droit de résiliation est accordé au preneur à l'expiration de chaque période triennale. Pour cette raison, le bail commercial français est couramment appelé bail 3-6-9[87]. Le droit belge consacre la même règle[88].

Pour mieux garantir la stabilité au preneur, l'on pourrait ainsi suivre les exemples français et belge et ne consacrer que le bail à durée déterminée. A défaut d'appliquer la même durée, celle des trois ans pourrait être maintenue. Cette solution protègerait le preneur d'éventuelles manœuvres du bailleur tendant à l'empêcher d'acquérir le droit au renouvellement en refusant de conclure un bail de deux ans ou plus. Et si l'on veut exceptionnellement donner aux parties le droit de former un bail à l'essai, avant de s'engager durablement sous le statut du bail professionnel, en limiter la durée à un an serait idoine. Le législateur luxembourgeois, face à la disparition de nombreux commerces du fait d'une protection insuffisante, a pris cette mesure, faisant passer la durée de trois à une année pour le bail à l'essai[89].

En définitive, les mesures d'assouplissement préconisées seraient de nature à rendre les règles incriminées moins restrictives. Tendant à la suppression de bon nombre de facteurs d'exclusion, elles contribueraient à permettre au preneur d'accéder au droit au renouvellement du bail avec moins de difficulté. Et toujours à la faveur d'un meilleur accès à ce droit, une réécriture d'un certain nombre de

---

[86] A.-Y. SADEGHLOO, *Le bail commercial : Étude comparée du droit français et du droit iranien*, Limoges, 2012, Thèse mult., p. 48.

[87] Article 145-4 du Code de commerce. Il est cependant permis aux parties de déroger à cette règle en concluant un bail d'une durée plus courte. Un bail de cette nature est appelé bail précaire ou bail commercial dérogatoire, sa durée ne peut dépasser trois ans ; G. DECOCQ et A. BALLOT-LÉNA, *Droit commercial, op. cit.*, p. 305.

[88] Article 3 de la loi du 30 avril 1951 sur les baux commerciaux : « La durée du bail ne peut être inférieure à neuf années (…). Toutefois, le preneur peut mettre fin au bail en cours, à l'expiration (de chaque triennat), moyennant un préavis de six mois, par exploit d'huissier de justice ou par lettre recommandée à la poste ».

[89] Article 1762-3 du Code civil Luxembourg (Loi du 3 février 2018) : « Est commercial tout bail d'un immeuble destiné à l'exercice d'une activité commerciale, industrielle ou artisanale. Les dispositions de la présente section ne sont pas applicables aux contrats de bail d'une durée inférieure ou égale à une année ».

règles en cohabitation avec ces dernières devrait intervenir. Des difficultés latentes sont à noter du fait de leur caractère équivoque, générateur d'incertitude pour le preneur.

B – Des règles restrictives en cohabitation avec des règles empreintes d'équivocité

Les conditions d'accès au droit au renouvellement du bail ne sont pas toutes clairement définies. Si certaines sont claires et sans ambiguïté, l'on ne peut pas en dire autant pour d'autres qui sont pour le moins équivoques. Pendant qu'une partie témoigne d'une certaine imprécision (1), une autre manifeste un paradoxe issu de solutions contradictoires sur une même question (2).

1 – Le manque de précision de la condition liée à la durée d'exploitation de l'activité

La condition de la durée d'exploitation de l'activité résulte de l'article 123 de l'Acte uniforme relatif au droit commercial général. Ce dernier prévoit que « le droit au renouvellement du bail à durée déterminée ou indéterminée est acquis au preneur qui justifie avoir exploité, conformément aux stipulations du bail, l'activité prévue à celui-ci, pendant une durée minimale de deux ans ». Contrairement à la condition de la demande de renouvellement[90], elle n'est pas posée avec suffisamment de précision. En exigeant que le preneur ait exploité son activité dans le local pris à bail durant deux ans au moins pour

---

[90] Elle est requise par les dispositions combinées des articles 124 et 125 de l'Acte uniforme relatif au droit commercial général. Elle varie selon que le bail est consenti pour une durée déterminée ou indéterminée. Dans le cas du bail à durée déterminée, une demande de renouvellement doit être adressée par le preneur au bailleur, au plus tard à trois mois du terme ; en ce sens, TGI du Wouri, 05 octobre 2011, *aff. Société Générale Service Auto 237 SA (GSA) c/ Société CHANAS Assurances SA,* jugement n° 978, inédit. Si le bail est à durée indéterminée, une contestation du congé servi par le bailleur doit être faite par les soins du preneur au plus tard au dernier jour marquant sa date de prise d'effet. Dans l'un ou l'autre cas, la procédure à observer par le preneur a ainsi pour fonction de notifier au bailleur son souhait de voir le bail se poursuivre ; v. F. JAULT-SÉSÉKÉ, « Condition des étrangers », *Revue critique de droit international privé,* n° 3, 2012, p. 569). Vu les moyens de notification sur lesquels le législateur a porté son choix, celle-ci revêt forcément une forme écrite. Le juge camerounais en a fait la précision en décidant que « le preneur qui exprime verbalement sa volonté de renouveler le contrat de bail n'a pas respecté la forme de la demande de renouvellement requise par l'Acte uniforme sur le droit commercial général » ; TPI d'Ekounou, 25 avril 2013, *aff. Nnanga Amougui Rose Epse Belligoli c/ Quincaillerie Quifferou,* jugement n° 15, inédit.

bénéficier du droit au renouvellement[91], le législateur communautaire a raté l'occasion d'apporter une précision très utile. Aucune précision n'est faite par rapport au caractère successif on non de cette durée. Or, il était capital de préciser s'il fallait ou non l'appréhender en termes d'années consécutives. Peut-on refuser le renouvellement au preneur si son activité s'est opérée sur plusieurs périodes marquées par des suspensions, mais dont le cumul a atteint deux ans ? Doit-on considérer que la suspension momentanée de son activité est de nature à remettre les compteurs à zéro à sa reprise ? Une réponse par la négation ne paraît pas dénuée de base légale. A partir du moment où la précision en question n'est pas apportée, l'on ne devrait normalement pas faire une distinction là où la loi n'en fait point. Cependant, eu égard au fait que l'institution du droit au renouvellement du bail est fondée sur les impératifs de stabilité à garantir au preneur, cette distinction nous semble raisonnable et refléterait probablement l'esprit du législateur OHADA.

Les droits français, algérien et marocain confortent cette idée. L'exigence d'une succession ininterrompue des années prises en considération est exprimée dans le Code de commerce français à travers les termes « exploitation effective ». Son article L. 145-8 indique que « le droit au renouvellement du bail ne peut être invoqué que par le propriétaire du fonds qui est exploité dans les lieux. Le fonds (…) doit, sauf motifs légitimes, avoir fait l'objet d'une exploitation effective au cours des trois années ». La doctrine relève qu'à travers cette disposition, le législateur français exige que le fonds soit exploité de façon régulière, c'est-à-dire sans discontinuité durant cette période. L'absence d'exploitation du fonds, a-t-on observé, est un obstacle au renouvellement du bail du moment qu'elle finit par faire disparaître la clientèle qui y est attachée [92]. Cette condition ne reçoit tempérament qu'en cas de motif d'interruption légitime souverainement apprécié par les juges du fond[93]. Le Code de commerce algérien, pour sa part,

---

[91] Pour une application jurisprudentielle, voir CA Ouagadougou, 21 novembre 2008, arrêt n° 059, inédit : « Attendu cependant que madame *B* ne l'a occupé que du 15 novembre 2000 au 14 novembre 2001 soit un an ; qu'elle ne remplit pas les conditions (…) et n'a donc pas droit au renouvellement… ».

[92] D. HOUTCIEFF, *Droit commercial : Actes de commerce. Commerçants. Fonds de commerce. Contrats commerciaux. Concurrence. Instruments de paiement et de crédit*, 5ème éd., Dalloz, 2022, p. 465.

[93] B. MERCADAL, *Mémento Droit commercial,* Éditions Francis Lefebvre, 2023, p. 198 ; D. LEGEAIS, *Droit commercial et des affaires,* 29ème éd., Dalloz, 2022, p. 111.

dispose en son article 172, que « le droit au renouvellement ne peut être invoqué que par les locataires (…) qui justifient qu'ils exploitent un fonds de commerce (…) depuis deux années consécutives ». Dans la foulée, le droit marocain, énonce que « le locataire bénéficie du renouvellement du bail lorsqu'il justifie d'une jouissance consécutive du local d'au moins deux années »[94]. Ces textes, qui ont fait preuve d'une nette précision dans la rédaction, ne souffrent d'aucune équivoque.

Il ressort ainsi du droit comparé que le preneur doit justifier d'une régularité et d'une effectivité dans l'exploitation de son activité pour prétendre au droit au renouvellement. La régularité de l'exploitation de l'activité implique que celle-ci se réalise de façon continue sur une période minimale. L'exploitation continue de l'activité doit être comprise comme le fait pour le preneur d'exploiter son fonds sans interruption dans le local pris à bail. Plus exactement, l'exploitation ne doit pas être affectée par des suspensions, lesquelles s'analysent en des arrêts momentanés observés par ce dernier quant à l'exploitation de son fonds. L'exploitation effective pour sa part, évoque l'idée d'absence d'un défaut d'exploitation d'une activité par le preneur. Celui-ci faisant preuve d'une exploitation réelle d'un fonds dans le lieu, objet du bail. Le juge français s'inscrit en droite ligne avec cette appréciation de la régularité et de l'effectivité de l'exploitation. En effet, après avoir précisé que le caractère régulier de l'exploitation de l'activité suppose que celle-ci s'opère de manière ininterrompue, il a retenu que l'absence d'une activité dans les lieux prouve un défaut d'exploitation effective[95]. En droit OHADA, l'effectivité et la régularité de l'exploitation de l'activité sont établies dès l'instant qu'elle s'est opérée dans les conditions ci-dessus exposées pendant deux années. Une durée au demeurant différente de celle en cours en France qui est de trois ans[96]. A signaler que l'exploitation doit porter sur le même fonds, sauf déspécialisation majeure autorisée par le bailleur[97].

La situation du preneur exploitant d'une activité saisonnière a polarisé les attentions. Les intervalles de temps qui se situent entre les

---

[94] Article 4 de la Loi n°49-16 relative aux baux des immeubles ou des locaux loués à usage commercial, industriel ou artisanal.

[95] Civ. 3ème, 10 juin 2009, n° 07-18.618, *Bull. civ. III*, n° 137.

[96] V. l'article 145-8 du Code de commerce ; v. B. Mercadal, *Mémento Droit commercial, op. cit.*, n° 5615.

[97] D. LEGEAIS, *Droit commercial et des affaires, op. cit.*, p. 111.

saisons marquent certes des suspensions dans l'exploitation mais demeurent inhérentes à la nature de l'activité. Par conséquent, la régularité de son exploitation demeure réelle sauf en cas de perte par le preneur de la maîtrise juridique du local à la fin de la saison. La cessation du bail à la fin de la saison lui fait perdre la maîtrise juridique du local qu'il ne peut retrouver qu'en en concluant un nouveau[98].

En considération de ce qui précède, l'on peut estimer que dans notre contexte également, l'exploitation biennale de l'activité ne devrait connaître de suspension ni d'interruption. Il est important de remarquer que la durée de l'exploitation n'est pas nécessairement à apprécier par rapport à un contrat de bail uniquement. Seule la durée pendant laquelle l'activité est exploitée dans les locaux est déterminante. Il importe peu que les deux ans soient atteints lors de l'exécution du contrat initial ou à l'occasion de la succession de deux contrats à durée déterminée. S'il est loisible aux parties de choisir une durée inférieure à deux ans pour le contrat initial, le droit de le renouveler pour une durée inférieure à trois ans leur est refusé[99]. Donc, dès le premier renouvellement, la condition de la durée de l'exploitation est *a priori* remplie.

Dans la mesure où l'exploitation de l'activité doit se dérouler de manière continue, sa suspension empêcherait alors, en principe, le preneur de se prévaloir du temps d'exploitation antérieurement effectué. Il n'en serait autrement que si la suspension est imputable au bailleur. Une suspension due, notamment, à des réparations de gros œuvres qu'il a engagées ou a refusées de réaliser au point d'empêcher le preneur d'exploiter son activité. La même solution est à retenir en cas de force majeure, telle une inondation ou d'autres facteurs climatiques rendant momentanément impossible l'exploitation de l'activité[100].

Dans tous les cas, afin de lever l'équivoque et écarter tout risque d'interprétation non conforme à la position qui nous semble être la sienne, le législateur OHADA devrait réécrire le texte qui pose la condition de la durée d'exploitation. Comme ses homologues français,

---

[98] D. HOUTCIEFF, *Droit commercial, op. cit.*, p. 407 ; v. aussi Civ. 3ème, 10 juin 1998, n° 96-19.246, inédit (France) ; Civ. 3ème, 15 septembre 2015, n° 14-15.863, inédit (France).

[99] Article 123 de l'Acte uniforme relatif au droit commercial général : « En cas de renouvellement exprès ou tacite, le bail est conclu pour une durée minimale de trois ans ».

[100] En droit français, pour un cas d'application jurisprudentielle, v. Com. 10 avril 1962, *Bull. civ.*, n° 223.

marocain et algérien, il faudrait le compléter en précisant expressément le caractère successif des deux années d'exploitation requise. Par la même occasion, il devrait s'intéresser à la condition afférente au respect de ses obligations par le preneur, elle témoigne d'une certaine ambigüité.

2 – L'ambigüité de la condition relative au respect de ses obligations par le preneur

En requérant du preneur une exploitation de son activité durant deux ans pour avoir accès au droit au renouvellement, l'article 123 de l'Acte uniforme portant droit commercial général exige en même temps qu'elle s'opère « conformément aux stipulations du bail ». Dès lors, il est requis du preneur qu'il soit respectueux de ses obligations contractuelles.

Le bailleur ne saurait être contraint au maintien du lien contractuel sans que le preneur ait convenablement honoré ses obligations à son égard. L'article susmentionné ne suscite pas de difficulté de compréhension. Exploiter son activité conformément aux stipulations du bail, consiste pour le preneur à respecter strictement ses obligations telles que définies dans le contrat le liant au bailleur. Il est tenu d'observer scrupuleusement la totalité de ses obligations. Le non-respect de sa part, ne serait-ce que d'une seule obligation, même mineure, établirait à ce titre, une exploitation non conforme aux stipulations du bail. De ce fait, le droit au renouvellement ne saurait lui être reconnu.

Cependant, ce raisonnement imposé par la teneur du texte précité est remis en cause par l'article 127 de l'Acte uniforme relatif au droit commercial général qui installe une équivoque. Une équivoque trouvant sa source dans ses dispositions qui sont, dans une certaine mesure, en opposition avec celles de l'article 123 sus-évoqué. Chargé de déterminer les faits exonératoires de paiement de l'indemnité d'éviction[101], l'article 127 introduit une distinction à opérer au sujet des

---

[101] Les faits exonératoires sont imputables soit au preneur soit au bailleur. Le motif grave et légitime est le fait imputable au preneur. Quant au bailleur, les faits qui lui sont imputables sont de deux ordres. D'abord, la démolition suivie d'une reconstruction, à charge d'attribuer en priorité au preneur sur l'immeuble reconstruit, un nouveau bail conforme à la destination initiale. Tout autre cas de figure condamnerait le bailleur au paiement de l'indemnité. Ensuite, la reprise des locaux d'habitation accessoires des locaux principaux pour occupation personnelle ou

obligations inexécutées du preneur. D'après ses dispositions, « le bailleur peut s'opposer au droit au renouvellement du bail à durée déterminée ou indéterminée, sans avoir à régler d'indemnité d'éviction (...) s'il justifie d'un motif grave et légitime à l'encontre du preneur sortant. Ce motif doit consister soit dans l'inexécution par le locataire d'une obligation substantielle du bail, soit encore dans la cessation de l'exploitation de l'activité... ». A la lumière de ce texte, le bailleur est en droit de paralyser la mise en œuvre du droit au renouvellement sur la base de l'arrêt d'exploitation de l'activité du preneur[102] ou du non-respect par ce dernier d'une obligation substantielle.

L'obligation substantielle, au demeurant non définie par le législateur OHADA, correspond, à notre avis, à l'obligation essentielle[103]. D'origine prétorienne et ayant donné lieu à une littérature abondante, elle est perçue par la plupart des auteurs comme faisant partie de l'essence même du contrat et transcende toutes les autres obligations. Au-delà de donner au contrat tout son sens, son existence est nécessaire à sa formation. Sa suppression étant de nature à affecter la substance de celui-ci et le rendre sans intérêt suffisant pour l'une des parties. Bien souvent, elle résulte de la définition légale du contrat qui indique les obligations respectives des parties. Elle peut également émaner de la volonté de celles-ci qui ont la possibilité de lui attribuer son caractère sans pour autant qu'elle l'ait été par détermination de la loi. A défaut d'avoir été désignée comme telle, ni par la loi ni par les parties, son appréciation relève du pouvoir souverain du juge[104]. Pour le cas du bail à usage professionnel, le caractère substantiel de certaines

---

occupation par son conjoint ou ses proches parents ; H.-D. AMBOULOU, *Le droit des affaires dans l'espace OHADA*, *op. cit.*, p. 124 ; T.-A. NDIOGOU, « L'indemnité d'éviction du locataire-exploitant d'un fonds de commerce en droit OHADA », préc. p. 486.

[102] G. DECOCQ et A. BALLOT-LÉNA, *Droit commercial : Actes de commerce - Commerçants - Fonds de commerce - Baux commerciaux (...)*, *op. cit.*, p. 314 ; R. BOFFA, « La destination et l'usage de l'immeuble, éléments de l'application d'un régime juridique », *Droit et ville,* n° 80, 2015, p. 29.

[103] T.-A. NDIOGOU, « L'indemnité d'éviction du locataire-exploitant d'un fonds de commerce en droit OHADA », préc., p. 486.

[104] M. BURGARD, « L'avènement de la notion d'obligation essentielle dans le contrat », Marc Nicod (dir.), *Métamorphoses de l'acte juridique*, Presses de l'Université Toulouse 1 Capitole, 2018, pp. 43-45 ; C. DESLAURIERS-GOULET, « L'obligation essentielle dans le contrat », *Les cahiers de droit*, vol. 55, n° 4, décembre 2014, pp. 928-931 ; F. TERRÉ, Ph. SIMLER et Y. LEQUETTE, *Droit civil Les obligations*, 13ème éd., Dalloz, 2022, p. 910.

obligations du preneur ne suscite aucun doute. Il en est ainsi du paiement du loyer, de l'abstention de sous-louer sans l'accord du bailleur et du respect de la destination du bail,[105] entre autres.

Par l'emploi de l'expression « le bailleur peut s'opposer au droit au renouvellement du bail », l'article 127 offre au bailleur le droit de paralyser sa mise en œuvre sans avoir à s'acquitter de l'indemnité d'éviction[106]. Au regard de ce texte, le défaut d'exécution d'une obligation substantielle par le preneur a pour effet de l'empêcher de bénéficier du droit au renouvellement. Si l'inexécution d'une obligation substantielle est un motif grave et légitime de refus de renouvellement, il faut considérer, *a contrario*, que celle d'une obligation non substantielle n'en est pas un. Ainsi, l'inexécution d'une obligation non substantielle ne prive pas le preneur du bénéfice du droit au renouvellement. Donc, en dépit du non-respect d'une stipulation du bail, qui demeure obligatoire malgré son caractère non substantiel, cet article reconnait implicitement au preneur ce droit. Ce qui met à nu le paradoxe entre ce texte et l'article 123 précité. Une interprétation stricte de celui-ci fait apparaitre que la naissance du droit au renouvellement est subordonnée au respect par le preneur de tous ses engagements

---

[105] Respecter la destination du bail consiste à y exploiter l'activité conventionnellement fixée par les parties. La méconnaître est constitutif de déspécialisation, c'est-à-dire le fait d'exploiter une activité autre que celle prévue au contrat. Deux formes de déspécialisation sont à distinguer : la déspécialisation plénière et la déspécialisation partielle. Le preneur peut effectuer une déspécialisation partielle sans avoir à requérir l'autorisation du bailleur, sous réserve de l'en informer. Encore appelée déspécialisation restreinte, elle consiste à adjoindre à l'activité prévue au bail une ou plusieurs activités connexes ou complémentaires. En revanche, la déspécialisation plénière, également qualifiée de totale ou renforcée, est en principe interdite à moins d'obtenir l'accord préalable du bailleur. Elle consiste à changer la destination du bail en exerçant une ou plusieurs activités différentes de celles prévues par les stipulations contractuelles ; v. L. PAULET, *Droit commercial, op. cit.*, p. 401 ; B. MERCADAL, *Mémento Droit commercial, op. cit.*, n° 4866 ; A. Prevost-BUCCHIANERI, *L'essentiel du droit commercial : fiches de cours et exercices corrigés*, Ellipses, 2017, p. 99 ; E. DIBAS-FRANCK, *Le renouvellement du bail à l'usage professionnel des pays de la zone OHADA*, L'Harmattan, 2014, p. 92

[106] Cependant, c'est à condition d'avoir servi au preneur une mise en demeure restée infructueuse pendant plus de deux mois. Cette règle favorable à ce dernier, est l'expression d'une volonté législative de protéger son bail malgré une faute contractuelle de sa part s'il se repent en mettant un terme à ses manquements dans le délai prescrit ; v. CA de Dakar 07/04/2005, *aff. Mme Antoinette Lecointre c/ M. Mamadou Woury Diallo,* arrêt n° 384, *Revue Jurifis Info,* 2ème numéro, 2009, note B. Diallo, p. 23.

contractuels, substantiels ou non. Il pose simplement la condition de la conformité de l'exploitation de l'activité avec les stipulations du bail, sans distinction entre obligation substantielle et obligation non substantielle. Par conséquent, le droit au renouvellement reste non acquis même si l'obligation inexécutée n'est pas substantielle, puisque l'activité n'aura pas été exploitée « conformément aux stipulations du bail »[107]. Mais d'après l'article 127, comme précédemment souligné, le droit est malgré tout acquis du moment que l'obligation inexécutée n'est pas substantielle, sa mise en œuvre ne pouvant être paralysée par le bailleur. En bref, la déduction à tirer de cet article est que, contrairement à son vis-vis, il ne fait pas de l'inexécution d'une obligation non substantielle un obstacle à l'accès au droit au renouvellement du bail.

Au vu de ce qui précède, l'analyse combinée des articles 123 et 127 de l'Acte uniforme relatif au droit commercial général révèle un véritable problème d'interprétation. Il est permis de douter que le second est venu préciser que la condition de la conformité de l'exploitation de l'activité avec les stipulations du bail, exigée par le premier, s'apprécie uniquement en fonction des obligations substantielles. Mais si tel serait le cas, il devrait connaître une nouvelle rédaction pour gagner en clarté. Par contre, si l'esprit du législateur OHADA est tout autre, il serait alors indispensable de réviser le texte de l'article 127 en supprimant l'exigence du caractère substantiel de l'obligation inexécutée. Une telle solution serait identique à celle en cours en droit français. En effet, l'article 145-17 du Code de commerce français énonce que l'inexécution par le preneur de son obligation est un motif grave et légitime de refus de renouvellement sans distinguer selon qu'elle est substantielle ou non[108]. En toute hypothèse, le choix de l'une ou de l'autre mesure corrective prônée en direction des dispositions précitées contribuerait à enrayer le problème d'interprétation et à lever l'équivoque suscité.

---

[107] Article 123 de l'Acte uniforme relatif au droit commercial général.

[108] « ...Le bailleur peut refuser le renouvellement du bail sans être tenu au paiement d'aucune indemnité : 1° S'il justifie d'un motif grave et légitime à l'encontre du locataire sortant. Toutefois, s'il s'agit soit de l'inexécution d'une obligation, soit de la cessation sans raison sérieuse et légitime de l'exploitation du fonds (...) l'infraction commise par le preneur ne peut être invoquée que si elle s'est poursuivie ou renouvelée plus d'un mois après mise en demeure du bailleur d'avoir à la faire cesser... ».

Chronique de jurisprudence

À propos du licenciement du délégué du personnel : Quelques clarifications utiles et justes (mais parfois sans nuance) de la Cour suprême

Massamba GAYE

Agrégé des Facultés de droit
Maître de Conférences en droit privé
Université Cheikh Anta Diop de Dakar-Sénégal

Cour suprême du Sénégal, 22 juillet 2020,
arrêt n° 57
I.-A. Dia c/ la Biscuiterie WEHBE[1]

La Cour suprême,

Après en avoir délibéré conformément à la loi ;

Attendu, selon l'arrêt attaqué, que par arrêt du 23 février 2012, la Cour suprême a annulé la décision confirmative autorisant le licenciement du délégué du personnel I.-A. Dia ;

Qu'à la suite du refus de la Biscuiterie WEHBE de le réintégrer, constaté par procès-verbal d'huissier de justice du 18 février 2014, I.-A. Dia a saisi le tribunal du travail pour réclamer les indemnités égales aux salaires pour la période de mars 2012 à juin 2016, les indemnités de préavis et de licenciement, des dommages et intérêts pour non-délivrance du certificat du travail et pour licenciement abusif ;

[…]

Mais sur le moyen soulevé d'office en vertu de l'article 73-4 de la loi organique n° 2017-09 susvisée, tiré de la violation des articles L 214 et suivants du code du travail ;

Vu lesdits textes ;

[1] *Bulletin des arrêts de la cour suprême*, année judiciaire 2020, n° 21-22, chambre sociale, avril 2021, p. 187.

Attendu, selon ces textes, que la décision du ministre infirmant ou confirmant celle de l'inspecteur du travail accordant ou refusant l'autorisation de licenciement est susceptible de recours juridictionnel en excès de pouvoir ; que l'arrêt de la Cour suprême, annulant tout ou partie d'un acte administratif, a effet à l'égard de tous ;

Attendu que pour déclarer abusif le licenciement de I.-A. Dia, l'arrêt relève qu'en refusant de le réintégrer à son poste malgré la décision de la Cour suprême annulant l'autorisation de licenciement du Ministre du travail et en lui interdisant d'accéder à son lieu de travail, l'employeur a posé des actes qui ont pour effet immédiat de rompre le contrat de travail qu'il avait conclu avec I.-A. Dia ;

Qu'en statuant ainsi, alors que, d'une part, la décision de la Cour suprême, annulant l'acte du ministre confirmant l'autorisation du licenciement accordée par l'inspecteur du travail, rend nul le licenciement du délégué du personnel opéré sur le fondement de cette autorisation et maintient les relations de travail entre les parties et, d'autre part, le refus par l'employeur de réintégrer le travailleur ne peut être analysé comme un nouveau licenciement du délégué du personnel, de sorte que ce dernier continue à bénéficier de son salaire, la cour d'Appel a méconnu le sens et la portée des textes susvisés ;

[…] ;

Par ces motifs :

Casse et annule, mais seulement en ce qu'il a déclaré abusif le licenciement de I.-A. Dia, l'arrêt n° 777 du 28 novembre 2018 de la cour d'Appel de Dakar ;

Dit n'y avoir lieu à renvoi.

[..]

Le droit du travail est l'une des disciplines juridiques qui a donné au droit prétorien l'alibi nécessaire pour se construire et s'interroger sur sa place dans les sources du droit[2]. Il est l'occasion d'un travail important

[2] Ch. ATIAS, « D'une vaine discussion sur une image inconsistante : la jurisprudence en droit privé », *RTD civ.* 2007, p. 23 ; G. LYON CAEN, « L'état des sources du droit du travail », *Dr. soc.,* 2001, p. 1031 ; M. GOBERT, « La jurisprudence, source du droit triomphante mais menacée », *RTD civ.*1992, p. 344 ; M. Bandrac, « La jurisprudence ? », *RTD civ.* 1992, p. 40 ; G. CORNU, « La jurisprudence

des juges pour combler les lacunes, les insuffisances, les silences ou les non-dits de la loi[3]. La délégation du personnel, représentation des salariés au sein de l'établissement ou de l'entreprise, en donne certaines illustrations.

La protection de ceux qui exercent la fonction est assurée par le Code du travail. La disposition légale qui la porte était conçue de manière restrictive avec sa limitation au seul droit du licenciement du délégué du personnel[4]. Mais, interprétant la règle et son esprit, la jurisprudence a procédé à son extension hors du champ d'application concédé par le législateur en jugeant que cette protection ne s'appliquait pas seulement au licenciement[5], mais presque à toutes les mesures qui concernent

---

aujourd'hui », *RTD civ.* 1992, p. 42 ; F. ZÉNATI « Clore enfin le débat sur la jurisprudence aujourd'hui », *RTD civ.* 1992, p. 359.

[3] Entre autres, et loin de rechercher l'exhaustivité, la jurisprudence a consacré en droit du travail le principe de faveur qui n'était à l'origine qu'une règle avec un champ d'application limité qui fut étendu par l'effet de ce principe : v° Ass. Plén. (France), 18 mars 1998, *D.* 1989, note J.-P. Chauchard, p. 221 ; *Grands arrêts* n° 173 ; Soc. 27 mars 2001, *Bull. civ.* V, n° 106 ; A. JEAMMAUD, « Le principe de faveur Enquête sur une règle émergente », *Dr. soc.*, 1999, p.1 15 ; J. PÉLISSIER, « Existe-t-il un principe de faveur en droit du travail », *in Mélanges dédiés à Michel Despax* 2001, p. 389, A. JEAMMAUD, « Les principes dits "de faveur" ont-ils vécus ? », *RDT* 2018, p. 177. C'est aussi à l'occasion d'un litige en droit du travail que la Cour de cassation française a opéré un revirement jurisprudentiel et admis la possibilité de produire en justice une preuve déloyale ; en ce sens, Ass. Plén., 22 décembre 2023, pourvoi n° 20-20.648 ; N. HOFFSCHIR, « Périsse le principe de loyauté plutôt que le droit à la preuve ! », *Dalloz actualité* 09 janvier 2024.

[4] Article L214 du Code du travail.

[5] C. supr. 8 décembre 1982, *aff. société M. c/ P.-M. Diop*, inédit : « Attendu que les dispositions ci-dessus rappelées, qui ont un caractère de lois spéciales, dérogent aux dispositions générales du Code des Obligations civiles et commerciales relatives à la résolution judiciaire des contrats, en vertu du principe selon lequel « *specialia generalibus dérogant* » ; Que dès lors, l'article 188 (devenu L214) du code du travail interdit à l'employeur de poursuivre, par d'autres voies, la rupture du contrat de travail d'un délégué du personnel », c'est nous qui soulignons ; dans le même sens en France, Ch. Mixte 21 juin 1974, *D.* 1974, p. 593, concl. A. Touffait ; *Grands arrêts*, n° 145, « Attendu que les dispositions législatives, [...], ont institué, au profit de tels salaries et dans l'intérêt de l'ensemble des travailleurs qu'ils représentent, une protection exceptionnelle et exorbitante du droit commun qui interdit par suite à l'employeur de poursuivre par d'autres moyens la résiliation du contrat de travail ». C'est nous qui soulignons.

l'exécution, la modification[6] ou la rupture du contrat de travail du délégué du personnel[7].

---

[6] Sur la modification du contrat de travail du délégué du personnel, nous considérons que la Cour suprême a utilisé à tort l'article 70 de l'ancienne CCNI alors que la modification portait sur l'emploi même du salarié et donc sa classification professionnelle (arrêt n° 04 du 25 janvier 2018, *aff. C.-D. Thiaw c/. État du Sénégal*, *Bulletin des Arrêts de la Cour suprême* n°s 15-16, année judiciaire 2018, p. 167 : « Considérant qu'aux termes de l'article 70 alinéa 5 de la CCNI « le délégué du personnel ne peut être muté contre son gré pendant la durée de son mandat, sauf appréciation de l'inspecteur du travail du ressort » ; Considérant que, par décision du 11 mars 2016 du président directeur général de l'Hôtel King Fahd Palace, le requérant, délégué du personnel dont le mandat était en cours, a été muté à un emploi substantiellement différent de celui qu'il occupait, nonobstant son désaccord et sans l'appréciation préalable de l'inspecteur du travail ; Que cette mesure ayant été prise en violation des dispositions de l'article 70 susvisé encourt l'annulation ; »).
C'est certainement pour dissiper toute controverse sur ce point que la nouvelle CCNI dispose en son article 36, remplaçant la disposition précitée, que : « Lorsque les mutations ne sont pas prévues dans les conditions d'engagement, aucun travailleur ne peut être muté dans un autre établissement de l'employeur situé dans une commune ou une localité différente de celle de son lieu de travail habituel, sans son consentement ». C'est nous qui soulignons. Nous sommes d'avis que sur la question de la modification, le délégué ne peut être moins protégé que le salarié dit ordinaire et que par conséquent s'il refuse la modification substantielle de son contrat de travail, il ne peut y être contraint par l'inspecteur du travail et de la sécurité sociale. Et même si l'employeur peut résilier le contrat de travail du salarié en cas de refus d'une telle modification, il ne pourra le faire pour celui du délégué du personnel que sur autorisation de l'autorité administrative. Cette dernière, dans son appréciation doit avoir en vue le mandat exercé et la pertinence de la modification envisagée pour autoriser ou non le licenciement.

[7] C'est spécialement vrai en droit français ; v° L. PÉCAUT-RIVOLIER, H. ROSE, Y. STRUILLOU, « Représentants du personnel : statut protecteur », *Répertoire de droit du travail*, juin 2013, § 429 à 432. En droit sénégalais, la généralité de la motivation de l'arrêt *M. c/ P.-M. Diop* devait y conduire, mais la jurisprudence (Cour Supr., arrêt n° 16 du 27 mars 2014, *Société Matforce SA c/. État du Sénégal (agent judiciaire de l'état)- M. Fall*, Bulletin des arrêts de la Cour suprême, n° 8, Année judiciaire 2014, p.129) semble y apporter des limites, spécialement dans le cas d'une modification non substantielle où malgré le refus du salarié, elle considère que les autorités administratives ont eu tort de ne pas autoriser son licenciement au motif que ce refus « de participer aux opérations d'inventaire étant un acte d'insubordination caractérisée constitutif d'une faute grave rendant impossible le maintien du lien contractuel ». En ajoutant que « l'inventaire annuel dans une entreprise est un acte de gestion courante qui relève des pouvoirs du chef d'entreprise, à l'instar des actes de direction, d'organisation et d'utilisation du personnel.
[…], la participation […] à l'inventaire de l'entreprise pour une tâche d'opération de saisie au niveau du magasin et pour une courte période ne pouvait être considérée comme une modification substantielle de son contrat de travail telle que l'a retenue

L'œuvre de complétude de la norme légale par le juge social ne s'est pas cantonnée à ce seul apport. En décidant que le délégué du personnel ne pouvait être licencié que sur autorisation de l'inspecteur du travail et de la sécurité sociale, la loi a aussi institué un recours administratif hiérarchique et un autre juridictionnel pour excès de pouvoir. Toutefois, dans l'articulation des décisions qui pouvaient émaner de cette procédure, elle a oublié de préciser parfois leurs effets sur la mesure prise par l'employeur et autorisée par l'inspecteur du travail et de la sécurité sociale lorsque l'autorité hiérarchique ou le juge administratif l'annule. Confrontée à cette difficulté, la chambre sociale de la Cour suprême a eu l'occasion de clarifier les solutions à travers l'arrêt que nous nous proposons de commenter.

En l'espèce, le licenciement d'un délégué du personnel avait été initialement autorisé par l'inspecteur du travail et de la sécurité sociale[8].

---

l'autorité administrative », la solution de l'arrêt semble induire que pour la modification non substantielle, elle peut être imposée par l'employeur au délégué du personnel sans que l'autorisation de l'inspecteur du travail et de la sécurité sociale ne soit nécessaire. En l'espèce, l'employeur n'avait saisi l'autorité administrative qu'à la suite du refus du délégué du personnel de participer aux opérations d'inventaires pour demander une autorisation de licenciement. Cette solution semble aller en contresens de la règle consacrée par la CCNI sur la mutation géographique du délégué du personnel refusée par lui qui ne pourra intervenir que sur autorisation administrative (« Le délégué du personnel ne peut être muté, d'un établissement à un autre, contre son gré pendant la durée de son mandat, sauf appréciation de l'inspecteur du Travail du ressort » (Article 14 al. 6 de la CCNI du 30 décembre 2019). La mutation géographique pouvant être une modification substantielle ou non selon les prescriptions de l'article 36 CCNI qui dispose que : « Lorsque les mutations ne sont pas prévues dans les conditions d'engagement, aucun travailleur ne peut être muté dans un autre établissement de l'employeur situé dans une commune ou une localité différente de celle de son lieu de travail habituel, sans son consentement », l'alinéa 6 de l'article 14 CCNI ne distingue pas et confère au délégué du personnel la possibilité de refuser la mutation qu'elle soit substantielle ou non. Il devrait en résulter, cette règle ensemble la jurisprudence visée ci-dessus, que pour tout autre modification non substantielle, l'autorisation de l'inspecteur du travail est nécessaire en cas de refus du délégué. En France, l'autorisation de l'inspecteur du travail et de la sécurité sociale est obligatoire dans ce cas de figure ; en ce sens, L. PÉCAUT-RIVOLIER et *alii*, « Représentants du personnel : statut protecteur » préc.

[8] Seul l'inspecteur du travail et de la sécurité sociale est compétent pour connaitre en premier de la demande d'autorisation de licenciement. Il n'est pas possible d'adresser directement la demande à son supérieur hiérarchique, le ministre chargé du travail. Et en disposant à l'article L 216 du Code du travail que « La décision de l'inspecteur du travail et de la sécurité sociale accordant ou refusant l'autorisation de licenciement du délégué du personnel a un caractère définitif », la loi a fermé la voie du recours gracieux devant lui. De sorte que l'inspecteur du travail et de la sécurité sociale est

La décision du ministre chargé du travail confirmant cette autorisation avait fait l'objet d'un recours pour excès de pouvoir. Par arrêt en date du 23 février 2012, la chambre administrative de la Cour suprême avait annulé la décision confirmative.

Le délégué du personnel avait requis en conséquence de son employeur sa réintégration dans l'entreprise pour la poursuite de l'exécution de son contrat de travail. Il se heurta au refus de ce dernier de faire droit à sa demande et saisit cette fois le juge judiciaire, en l'occurrence le tribunal du travail, pour faire valoir ses droits, et notamment pour réclamer les indemnités égales aux salaires pour la période de mars 2012 à juin 2016[9], les indemnités de préavis et de licenciement, des dommages et intérêts pour non délivrance du certificat du travail et pour licenciement abusif.

Invitée à se prononcer après le jugement rendu par le tribunal du travail, la Cour d'appel avait jugé « qu'en refusant de le réintégrer à son poste malgré la décision de la Cour suprême annulant l'autorisation de licenciement du Ministre du travail et en lui interdisant d'accéder à son lieu de travail, l'employeur a posé des actes qui ont pour effet immédiat de rompre le contrat de travail » du délégué du personnel.

Sur pourvoi, la chambre sociale, après avoir confirmé l'arrêt d'appel sur beaucoup de points soulevés par le salarié en les déclarant

---

dessaisi dès qu'il notifie sa décision aux concernés. Mais ce recours gracieux demeure possible à l'occasion du recours hiérarchique puisque le Code du travail n'a pas prévu en l'espèce une disposition spéciale ; en ce sens, Cour de cassation (Sénégal), arrêt n° 58 du 27 juillet 1994, *M. Ndiaye c/. Les assurances générales sénégalaises* disponible sur https://juricaf.org/arret/SENEGAL-COURSUPREME-19940727-58 : « attendu qu'il est constant que le 9 Novembre 1988 les Assurances Générales Sénégalaises (AG.S.) demandaient à l'Inspecteur du travail l'autorisation de licencier le travailleur M. NDIAYE délégué du personnel; que cette autorisation accordée le 25 Novembre 1988 a été infirmée par décision n° 46645 du 14 Décembre 1988 du Ministre chargé du travail; que par lettre des AG.S en date du 19 Décembre 1988 demandant au Ministre de rapporter sa décision, celui-ci confirma par décision n° 0O01/MFPT/CAB/CT2 du 2 Janvier 1989 sa première décision en ordonnant la réintégration de NDIAYE […] ». C'est nous qui soulignons.

[9] L'arrêt de la chambre administrative annulant l'autorisation de licenciement étant intervenu le 23 février 2012, le délégué du personnel avait certainement aussitôt sollicité sa réintégration dans son emploi à compter du mois de mars 2012. Le refus de l'employeur avait été constaté par acte d'huissier le 18 février 2014. Ainsi, il réclamait une indemnité égale aux salaires pour la période de mars 2012 (date de la demande de réintégration) à juin 2016 (Aucune information n'a été donnée, mais certainement cela correspond à la date de saisine du tribunal du travail).

irrecevables[10], soulève d'office, en vertu de l'article 73-4[11] de la loi organique n° 2017-09[12], un moyen de cassation tiré de la violation des articles L 214 et suivants du Code du travail.

Elle devait alors répondre à la question de savoir si le refus de réintégration du délégué du personnel opposé par l'employeur suite à l'annulation par le juge de l'excès de pouvoir de l'autorisation administrative de licenciement constituait-il un nouveau licenciement ?

Cette question ne trouvait pas sa réponse directement dans le Code du travail, et c'est en articulant une disposition de la loi organique sur la Cour suprême qui n'est pas mentionnée expressément par le visa de l'arrêt[13], d'une part, et certaines règles du Code du travail[14], d'autre part, que la Cour suprême énonce que « la décision du ministre infirmant ou confirmant celle de l'inspecteur du travail accordant ou refusant l'autorisation de licenciement est susceptible de recours juridictionnel en excès de pouvoir ; que l'arrêt de la Cour suprême, annulant tout ou partie d'un acte administratif, a effet à l'égard de tous », pour ensuite l'appliquer au cas d'espèce en jugeant que « la décision de la Cour suprême, annulant l'acte du ministre confirmant l'autorisation du licenciement accordée par l'inspecteur du travail, rend nul le licenciement du délégué du personnel opéré sur le fondement de

---

[10] Points qui n'intéressent pas ce commentaire, et à retrouver dans la version complète de l'arrêt disponible au Bulletin des arrêts de la cour suprême, année judiciaire 2020, p. 187.n° 21-22, précité.

[11] L'article 73-4 relève des dispositions spécifiques en matière de cassation sociale. Il dispose que « Si la Cour suprême relève dans la décision attaquée une violation de la loi, qui n'a pas été invoquée, elle doit la soulever d'office ».

[12] Loi organique n° 2017-09 du 17 janvier 2017 abrogeant et remplaçant la loi organique n° 2008-35 du 08 août 2008 sur la Cour suprême, *JORS* n° 6986 du 18 janvier 2008, p. 47.

[13] C'est l'article 74-4 de la loi organique n° 2017-09 du 17 janvier 2017 abrogeant et remplaçant la loi organique n° 2008-35 du 08 août 2008 sur la Cour suprême, en ses dispositions spéciales en matière administrative qui dispose que : « L'arrêt de la Cour suprême annulant en tout ou partie un acte administratif a effet à l'égard de tous » ; Par contre, l'arrêt n° 31 du 13 mai 2020, (*aff. B. Mbengue c/. Biscuiterie Wehbe devenue Groupe Wehbe*, *Bulletin des arrêts de la cour suprême*, année judiciaire 2020, n° 21-22, avril 2021, p. 139), vise expressément l'article 74-1 de la loi organique portant création de la Cour suprême n° 2008-35 du 8 août 2008, JORS n° 6420 du 8août 2008, p. 755, devenu article 74-4 de la loi organique n° 2017-09 du 17 janvier 2017 abrogeant et remplaçant la loi organique n° 2008-35 du 08 août 2008 sur la Cour suprême précitée.

[14] Article L 214 et suivants du Code du travail.

cette autorisation[15] et maintient les relations de travail entre les parties », pour enfin en tirer la conséquence que « le refus par l'employeur de réintégrer le travailleur ne peut être analysé comme un nouveau licenciement du délégué du personnel, de sorte que ce dernier continue à bénéficier de son salaire »[16].

Ainsi lorsque l'autorité administrative compétente autorise le congédiement du délégué du personnel, l'annulation de sa décision par le juge rend nul le licenciement opéré (I). L'employeur a alors l'obligation de le réintégrer dans son emploi. Toutefois, s'il refuse de le faire, ce refus ne pourra pas être analysé comme un nouveau licenciement (II).

I – Le rejaillissement de l'annulation juridictionnelle de l'autorisation administrative sur le licenciement du délégué du personnel

L'autorisation donnée par l'inspecteur du travail et de la sécurité sociale pour licencier le délégué du personnel est exécutoire mais n'est pas encore définitive tant que les voies de recours ne sont pas épuisées. L'employeur peut alors au moment de la réception de l'acte administratif poursuivre la procédure pour le congédier[17]. Pour sa part, le délégué du personnel peut contester l'autorisation accordée. Si le recours est accepté, la rupture de son contrat sera rétroactivement considérée comme nulle (A) et la relation de travail maintenue avec l'employeur (B).

---

[15] Dans le même sens, et validant la motivation de la Cour d'appel qui avait estimé « d'une part, que l'annulation de la décision administrative entraîne l'annulation de tous les actes subséquents et qu'en conséquence la décision du Conseil d'État précitée a rendu le licenciement irrégulier et, d'autre part, que le droit pour les appelants d'être réintégrés et de bénéficier des salaires ne peut être sérieusement contesté ;
Qu'en se déterminant ainsi elle n'encourt pas les reproches des moyens qui doivent être rejetés ; » ; Cour de cassation (Sénégal), arrêt n° 38 du 08 juin 2005, disponible sur https://juricaf.org/arret/SENEGAL-COURDECASSATION-20050608-038.

[16] Dans le même sens, Cour supr., arrêt n° 31 du 13 mai 2020, *B. Mbengue c/. Biscuiterie Wehbe* précité.

[17] G. AUZÉRO, D. BAUGARD, E. DOCKÈS, *Droit du travail*, Précis Dalloz, 35e édition, 2022, p. 1523.

A – La nullité rétroactive du licenciement[18]

Le législateur a inscrit dans la législation sociale des mesures de sauvegarde de la pérennité du contrat de travail du délégué du personnel pour lui permettre d'assurer pleinement et sans crainte de représailles la mission de représentation du personnel qu'il lui a confiée.

Ainsi, il prescrit à l'article L 214 du Code du travail[19] que le délégué du personnel ne peut être congédié par l'employeur de manière unilatérale. S'il envisage de rompre avec le représentant des salariés au sein de l'établissement ou de l'entreprise, il est tenu de solliciter une autorisation auprès de l'inspecteur du travail et de la sécurité sociale sous peine de nullité de la mesure prise. À cette fin, il doit donc introduire une demande préalable auprès de l'autorité administrative pour être autorisé à le licencier. En l'espèce, l'employeur avait reçu cette autorisation et avait pu, dans un premier temps, valablement licencier le délégué du personnel.

Toutefois la décision de l'autorité administrative compétente autorisant la rupture n'est pas encore définitive. Le délégué du personnel garde la possibilité d'exercer les voies de recours[20]. Il peut intenter un recours hiérarchique[21] obligatoirement avant toute saisine du juge administratif[22]. En l'espèce, le salarié avait pu l'introduire, mais le ministre chargé du travail, autorité administrative supérieure, avait maintenu l'autorisation en confirmant la décision de son subordonné.

---

[18] N. ALIPRANTIS, « L'annulation de l'autorisation de licenciement et ses effets civils à l'égard des travailleurs protégés ». Contribution à l'étude des interférences du Droit public et du Droit privé », *Dr. soc.* 1976, p. 338, spéc., p. 345.

[19] Article L 214 du Code du travail : « L'autorisation de l'inspecteur du travail et de la sécurité sociale est requise avant tout licenciement d'un délégué du personnel envisagé par l'employeur ou son représentant ».

[20] Il faut toutefois préciser que le recours gracieux n'est pas possible en la matière puisque le Code du travail attache un effet définitif à la décision de l'inspecteur du travail et de la sécurité sociale (Article L216 al. 1 du Code du travail : « La décision de l'inspecteur du travail et de la sécurité sociale accordant ou refusant l'autorisation de licenciement du délégué du personnel a un caractère définitif. [...] »).

[21] G. RAIMBAULT, « Perrette et le pot au Sorelait », *AJDA* 2023, p. 1515.

[22] Article L 216 al. 2 du Code du travail : « La décision de l'inspecteur du travail accordant ou refusant l'autorisation de licenciement d'un délégué du personnel n'est susceptible d'aucun recours autre que le recours hiérarchique devant le ministre chargé du travail ». Ainsi, seule la décision du ministre peut faire l'objet d'un recours pour excès de pouvoir, celle de l'inspecteur ne pouvant faire l'objet que d'un recours hiérarchique devant le ministre.

C'est ainsi que le salarié avait déféré cette dernière décision devant le juge de l'excès de pouvoir. Par arrêt en date du 23 février 2012, la chambre administrative de la Cour suprême avait annulé la décision administrative.

À partir de cet instant, se posait la question de la réintégration du délégué dans son emploi. Même si la loi ne le prévoit pas, se contentant simplement de disposer que « le licenciement qui serait prononcé par l'employeur sans que l'autorisation préalable de l'inspecteur ait été demandée, ou malgré le refus opposé par l'inspecteur, est nul et de nul effet »[23], la chambre sociale de la Cour suprême juge que l'annulation pour excès de pouvoir de l'autorisation administrative rejaillit de manière rétroactive sur tous les actes posés lors de la procédure de licenciement. Elle atteint non seulement la décision confirmative du ministre et celle initiale de l'inspecteur du travail et de la sécurité sociale, mais également le licenciement prononcé par l'employeur[24]. À l'appui de sa position, le juge reprend dans sa motivation une disposition de la loi organique sur la Cour suprême relative aux particularités de la procédure devant sa chambre administrative. Selon ce texte, que le juge reprend *in extenso* dans la motivation, « l'arrêt de la Cour suprême, annulant tout ou partie d'un acte administratif, a effet à l'égard de tous »[25]. Il s'impose donc non seulement à l'autorité administrative, mais également aux parties à la relation de travail. De sorte que l'on va considérer ce licenciement comme n'étant pas au final autorisé puis être assimilé à une absence d'autorisation avec les conséquences légales prévues pour celle-ci.

Le juge rappelle d'ailleurs, à propos d'un autre moyen du pourvoi non exploité pour les besoins de cette réflexion, que le délégué du personnel ne pouvait pas demander à l'employeur la délivrance de son certificat de travail. À ce propos, il affirme « qu'au sens de l'article L 58 du Code du travail, l'employeur n'est tenu de délivrer un certificat de travail au salarié qu'en cas d'expiration du contrat de travail ». Or, le licenciement étant annulé, ses conséquences sont neutralisées, de

[23] Article L 216 al. 1 du Code du travail, (deuxième phrase).

[24] Sur la qualification de « nul » attachée au licenciement, une opinion contraire, v. B. GAURIAU, « Licenciement nul et licenciement dont l'autorisation est annulée : une distinction toujours nécessaire », *Dr. soc.*, 2005, p. 277.

[25] Article 74-4 de la loi organique n° 2017-09 du 17 janvier 2017 abrogeant et remplaçant la loi organique n° 2008-35 du 08 août 2008 sur la Cour suprême, précité ;

sorte que le contrat de travail n'étant pas finalement rompu, le certificat de travail n'a pas à être délivré.

L'annulation de la décision administrative est intervenue devant le juge de l'excès de pouvoir, elle aurait pu intervenir à l'occasion du recours hiérarchique. Dans ce cas, la même solution s'appliquerait, celle d'une annulation rétroactive de l'autorisation accordée par l'inspecteur du travail et de la sécurité sociale[26]. Contrairement à la situation d'espèce, cette hypothèse est expressément prévue par le Code du travail lorsqu'il liste les cas où la réintégration du délégué du personnel est de droit du fait de la violation de la procédure instituée ou en raison du succès de son recours devant le supérieur hiérarchique de l'inspecteur du travail et de la sécurité sociale[27].

On peut toutefois avoir des réserves par rapport à l'application pure et simple de la règle en matière de relation de travail. Il est certain que la disposition en question, conférant aux décisions de la Cour suprême en matière administrative un effet à l'égard de tous, a une portée générale. Mais l'on peut se demander si elle ne devrait pas rencontrer une nuance en droit du travail dans l'intérêt du salarié. Ainsi, même si la décision a effet à l'égard de tous, le juge du travail devrait être en mesure d'en avoir une interprétation limitée en aménageant ses conséquences au regard des spécificités de la matière, et cela au profit du salarié. Cela se traduirait par la possibilité qui lui serait laissée de renoncer à sa réintégration pour réclamer les conséquences indemnitaires de la rupture de son contrat de travail comme le travailleur a semblé le faire en l'espèce.

À titre de droit comparé, en France, cette possibilité est reconnue au représentant du personnel[28]. Elle aura le mérite de s'inscrire dans le sens

---

[26] Cour supr., 13 novembre 2013, arrêt n° 47, *B. Pereira c/. Nestlé Sénégal*, *Bulletin des Arrêts de la Cour suprême* n°s 6-7, Année judiciaire 2013, p. 110.

[27] Article L.217 du Code du travail : « En cas de licenciement prononcé par l'employeur, sans que l'autorisation préalable de l'inspecteur ait été demandée ou malgré le refus opposé par l'inspecteur ou au cas d'annulation par le ministre de la décision de l'inspecteur autorisant le licenciement, le délégué du personnel ainsi licencié est réintégré d'office avec paiement d'une indemnité égale au salaire qu'il aurait perçu s'il avait travaillé ». C'est nous qui soulignons.

[28] V° L. PÉCAUT-RIVOLIER et *alii*, « Représentants du personnel : statut protecteur », préc., § 447 et s. ; L. MILET, « Les indemnités dues aux représentants du personnel licenciés sans autorisation administrative », *Dr. soc.*, 2001, p. 1053 ; J. SAVATIER, « Protection des conseillers prud'hommes contre le licenciement. Sanction des licenciements prononcés sans autorisation administrative », *Dr. soc.*,

d'une meilleure prise en charge des intérêts des travailleurs qui sont les bénéficiaires de la représentation. La rupture illicite de la relation de travail a déjà installé les parties dans une forme de confrontation. Forcer le délégué du personnel à réintégrer l'entreprise pourrait se révéler néfaste à la mission qu'il exerce au profit de ses pairs. Un conflit latent ou ouvert risque de l'opposer à l'employeur, avec un climat social délétère qui ne convient pas à une bonne défense des intérêts des salariés. À cela s'ajoute le fait que le contraindre à poursuivre la relation de travail avec son employeur, en qui il a peut-être déjà perdu confiance, risque de le démotiver au détriment de la fonction qu'il incarne. À titre individuel, il pourrait ne plus avoir l'envie de retourner au sein de l'entreprise en raison de ses rapports devenus difficiles avec l'employeur, et surtout le temps du procès étant un temps long, il a pu retrouver un autre emploi, peut-être plus favorable. Il en va autrement des juges sénégalais qui ne semblent pas en l'occurrence aménager cette possibilité et imposent le maintien de la relation de travail.

B – Le maintien des relations de travail

La nullité du licenciement[29], comme en droit des contrats, remet les parties dans le *statu quo ante*[30]. Ce retour à la situation antérieure des parties fera revivre le contrat de travail qui les liait et se traduit par le maintien des relations de travail. La poursuite du contrat de travail du délégué du personnel doit être assurée. Elle se concrétisera par une réintégration[31] effective du salarié dans son contrat et ses fonctions de représentant.

Le maintien des relations de travail pose d'abord la lancinante question de l'effectivité de la poursuite du contrat de travail du délégué

2001, p. 899 ; J. MOULY, « Quelle indemnisation pour les salariés protégés irrégulièrement licenciés ? Propos hétérodoxes sur la jurisprudence relative au statut protecteur », *Dr. soc.*, 2009, p. 1204.

[29] De manière générale sur la nullité du licenciement, B. GAURIAU, « La nullité du licenciement et la personne du salarié », *Dr. soc.*, 1993, p. 738.

[30] Cour de Cassation, arrêt n° 30 du 12 mars 2003, *CDE C/ B.-K. Ndao,* disponible sur https://juricaf.org/arret/SENEGAL-COURDECASSATION-20030312-302003.

[31] B. DESJARDINS, « La réintégration », *Dr. soc.*, 1992, p. 766 ; TH. KAPP, M. KEIM-BAGOT, « Charivari au pays de la réintégration du salarié (2) », *Dr. soc.*, 2022, p. 414 ; G. COUTURIER, « L'impossibilité de réintégrer », *Dr. soc.*, 2005 p. 403 ; J. SAVATIER, « La disponibilité d'un emploi en vue d'une réintégration, d'un reclassement ou d'une priorité d'embauche », *Dr. soc.*, 1999, p. 146.

du personnel. En principe, il doit retrouver son emploi antérieur[32], celui précédemment occupé avant le prononcé du licenciement. Mais il peut ne plus être disponible en raison de sa suppression ou de la cessation de l'activité à laquelle le salarié était occupé. Dans ce cas, la réintégration se fera sur un poste équivalent[33]. L'équivalence s'entendant du même niveau de qualification professionnelle et par conséquent de la même catégorie professionnelle, mais également du même niveau de rémunération. L'indisponibilité du poste, par l'affectation antérieure à la réintégration d'un autre salarié sur celui-ci, pose la question de savoir si le délégué peut prétendre à une mutation de l'occupant pour assurer son retour dans son emploi. L'on devrait estimer, sauf fraude de la part de l'employeur, que le poste n'est plus éligible pour la mise en œuvre du maintien des relations de travail.

La réintégration doit aussi en principe se faire dans l'établissement où le délégué du personnel était antérieurement affecté si l'entreprise en dispose plusieurs. À défaut, elle devrait pouvoir être accomplie dans un autre.

Ces restrictions liées aux modalités de réintégration s'expliquent par le fait que ces éléments sont en lien avec le mandat exercé. En effet, le délégué du personnel représente en principe les salariés de sa catégorie professionnelle, sauf s'il n'existe qu'un seul collège électoral[34], mais également ceux de son établissement[35]. Le changement de catégorie

---

[32] A. FABRE, Dalloz, *Répertoire de droit du travail*, avril 2020 (act. octobre 2023), § 480 et s., *v* Contrat de travail à durée indéterminée : rupture – licenciement – droit commun* ; G. AUZÉRO, D. BAUGARD, E. DOCKÈS, *Droit du travail*, *op. cit.*, p. 1533, § 1198.

[33] PH. WAQUET, « L'employeur a-t-il le choix de réintégrer le salarié protégé « dans son emploi » ou « dans un emploi équivalent » ? », *Dr. soc.*, 1990, p. 328 ; M. KELLER, « Conseil de prud'hommes. Annulation de l'autorisation de licenciement d'un conseiller. Réintégration dans l'emploi », Obs. sous Soc. 12 mai 1998, *Dr. soc.*, 1998, p. 728.

[34] M. GAYE, « L'élection en droit du travail », *in le droit africain à la conquête de son identité, Mélanges offerts au professeur Isaac Yankhoba Ndiaye*, pp. 587-631, spéc., pp. 601-602 ; sur les collèges électoraux, v. G. AUZÉRO et *alii*, *Droit du travail*, *op. cit.*, p. 1451 et s.

[35] L'élection du délégué du personnel a lieu en principe au niveau de l'établissement, et exceptionnellement au niveau de l'entreprise si les établissements qui la composent ne comportent pas séparément plus de dix travailleurs et qu'ils sont situés dans une localité ou dans un cercle d'un rayon de 10 km (art. 1 al. 1 et 2 du décret n° 67-1360 du 9 décembre 1967 fixant les conditions et les modalités de désignation des délégués du personnel dans les entreprises et définissant leur mission) ; cf. Friedrich Ebert

professionnelle[36] comme de lieu de travail[37] a pour conséquence la perte du mandat de représentation.

La réintégration du représentant du personnel s'accompagne du paiement des salaires échus du prononcé du licenciement jusqu'à la réintégration effective du travailleur[38], peu important d'ailleurs que le licenciement fut autorisé par l'autorité administrative compétente, sa nullité intervenant devant le supérieur hiérarchique ou le juge administratif[39] produira les mêmes effets.

Le maintien des relations de travail devrait en principe aussi rendre possible la continuité de l'exercice du mandat de représentation. La rupture illicite du contrat de travail du délégué du personnel n'a pas pour conséquence immédiate la perte de sa fonction. Ce serait d'ailleurs offrir une solution de facilité à l'employeur s'il en était ainsi. Il serait tenté de se débarrasser d'un délégué du personnel en procédant à son

---

Stiftung, *Le manuel du travailleur, Droit du travail au Sénégal, Recueil des textes législatifs, réglementaires et conventionnels*, 3ème éd., 2013, p. 708.

[36] L'article L 213 du Code du travail prévoit les cas où le délégué du personnel perd provisoirement ou définitivement son mandat électif : « Chaque délégué à un suppléant élu dans les mêmes conditions, qui le remplace en cas d'absence motivée, de décès, démission, révocation, changement de catégorie professionnelle, mutation d'établissement, résiliation de contrat de travail, perte des conditions requises pour l'éligibilité » ; v. M. GAYE, « L'élection en droit du travail » préc., p. 608 ; M. GADRAT, Dalloz, *Répertoire du droit du travail,* février 2019 (act. février 2021), § 147-151, *v* Délégués du personnel* ; Y. LEROY, Dalloz, *Répertoire du droit du travail,* sept. 2019 (act. mars 2023), § 99, *v* Comité social et économique* ; O. LEVANNIER-GOUEL, « L'intégration étroite et permanente à la communauté de travail. Conditions d'accès et de maintien des salariés dans leurs fonctions représentatives », *RDT*, 2017, p. 19.

[37] Cour supr., 12 avril 2017, arrêt n° 32, disponible https://juricaf.org/arret/SENEGAL-COURSUPREME-20170412-32.

[38] Cour supr., 13 novembre 2013 préc. ; arrêt n° 30 du 25 juin 2014, *O. Ndiaye c/. La société de cosmétiques et dentifrices*, *Bulletin des arrêts de la Cour suprême* n° 8, année judiciaire 2014, p. 106 ; Soc., 26 mars 2013, 11-27.964, 11-27.996 : « […] le licenciement d'un salarié prononcé en violation du statut protecteur est atteint de nullité et ouvre droit pour ce salarié à sa réintégration s'il l'a demandée et, dans ce cas, au versement d'une indemnité compensatrice de ses salaires jusqu'à sa réintégration qui constitue la sanction de la méconnaissance de son statut protecteur, […] ; » ; Soc. 30 nov. 1999, nº 97-41.690, *Bull. civ.* V, nº 465.

[39] Cour supr., 24 mai 2017, arrêt n° 57, *Société Fûts Métalliques de l'Ouest Africain, dite, FUMOA c/. H. DIALLO*, disponible https://juricaf.org/arret/SENEGAL-COURSUPREME-20170524-57 ; sur les divergences qui ont pu exister sur ce point entre les chambre criminelle et sociale de la Cour de cassation française, v. G. AUZÉRO et *alii*, *Droit du travail*, *op. cit.*, p. 1532, § 1197.

licenciement sans autorisation administrative s'il n'était pas prescrit que ce dernier retrouve son mandat une fois sa réintégration ordonnée. L'employeur de mauvaise foi pourrait céder à cette tentation pour ensuite succomber à la demande de réintégration avec comme effet que le délégué aura entre-temps perdu son mandat. En obtenant sa réintégration, il doit aussi retrouver son mandat.

Concernant l'exercice du mandat de délégué du personnel, le licenciement du titulaire investira dans la fonction son suppléant qui devient par là le nouveau titulaire. Dès lors que la rupture est annulée pour violation de la procédure substantielle et que le mandat est toujours en cours, le retour du titulaire dans l'entreprise entraine le départ de son remplaçant de la titularité du poste pour retrouver sa condition de suppléant. Toutefois, l'on sait que la contestation de la rupture intervenue sans observations de la procédure de licenciement du délégué du personnel, en raison du dilatoire de l'employeur, ne sera couronnée de succès que bien des années plus tard de sorte que le mandat antérieurement exercé est peut-être arrivé à expiration, sauf si le représentant le sollicite par voie de référé. La désignation d'autres salariés dans la fonction de délégué du personnel à l'occasion d'une élection de renouvellement lui fera perdre son mandat, il réintégrera en étant désormais un ancien délégué du personnel et bénéficiera de la protection contre le licenciement pour une durée de trois mois[40] ; le point de départ de ce délai devant être le jour de sa réintégration.

Le juge du fond ayant constaté la nullité du licenciement peut ordonner la réintégration sous astreinte[41]. Il le peut au titre du Code des obligations civiles et commerciales (COCC) qui donne au juge, ayant constaté l'inexécution d'une obligation, le pouvoir de prononcer une astreinte pour son exécution[42]. Il lui fixe ou non une durée, et au cas où elle n'est pas limitée dans le temps, elle est due jusqu'à exécution effective, de sorte que si l'employeur persiste dans son refus de reprendre le délégué du personnel jusqu'à son départ à la retraite, il lui

---

[40] Article L 216 al. 4 Code du travail.

[41] Cour supr., 11 janvier 2017, arrêt n° 05, *B. PEREIRA c/. Nestlé Sénégal*, disponible sur https://juricaf.org/arret/SENEGAL-COURSUPREME-20170111-05.

[42] Article 196 COCC ; v. aussi J. MESTRE, « De l'astreinte », *RTD civ.* 1991, p. 534 ; F. GUERCHOUN, Dalloz, *Répertoire de procédure civile*, nov. 2021 (act. juin 2023), *v* Astreinte*.

doit le montant de l'astreinte calculé depuis la rupture illicite jusqu'au départ à la retraite du salarié[43].

La violation du statut protecteur étant constitutive d'une voie de fait, le juge des référés peut également être saisi aux fins de faire cesser ce trouble manifestement illicite[44]. Il est donc compétent pour ordonner la réintégration du délégué du personnel en cas de refus de l'employeur[45], et au besoin sous astreinte.

Malgré les garanties imposées par la législation sociale pour défendre la mission confiée aux délégués du personnel, le maintien des relations de travail peut toujours se heurter au refus délibéré de l'employeur de réintégrer le représentant du personnel. Cette résistance aux prescriptions de la loi ou à la décision prononcée par le juge ne peut s'analyser cependant comme un nouveau licenciement.

II – L'irréductibilité du refus de réintégration à un nouveau licenciement

Le refus de l'employeur de réintégrer le délégué du personnel en l'absence d'autorisation administrative de licenciement ou à la suite de son annulation ne peut être considéré comme un nouveau licenciement (A). Il demeure tenu de poursuivre la relation de travail et doit par conséquent les salaires du délégué du personnel malgré son refus de le réintégrer (B)

A - Le rejet de toute assimilation entre le refus de réintégration et un nouveau licenciement[46]

---

[43] Cour supr., 24 août 2016, arrêt n° 34, *Compagnie Sucrière Sénégalaise (CSS) c/. B. DIOP*, disponible sur https://juricaf.org/arret/SENEGAL-COURSUPREME-20160824-34.

[44] Cour supr., 13 octobre 2010, arrêt n° 54, *B. Pereira c /. Nestlé Sénégal*, *Bulletin des Arrêts de la Cour suprême* n° 2-3, années judiciaires 2010 et 2011, p. 182 ; A. FABRE, Dalloz, *Répertoire de droit du travail*, *op. cit.*, § 486 et s., *v* Contrat de travail à durée indéterminée : rupture – licenciement – droit commun.*

[45] Cour supr., 23 janvier 2019, arrêt n° 5, *La Société de distribution de produits Métalliques dite Diprom c/. I. Sèye & autres*, *Bulletin des arrêts de la Cour suprême* n° 17-18, année judiciaire 2019, p. 93.

[46] L'intitulé aurait pu être libellé en lui ôtant le qualificatif de nouveau licenciement. Il rendrait ainsi mieux compte de notre critique de la position du juge suprême. Il a été maintenu comme tel pour rendre compte de ce que la Cour a disposé en déniant au refus de réintégration opposé par l'employeur toute qualification de licenciement, et à juste titre d'ailleurs, alors que la Cour d'appel y avait vu un licenciement abusif.

La nullité du licenciement du délégué du personnel pour violation de la procédure exceptionnelle et exorbitante du droit commun instituée en sa faveur[47] fait naitre à la charge de l'employeur l'obligation de poursuivre avec lui la relation de travail. Cette obligation se matérialise par l'impérativité de sa réintégration au sein de l'entreprise. S'agissant d'une atteinte à une liberté fondamentale[48], par l'effet des nuisances faites au mandat de représentation exercé par le délégué du personnel, la remise en l'état est la solution consacrée pour préserver l'institution et la liberté fondamentale qu'elle incarne.

La réintégration est une obligation de faire dont le débiteur est l'employeur. Et selon le COCC, elle ne peut en principe faire l'objet d'une exécution forcée dès lors que la personnalité du débiteur est déterminante[49]. La relation de travail étant *intuitu personae*, la personne du débiteur de l'obligation est alors déterminante, ce qui éloigne la possibilité d'une exécution forcée.

Et il est clair qu'à partir du moment où il n'existe pas de licenciement, à plus forte raison il n'existe pas de licenciement abusif. Mais elle aurait pu quand même dire que ce refus produisait les effets d'un licenciement abusif, ce qui n'est plus du tout la même affirmation.

[47] C. supr. 8 décembre 1982 préc. : « Attendu que les dispositions de l'article 188 [devenu article L. 214] du Code du travail soumettant à autorisation administrative le licenciement des délégués du personnel ont institué, au profit de tels salariés et dans l'intérêt de l'ensemble des travailleurs, une protection exceptionnelle et exorbitante du droit commun ; […] » ; Dans le même sens, Ch. Mixte (France) 21 juin 1974, préc. : « Attendu que les dispositions législatives, soumettant à l'assentiment préalable du comité d'entreprise ou à la décision conforme de l'inspecteur du travail le licenciement des salaries légalement investis de fonctions représentatives, ont institué, au profit de tels salaries et dans l'intérêt de l'ensemble des travailleurs qu'ils représentent, une protection exceptionnelle et exorbitante du droit commun […] ».

[48] Au titre des libertés publiques et de la personne humaine, des droits économiques et sociaux et des droits collectifs, la Constitution du Sénégal consacre le droit pour tout travailleur de participer, par l'intermédiaire de ses délégués, à la détermination des conditions de travail dans l'entreprise (art. 25 al. 5). Le Code du travail leur permet ainsi d'être représentés par les syndicats pour la défense de leurs intérêts professionnels et les délégués du personnel pour l'application effective de la législation sociale.

[49] Article 195 COCC ; v. aussi, W. JEANDIDIER, « L'exécution forcée des obligations contractuelles de faire », *RTD civ.*, 1976, p. 700 et s. ; sur les difficultés de distinctions des types d'obligation et de leurs conséquences, et notamment par rapport à l'exécution forcée, v. également, G. PIGNARRE, « À la redécouverte de l'obligation de *praestare* », *RTD civ.*, 2001, p. 41.

Le délégué du personnel peut alors se heurter au déni de l'employeur de le réintégrer dans son emploi, et éventuellement dans ses fonctions. En l'espèce, un tel refus lui avait été opposé. Confronté à un tel comportement de son cocontractant, il avait pu considérer que son contrat de travail était rompu définitivement et de manière abusive. Cela explique sa saisine du tribunal du travail pour réclamer ses droits, notamment les salaires non payés depuis la rupture, les indemnités de préavis et de licenciement, et des dommages et intérêts pour non délivrance du certificat du travail et pour licenciement abusif. La Cour d'appel avait suivi le raisonnement du délégué du personnel pour conclure en l'existence d'un licenciement abusif. Elle avait caractérisé cette résistance de l'employeur en constatant non seulement son refus de réintégrer le représentant à son poste malgré la décision de la Cour suprême annulant l'autorisation de licenciement du Ministre du travail, mais aussi en lui interdisant l'accès à son lieu de travail. Le salarié avait également pris le soin de faire constater par voie d'huissier le comportement délictuel de l'employeur. Pour toutes ces raisons, les juges du fond avaient estimé que les actes de l'employeur avaient eu pour effet immédiat de rompre le contrat de travail du délégué du personnel.

Il est certain que cette bravade patronale constitue à la fois une violation de la réglementation et de la décision de justice, une voie de fait manifestement illicite et un manquement à ses obligations légales et contractuelles. Mais le raisonnement comme la motivation de l'arrêt d'appel n'agréent pas, à juste titre la Haute juridiction. La gravité du comportement délictuel du débiteur de la réintégration ne peut pas être assimilée à un nouveau licenciement. Le juge suprême l'affirme avec force lorsqu'il juge que « le refus par l'employeur de réintégrer le travailleur ne peut être analysé comme un nouveau licenciement du délégué du personnel ». Cela est d'autant plus vrai que ce qui est rompu une fois ne peut l'être à nouveau, or en l'espèce le contrat de travail l'avait déjà été, ce qui rendait impossible une nouvelle rupture. C'est seulement dans de rares cas que le retour en arrière est permis pour renouer unilatéralement le lien[50], mais le licenciement ne bénéficie pas

[50] Par exemple en matière de démission du salarié où la rétraction est possible à certaines conditions ; v. en ce sens G. AUZERO et *alii*, *Droit du travail*, *op. cit.*, p. 520 ; B. GÉNIAUT, « Qualification de démission : entre jurisprudence et projet de loi », *RDT*, 2022, p. 637. À l'inverse, elle ne semble pas possible pour la prise d'acte de la rupture opérée par le salarié ; en ce sens, J. PÉLISSIER, « La prise d'acte : rétractation et charge de la preuve », *RDT*, 2009, p. 712.

de cette faveur[51]. En refusant de réintégrer le délégué du personnel, l'employeur ne prend pas une nouvelle mesure contre lui mais persiste dans la violation de la loi après l'arrêt annulant l'autorisation administrative qui lui avait été accordée. Jusqu'à cet arrêt de la chambre administrative, il était encore dans la légalité en procédant au licenciement du délégué du personnel. Mais à compter de la date de celui-ci, il avait l'obligation d'en tirer les conséquences au profit du délégué du personnel en procédant à la reprise de la relation contractuelle.

Cette résistance de l'employeur ne se justifiait pas d'ailleurs. Dès lors que le licenciement est nul, la réintégration du délégué du personnel doit se faire le plus rapidement possible suite à la demande du délégué du personnel évincé ou de l'injonction donnée par l'inspecteur du travail et de la sécurité sociale. Le refus de poursuivre la relation de travail l'expose d'ailleurs à des sanctions civiles et pénales. Si le déni de réintégration persiste au-delà du délai maximum imparti de quinze jours, il encourt une sanction pécuniaire. Il devra au délégué une indemnité supplémentaire[52] dont le versement ne le libèrera pas toutefois de son obligation[53]. La défiance de l'employeur le rend également coupable du délit d'entrave. L'infraction couvre l'atteinte faite à la libre désignation des délégués du personnel ou à l'exercice régulier de leurs fonctions. Le licenciement sans autorisation administrative du représentant du personnel comme le refus de le réintégrer après l'annulation de l'autorisation antérieurement accordée qui atteint le licenciement lui-même consomment ce délit[54].

L'on peut s'interroger encore sur l'absoluité de la motivation avancée par la Cour suprême. Certes la loi organique sur la Haute

---

[51] Pour être rompu à nouveau, faut-il encore que le lien ait été renoué à la suite du premier licenciement. Or, le renouement de la relation de travail ne pourrait être possible en l'espèce qu'avec le consentement des deux parties ; v. J. SAVATIER, observations sous Soc. 28 juin 2000, *AGS de Paris c/. Delehaye et Sté Vigneau et Delehaye*, *Dr. soc.*, 2000, p. 1029 ; J.-J. SERRET, note sous Soc. 11 déc. 1991 *JCP 92, E*, II, 320 ; G. COUTURIER, observations sous Soc. 13 novembre 2001 *Airporc viandes c/. Pagnon*, *Dr. soc.*, 2002, p.115 ; Soc. 11 décembre 1991 Leck c/ Rambour et autres, Actualité jurisprudentielle, *Dr. soc.*, 1992, p.190.

[52] Cour supr., 13 mai 2020, arrêt n° 31 préc.

[53] Art. L 217 al. 2 et 3 du Code du travail.

[54] Il encourt alors une amende de 250.000 à 1.000.000 FCFA et d'un emprisonnement de 1 mois à 1 an ou de l'une de ces 2 peines seulement (art. L278 al. 1 du Code du travail).

juridiction prévoit *expressis verbis* que les arrêts de sa chambre administrative ont effet à l'égard de tous, mais n'est-il pas cependant possible, en considération des finalités du droit du travail, de l'y adapter en lui donnant une nuance dans son application ? Il ne s'agira pas de dire que le refus de réintégration s'analyse en un nouveau licenciement, ce qu'il ne peut pas évidemment être comme le rappelle le juge à juste titre, mais de donner au seul délégué du personnel la possibilité de renoncer à la poursuite de la relation de travail afin de déclencher le bénéfice de ses conséquences indemnitaires. La Cour aurait pu opérer simplement une substitution de motifs en écartant l'existence d'un nouveau licenciement tout en reconnaissant le droit du représentant du personnel d'y renoncer. Cela aurait permis de sauver la solution rendue par le juge d'appel. Ainsi, le licenciement demeurerait nul, mais par l'effet de la renonciation du créancier de l'obligation de réintégration, il produira les suites d'un licenciement abusif. Ce qui ouvre la possibilité au salarié d'obtenir les sommes réclamées en l'espèce au premier juge.

La Haute juridiction ne semble pas disposée à faire produire au licenciement nul les effets d'un licenciement abusif. Elle avait certes, par le passé, semblé s'abstenir de contredire le juge du fond d'avoir alloué des dommages et intérêts face au refus de réintégration en visant l'article 51 b du Code du travail de 1961[55] devenu L56 b du Code du travail de 1997[56] mais en le censurant seulement d'avoir tenu compte du comportement des délégués du personnel pour atténuer le montant de dommages et intérêts alloués[57]. La cassation de la décision portait donc sur les modalités de l'indemnisation des salariés et non sur le principe même d'allouer des dommages et intérêts. Or, justement les dommages et intérêts constituent la sanction d'un licenciement abusif. Elle avait même approuvé des juges du fond ayant décidé que le licenciement du salarié sans autorisation administrative était abusif[58].

---

[55] Loi n° 61-34 du 15 juin 1961, *JORS* n° 3462 du 3 juillet 1961, p. 1015.

[56] Loi n* 97-17 du 1er décembre 1997, *JORS* n° 5776 du 13 décembre 1997, p. 503.

[57] C. cass. (Sénégal), 10 juillet 1996, arrêt n° 50, *D.-G. Galixte et autres c/. Société Industrielle Moderne des Plastiques Africains dite SIMPA*, disponible sur https://juricaf.org/arret/SENEGAL-COURDECASSATION-19960710-50.

[58] Cour supr., 13 février 2008, arrêt n° 07, *CESAG/BCEAO c/. Aa Ac X* (Pseudonymes) : « Mais attendu que la Cour d'appel qui, après avoir relevé que le CESAG contestait la qualité de délégué du personnel de X et écarté ce moyen aux motifs que la contestation de la régularité de l'élection n'a pas été portée devant le juge compétent, en a tiré la conséquence que le licenciement de celui-ci, prononcé

Mais elle a semblé changer de posture par la suite dans un arrêt où elle leur reproche une violation de la loi pour avoir estimé « qu'il ressort de l'article L 217 que la réintégration est une prérogative reconnue dans l'intérêt exclusif du salarié ; qu'elle n'est ainsi possible que si le travailleur le demande ou ne s'y oppose pas ; qu'elle ne saurait par conséquent lui être imposée », au motif que « la réintégration du délégué du personnel ainsi licencié n'est pas laissée à l'appréciation des parties parce qu'étant d'ordre public »[59]. L'on croyait la jurisprudence définitivement assise sur la question mais par un arrêt des chambres réunies, la Cour suprême décide que « le licenciement nul et le licenciement abusif sont exclusifs l'un l'autre, de sorte que la requête adressée le 14 juin 2004 au tribunal du travail pour licenciement abusif par [la salariée], déléguée du personnel licenciée le 10 octobre 2003 et non réintégrée dans le délai légal malgré l'annulation de l'autorisation de licenciement par le ministre du travail, s'analyse <u>en une renonciation à son droit à réintégration</u>[60] », et elle ajoute que « les salaires échus et les indemnités dues à celle-ci entre octobre 2003 et juin 2004 sur le fondement de l'article L 217 du Code du travail, constituent dès lors des droits acquis à prendre en compte, selon les dispositions de l'article L 56 du code du travail, <u>dans la fixation du montant des dommages-intérêts pour licenciement abusif</u>[61] »[62]. Mais la jurisprudence semble encore s'inverser dans l'arrêt commenté où elle affirme avec fermeté l'effet erga omnes de la nullité du licenciement du délégué du personnel en soulevant d'office le moyen de cassation pour censurer l'arrêt d'appel. Ce qui indique désormais une position tranchée des juges suprêmes concernant leur doctrine rejetant toute transformation du licenciement nul en abus de droit[63].

---

sans l'autorisation de l'inspecteur du travail est abusif, a ainsi légalement justifié sa décision », https://juricaf.org/arret/SENEGAL-COURSUPREME-20080213-07.

[59] Cour supr., 14 mai 2008, arrêt n° 28, https://juricaf.org/arret/SENEGAL-COURSUPREME-20080514-28.

[60] C'est nous qui soulignons.

[61] C'est nous qui soulignons.

[62] Cour supr., 20 mars 2012, arrêt n° 10, *société SENTEL GSM c/ Dieynaba* (pseudonymisé), disponible sur https://juricaf.org/arret/SENEGAL-COURSUPREME-20120320-10.

[63] La Cour avait déjà eu cette position à propos de la réintégration du salarié à l'époque où le licenciement économique était nul en l'absence d'autorisation administrative de licenciement. Elle avait, en effet, renvoyé une affaire devant ses chambres réunies en raison de la « rébellion » des juges du fond ayant alloué des dommages et intérêts contre sa doctrine qui imposait la réintégration conformément à la loi ; v. Cour supr.,

En notre sens, l'intransigeance de la Cour n'est justifiée et acceptable qu'à l'encontre de l'employeur, mais sa persistance envers le délégué du personnel n'est pas satisfaisante. Lui dénier le droit de renoncer à sa réintégration favorisera un effet pervers, celui de la part des employeurs qui laisseraient pourrir la situation en refusant le maintien de la relation de travail pour le décourager. Il renoncera à poursuivre de fait sa réintégration et engagera ses services auprès d'un autre. Son ex-employeur aura violé alors la protection prévue par la loi sans grandes conséquences pour lui, exceptées l'indemnité de salaires échus et l'indemnité supplémentaire pour non réintégration. Les salaires à échoir ne pouvant plus être dus dès lors que le travailleur est entré au service d'une nouvelle entreprise, ce qui le rend désormais indisponible pour la réintégration et ne pourra pas avoir la prétention de cumuler deux salaires en même temps. Or, si la renonciation était autorisée au délégué du personnel, elle aurait eu pour conséquence de lui ouvrir droit aux indemnités citées mais également à des dommages et intérêts et aux indemnités de licenciement.

En tout état de cause, le refus de réintégration fait peser sur l'employeur les salaires du délégué du personnel qui l'exige.

B – Le paiement des salaires à échoir en cas de refus de réintégration

Le salaire assurant au travailleur les revenus nécessaires pour subvenir aux besoins de sa famille, la reprise et la poursuite de la relation de travail lui garantissent le retour des gains dont il était privé depuis le licenciement. Le refus de réintégration du délégué du personnel à la suite de l'annulation de la rupture ne restera donc pas, au-delà des sanctions civile et pénale applicables, sans conséquences pécuniaires déduites directement de l'application de son contrat de travail.

Le maintien de la relation de travail impose au salarié de se rendre disponible auprès de l'employeur pour la reprise de l'exécution de leurs obligations. Le délégué du personnel devant lui offrir ses services, et en contrepartie des tâches à accomplir doivent lui être affectées et sa rémunération due et versée à bonne date. Le contrat de travail étant un

---

24 octobre 2008, arrêt n° 04, *La société Maritalia c/. M.-S. Sy et B. Nghethiane*, disponible sur https://juricaf.org/arret/SENEGAL-COURSUPREME-20081024-04CS.

contrat synallagmatique, naturellement les obligations des parties sont interdépendantes de sorte qu'en l'absence de prestation de travail, point de rémunération en principe[64]. Mais encore faut-il que l'inexécution des obligations du travailleur lui soit imputable. Suite à l'annulation du licenciement, si malgré l'offre de service du représentant du personnel, l'employeur refuse de l'accueillir dans son emploi, l'inexécution ne lui est pas alors imputable. Par conséquent, l'employeur devra lui verser ses salaires, même si au final aucune prestation de travail n'a été accomplie par le salarié.

En l'espèce, après avoir obtenu l'annulation par le juge administratif de l'autorisation de licenciement accordée par les autorités administratives compétentes, il prétendait à juste titre à la reprise de la relation de travail, mais il s'était heurté à l'opposition de l'employeur qui non seulement refusait de le réintégrer à son poste mais lui interdisait même l'accès à son lieu de travail. À partir de ce moment, ce dernier manquait à ses obligations légales et contractuelles, désobéissait à la loi ainsi qu'au juge au regard des dispositions qui gouvernent le licenciement des délégués du personnel, et par-là violait aussi ses obligations de fournir du travail au salarié et de le rémunérer.

Le déni de réintégration obligera l'employeur, à titre de sanction, à verser au délégué du personnel ses salaires à compter de ce refus. Ce tribut n'est pas, à la vérité, et en l'occurrence, prévue par la législation sociale. La jurisprudence a induit cette conséquence de la résistance de l'employeur[65]. S'agissant d'une violation d'un droit fondamental, le droit à la représentation des salariés, une telle sanction est logique dans la mesure où le comportement du débiteur de l'obligation de réintégration ne devrait pas prospérer. Elle est certes une obligation de

---

[64] G. AUZÉRO et *alii*, *Droit du travail*, *op. cit.*, p. 1232, § 982.

[65] Cour supr., 13 mai 2020, arrêt n° 31 préc. : « Attendu qu'ayant relevé, par motifs propres et adoptés, que si en vertu de l'ordonnance du 23 juillet 2013, le demandeur a obtenu le paiement de ses salaires pour la période allant de son licenciement à la décision de la Cour suprême le 23 février 2013, il n'en demeure pas moins que l'employeur n' a pas encore exécuté son obligation de le réintégrer, puis retenu que tant que cette intégration n'est pas opérée, le délégué du personnel licencié à tort, a droit aux salaires échus comme s'il avait travaillé, c'est à bon droit, que cour d'Appel a alloué à B. Mb. des indemnités au titre de salaires couvrant la période de mars 2012 à juin 2016 ; ». C'est nous qui soulignons. Ces salaires échus, mis en gras, sont en réalité les salaires à échoir puisque c'étaient ceux dus après le refus de réintégration, les vrais salaires échus sont ceux dus entre la rupture sans autorisation et la réintégration effective du délégué du personnel.

faire, non-susceptible d'une exécution forcée en raison du caractère *intuitu personae* de la relation de travail, mais son refus va le rendre débiteur des salaires du délégué alors même qu'il n'exécute plus la prestation de travail dès lors que celui-ci brigue son retour dans l'entreprise. L'inexécution d'une obligation de sommes d'argent rentrant dans la catégorie de l'obligation de donner[66], il sera possible cette fois-ci au salarié de poursuivre l'exécution forcée des sommes qui lui sont dues au titre de salaire en pratiquant des saisies sur les avoirs et biens de l'employeur.

Le versement des salaires à échoir est une sanction adaptée à l'inobservation de l'obligation de poursuivre la relation de travail. L'employeur va s'appauvrir sans s'enrichir de la prestation de travail due par le salarié dès lors qu'il lui refuse l'accès au lieu de travail. Ce qui va certainement le pousser à interrompre sa défiance de la loi pour donner effet au retour du salarié dans son emploi.

L'utilité de cette sanction a peut-être conduit le législateur à la consacrer dans la récente loi relative à la non-discrimination[67]. Tout comme le licenciement du délégué du personnel sans respect de la procédure administrative d'autorisation, le licenciement discriminatoire porte atteinte à des principes inscrits dans la Constitution comme l'égalité et la non-discrimination. À ce titre, ils portent tous les deux sur la violation de droit, liberté ou principe garantis par la Charte fondamentale du Sénégal. Il est donc juste que le sort subi soit le même, à savoir la nullité de l'acte pris en violation des normes constitutionnelles. Empruntant ensuite à la jurisprudence, la loi 2022-03 mentionne expressément la sanction des salaires à échoir[68] qui devront être versés au salarié.

Il faut regretter cependant, aussi bien dans la jurisprudence que dans la nouvelle loi, le silence noté sur le terme du versement des salaires à échoir si l'employeur persiste dans sa volonté de priver le salarié de réintégration. S'agissant de l'astreinte accompagnant la sanction, il a pu être décidé qu'elle est due, en cas de refus de réintégration jusqu'à la

---

66 Y. Picod, Dalloz, *Répertoire de droit civil*, juin 2017 (act. jan. 2019), § 67, *v* Obligations*.
67 Loi n* 2022-03 révisant et complétant certaines dispositions de la loi n° 97-17 du 1er décembre 1997 portant Code du travail, relative à la non-discrimination, *JORS* n° 7518 du samedi 23 avril 2022, p. 379.
68 Article 29-3 al. 3 du Code du travail, issu de la rédaction de la loi n* 2022-03 du 14 avril 2022 relative à la non-discrimination, précitée.

retraite du délégué du personnel[69], certainement s'il ne retrouve pas de travail entretemps. Mais pour les salaires à échoir, aussi bien la loi que la jurisprudence ne se prononcent sur le dû au cas où l'employeur persiste dans son déni de réintégration.

Il peut être proposé dans cette situation, que tant qu'il ne retrouve pas de travail avant son départ à la retraite, les salaires à échoir lui seront dus jusqu'à cet événement. Mais s'il décide de s'engager au service d'un autre, alors le versement cessera, même s'il est possible de prévoir comme en droit français qu'il lui devra également les salaires à échoir jusqu'à la fin de la période de protection[70].

Si l'on veut dissuader les employeurs de défier la loi et le juge, seules ces contraintes financières, astreintes et salaires à échoir, permettront leur retour à la raison et au respect de la législation sociale.

---

[69] Cour supr., 24 août 2016, arrêt n° 34 préc.

[70] L. MILET, « Les indemnités dues aux représentants du personnel licenciés sans autorisation administrative », préc.

Chroniques des professions juridiques

D'un pouvoir sous autorité : quelques réflexions sur le rôle et la place du Garde des Sceaux dans l'organisation et le fonctionnement de la justice au Sénégal

El Hadji Birame FAYE,

Magistrat, conseiller référendaire à la Cour suprême.

Résumé : *Au Sénégal, en dépit de plusieurs réformes du Statut des magistrats et du Conseil supérieur de la Magistrature, le ministre de la justice conserve des attributions qui lui confèrent une influence majeure dans le déroulement de la carrière des magistrats et dans la mise en œuvre de la justice pénale, portant ainsi atteinte à la séparation des pouvoirs et partant à l'indépendance de la justice.*

Au Sénégal, la Charte fondamentale proclame la séparation et l'équilibre des pouvoirs, consacre un pouvoir exécutif et affirme son indépendance vis-à-vis du pouvoir exécutif et du pouvoir législatif[1]. En France, en revanche, il existe une autorité judiciaire. Et l'article 64 de la constitution prévoit que le Président de la République est le garant de l'indépendance de celle-ci, ce que le professeur Guy Carcassonne a qualifié « d'incongru » et selon lui « autant proclamer que le loup est garant de la sécurité de la bergerie [2]».

Si notre loi fondamentale fait l'économie de ce protectorat, tenant sans doute compte du statut de pouvoir des cours et tribunaux, il n'empêche que le Président de la République, Chef suprême de l'exécutif, préside le Conseil supérieur de la magistrature, organe censé garantir l'indépendance des magistrats, le Garde des Sceaux y faisant office de vice-président[3], marquant ainsi un peu plus la prépondérance du pouvoir exécutif. Et le paradoxe n'est pas moins prégnant lorsque la Constitution proclame l'indépendance d'un pouvoir. Quoique, cela ne

---

[1] V. préambule et art. 88 de la Constitution.

[2] Guy CARCASSONNE, *La Constitution*, 9ème édition, 2009, éd Seuil, p. 312.

[3] Art 1 loi 2017-11 du 17 janvier 2017 portant organisation et fonctionnement du conseil supérieur de la magistrature, *JO* n° 6986 du 17 janvier 2017, p. 79.

traduise, quelque peu, l'idée que les titulaires du pouvoir exécutif et du pouvoir législatif ont une légitimité démocratique liée à leur élection au suffrage universel, à l'inverse des magistrats, qui *de facto*, ne constituent qu'un pouvoir dévalué dont l'indépendance ne va pas de soi. La thèse n'est pas sans pertinence mais le statut de pouvoir ou d'autorité importe peu, l'essentiel étant l'instauration d'un système qui garantisse l'indépendance effective aux magistrats et la confiance en l'institution judiciaire.

Du reste, en France, le pouvoir judiciaire, rabaissé au rang d'autorité[4] ne s'en porte pas plus mal tandis qu'à rebours, bien que reconnue comme pouvoir[5], notre justice éprouve, plus que jamais, grande peine à s'affirmer. D'ailleurs, la garantie la plus notable de l'indépendance des magistrats, à savoir l'inamovibilité des juges du siège[6], est réduite au rang de proclamation constitutionnelle, neutralisée par le recours aux nominations par intérim et aux affectations pour nécessités de service, érigées dans la pratique en règle[7]. En outre, « chacun sait bien qu'il n'est pas d'indépendance sans moyens matériels suffisants pour l'exercer »[8], mais nonobstant cette dimension

---

[4] Par la Constitution de 1958.

[5] C'est la Constitution de 1963 qui a consacré le pouvoir judiciaire qui jusque-là n'était qu'une autorité.

[6] Art. 90 Constitution.

[7] Aux termes de l'article 6 du Statut des magistrats « Les magistrats du siège sont inamovibles. En dehors des sanctions disciplinaires du premier degré, ils ne peuvent recevoir une affectation nouvelle, même par voie d'avancement, sans leur consentement préalable, sous réserve des dispositions des articles 90 et suivants de la présente loi organique.
Toutefois, lorsque les nécessités du service l'exigent, les magistrats du siège peuvent être provisoirement déplacés par l'autorité de nomination, après avis conforme et motivé du Conseil supérieur de la Magistrature spécifiant lesdites nécessités de service ainsi que la durée du déplacement.
Cette durée ne peut en aucun cas excéder trois ans ».
Les nécessités de service ne sont jamais caractérisées et l'intérim dépasse trop souvent son cadre légal. A cet égard la Cour suprême a récemment annulé un décret de nomination d'un magistrat au motif qu'il ne résulte ni de l'examen du décret attaqué ni de celui de l'avis du Conseil supérieur de la Magistrature produit au dossier la spécification des nécessités de service et la durée du déplacement comme prescrit par l'article 6 du statut des magistrats ; en ce sens, Cour Suprême du Sénégal, chambre administrative, 10 mars 2022, *N. Diop c/. État du Sénégal*, arrêt n° 8 ; v. aussi S. TELIKO, « L'indépendance de la justice au Sénégal », *Les cahiers de la justice*, 2019, p. 485.

[8] Sur la question, v. le Groupe de travail de la Cour de cassation sous la présidence du professeur Michel Bouvier.

budgétaire, s'il est encore nécessaire de démontrer qu'en fait le pouvoir judiciaire n'en n'est pas un, il suffit de mettre en lumière le rôle qu'y tient le Garde des Sceaux, ministre de la justice puisque c'est ainsi qu'il est officiellement dénommé. D'office en effet, le ministère de la justice s'est invité à la table des magistrats mais c'est un convive d'un genre particulier, friand bien sûr, fort téméraire aussi, il s'est d'autorité arrogé le pouvoir de composer le menu, de gérer les commandes, de servir et même d'ordonner qu'on débarrasse. La parabole n'est pas exagérée tant la place du ministre de la justice dans la magistrature sénégalaise apparait proéminente.

Véritable pivot du système judiciaire, le Garde des Sceaux est assurément incontournable dans la nomination des magistrats, leur avancement, leur discipline et ce, au détriment de l'organe légitime, le conseil supérieur de la magistrature, qui avec indolence se contente de mâchonner une portion congrue. Aussi, à travers ses attributions en matière pénale, durant l'enquête comme l'instruction et même après le jugement, par le truchement de la libération conditionnelle et de la grâce présidentielle, le ministre de la justice impacte directement et considérablement le fonctionnement de la justice au préjudice de la séparation des pouvoirs.

Notre réflexion, bien entendu, est circonscrite aux magistrats de l'ordre judiciaire, prétexte étant pris de l'adoption de lois organiques n° 2017-10 et n° 2017-11 du 17 janvier 2017 portant statut des magistrats, organisation et fonctionnement du Conseil supérieur de la magistrature[9] pour reposer le débat sur la place du Garde des Sceaux dans l'organisation et le fonctionnement du service public de la justice. Ces textes ont été présentés comme renforçant la garantie de l'indépendance des magistrats[10] cependant, cette ambition peut-elle être concrétisée face à la boulimie de l'exécutif, traduite par une immixtion du ministre de la justice dans le pouvoir judiciaire, à la fois organique et fonctionnelle, qui lui confère une mainmise sur la carrière des magistrats (I) et l'érige en matière pénale, en « monstre juridique » (II) ?

« Quelle indépendance financière pour l'autorité judiciaire ? », https://www.courdecassation.fr/toutes-les-actualites/2017/10/16/quelle-independance-financiere-pour-lautorite-judiciaire .

[9] Lois organiques n° 2017-10 du 17 janvier 2017 portant Statut des magistrats et n°2017-11 précité, *JO* n° 6986 du 17 janvier 2017, p. 68.

[10] V. exposé des motifs des lois citées *supra*.

I – La mainmise du ministre de la justice sur la carrière des magistrats

Le soin de gérer la carrière et la discipline des magistrats, relève en principe des attributions du Conseil supérieur de la magistrature, mais en raison de l'appétence du pouvoir exécutif, le pouvoir du Conseil en matière de nominations est mineur (A) et parallèlement, en matière disciplinaire le pouvoir du ministre de la justice est prépondérant (B).

A – L'influence mineure du Conseil supérieur de la magistrature dans les nominations

Aux termes de l'article 4 de la loi n* 2017-10 du 17 janvier 2017 portant statut des magistrats, « les magistrats du corps judiciaire sont nommés par décret sur proposition du ministre de la justice, après avis du Conseil supérieur de la magistrature ». La formule est belle et prend la tonalité d'une garantie emblématique de l'indépendance des magistrats, malgré tout, le Conseil supérieur reste un organe consultatif dont la portée des avis demeure incertaine (1). De même, au vu de la prédominance de l'exécutif dans la préparation et l'organisation du Conseil supérieur de la magistrature, il est légitime de s'interroger sur son poids réel (2).

1 – La portée de l'avis du Conseil supérieur de la magistrature

Il est vrai qu'il faudrait être dans le secret des délibérations pour s'assurer que le Président de la République n'a pas suivi l'avis du Conseil supérieur de la magistrature. Mais en dépit de cette omerta, dans la confidence des bureaux, il se raconte, tout de même, *mezza voce*, quelques cas qui viennent conforter l'idée de l'avis non conforme. D'aucuns balaient la thèse de l'avis conforme en invoquant le pouvoir constitutionnel du Président de la république de nommer aux emplois civils et militaires[11]. Mais cet argument est aussi péremptoire qu'il est facilement réfutable car le propre de l'avis conforme n'est pas d'ôter le pouvoir décisionnel à l'autorité administrative, qui peut toujours s'abstenir de ne pas prendre de décisions au cas où il ne partage pas les conclusions de l'organe consultatif[12]. Qui plus est, la même loi organique portant statut des magistrats, prévoit en son article 6 alinéa

---

[11] Voir art 44 et 45 de la Constitution.

[12] R. CHAPUS, *Droit administratif général*, tome 1, 15ème éd, note 1307-3°.

2, que « lorsque les nécessités du service l'exigent, les magistrats du siège peuvent être provisoirement déplacés par l'autorité de nomination, après avis conforme et motivé du Conseil supérieur de la magistrature spécifiant lesdites nécessités de service ainsi que la durée du déplacement ». Et cette disposition a été déclarée conforme à la Constitution par le Conseil constitutionnel[13] dans le cadre du contrôle préalable obligatoire des lois organiques[14]. Autrement dit, pour le Conseil, l'avis conforme n'est pas incompatible avec le pouvoir constitutionnel du Chef de l'État de nommer aux emplois civils et militaires.

Dans ce sillage, selon l'autre argument contre l'avis conforme, si dans l'hypothèse exceptionnelle de l'assouplissement du principe de l'inamovibilité des magistrats du siège pour les nécessités du service, il a été précisé expressément dans les dispositions de l'article 6 de la loi portant Statut des magistrats que le Conseil supérieur émet un avis conforme, il ne faut pas distinguer là où la loi ne distingue pas, et donc se limiter à la lettre de l'article 4 de ce texte, pour retenir que dans le silence, l'avis ne peut être que non conforme. Mais c'est oublier que cette maxime d'interprétation admet des assouplissements[15] et surtout, que la règle d'or de l'interprétation littérale est d'éviter qu'elle n'aboutisse à des solutions déraisonnables et absurdes[16]. Où est la logique lorsque, président du Conseil supérieur de la magistrature, bénéficiant de surcroit d'une voix délibérative prépondérante en cas d'égalité des votes[17], le Chef de l'État a la latitude, prétextant qu'il n'est pas lié par l'avis, de prendre le contre-pied de la délibération du Conseil ?

La cohérence voudrait que l'avis soit interprété comme conforme même si le texte ne le précise pas expressément. En outre, le Président de la République étant membre du Conseil supérieur, il y a lieu de se demander s'il est approprié de qualifier d'avis, la décision de cette

---

[13] Décision n°1 du 9 janvier 2017, https://www.conseilconstitutionnel.sn.

[14] Art. 78 Constitution.

[15] La maxime d'interprétation il ne faut pas distinguer là où la loi ne distingue pas n'a pas empêché la jurisprudence de distinguer par exemple entre la garde de la structure et la garde du comportement ; la nullité absolue et la nullité relative ; la condition simplement potestative et la condition purement potestative ; v. D. LANZARA, *Le pouvoir normatif de la Cour de cassation à l'heure actuelle*, LGDJ 2017, p. 33 et s.

[16] Voir Lucie Lauziere, Professeure titulaire, Faculté de droit, Université Laval, l'interprétation des lois, https://www.redactionjuridique.chaire.ulaval.ca.

[17] Art. 8 *in fine* du Statut des magistrats.

instance ? En effet, s'il est lui-même membre de l'organe délibérant, il est impropre, nous semble-t-il, dans ce cas de figure, d'utiliser le terme « avis » alors qu'il participe à son élaboration ; le décret de nomination qu'il prend à la suite des délibérations du Conseil, s'analysant plutôt en mesure d'exécution. De deux choses l'une, soit il s'agit d'une véritable procédure consultative, en ce cas le Président de la République ne doit pas être membre du Conseil supérieur. Titulaire du pouvoir constitutionnel de nomination, il prend sa décision à la suite de la consultation du Conseil. Dans cette perspective, il s'agit d'un véritable avis et son caractère conforme ou non conforme sera une option du législateur en fonction du degré d'indépendance que l'on voudra bien concéder aux magistrats. Soit alors, il est membre du Conseil supérieur de la magistrature et le Conseil n'émet pas un avis mais prend une décision qu'il revient au Chef de l'État d'exécuter. Il y a lieu donc de faire un choix entre ces deux systèmes mais dans l'absolu le Conseil supérieur serait un organe superflu si le décret de nomination pouvait passer outre ses délibérations. Malgré tout, du point de vue pratique, la portée de l'avis est moins problématique parce que pour des impératifs d'efficience, de légitimité et de coutume républicaine, le Président de la République s'attachera, sans doute dans la plupart des cas[18], à respecter les délibérations du Conseil supérieur[19]. En revanche, si le Conseil n'est pas mis dans les conditions d'accomplir objectivement ses missions, les magistrats se retrouvent sans aucune garantie.

2 – L'impotence du Conseil supérieur de la magistrature

Quoi de plus normal que de s'interroger sur l'utilité du Conseil supérieur de la magistrature, lorsque la consultation à domicile[20] est

---

[18] Néanmoins, en France sur la période 2003-2004 il a été comptabilité sept avis négatifs non suivis sur douze, neuf sur dix en 2006, neuf sur quatorze en 2007 ; (cf. Commission nationale consultative des droits de l'homme, avis sur l'indépendance de la justice, publié le 12 août 2013). Donc le mieux c'est de codifier expressément le principe de l'avis conforme.

[19] En France, le Garde des Sceaux avait pris l'engagement de ne pas aller à l'encontre de l'avis du Conseil supérieur de la magistrature pour les nominations des membres du ministère public, qui a été respecté de 1997 jusqu'à la réforme instituant un avis conforme par les Garde des Sceaux successifs.

[20] Il y a consultation à domicile lorsque le Conseil supérieur de la magistrature ne se réunit pas mais que son secrétaire général requiert individuellement l'avis de ses membres.

préférée aux réunions délibératives[21] ou que le Conseil par son mode de fonctionnement rend illusoire toute appréciation objective au moment des délibérations. Le recours intempestif à la procédure de consultation à domicile a exaspéré plus d'un magistrat, renforçant malencontreusement le scepticisme quant à la transparence dans les nominations, tout en nourrissant le sentiment que le Conseil est un organe d'enregistrement qui, à force, a fini par être immunisé contre le prurit de la rébellion pour paraphraser Guy Carcassonne. En effet, plus que jamais, sous le prétexte fallacieux de la légalité, dont il s'est désormais douillettement couvert[22], le recours à la consultation à domicile a été banalisé[23]. Une nomination par voie de consultation à domicile peut se comprendre lorsqu' au nom d'une bonne administration du service public de la justice, elle permet exceptionnellement et dans les meilleurs délais de combler un déficit ponctuel de personnel, de faire droit à un rapprochement familial et corriger des incohérences ou des violations flagrantes du statut. Mais cette pratique *contra legem* ou *segundum legem*, si l'on préfère puisqu'elle a été légalisée[24], quand elle devient récurrente au point de ne plus constituer l'exception mais le principe, n'est plus qu'un vulgaire avatar qui menace l'indépendance de la magistrature et comme tel devra être combattu énergiquement, d'autant plus que, l'urgence qui doit fonder son usage est simplement décrétée sans jamais que le soin ne soit pris de la caractériser, laissant ainsi, la porte béante à l'arbitraire[25]. Quoiqu'il en soit, il est d'une évidence triviale que le recours fréquent à la procédure de consultation à domicile est symptomatique d'une mauvaise gestion de la carrière des magistrats, parce qu'il traduit une impréparation dans l'organisation des Conseils

[21] A titre illustratif au courant de l'année 2023, il y a eu deux réunions du CSM mais pas moins d'une demi-douzaine de consultations à domicile.

[22] L'article 6 al. 2 loi n° 2017-11 portant organisation et fonctionnement du Conseil supérieur de la magistrature prévoit désormais qu'en cas d'urgence, le Conseil peut statuer par voie de consultation à domicile.

[23] Non seulement en raison de sa fréquence mais également parce que des magistrats sont nommés à des fonctions éminentes par voie de consultation à domicile.

[24] Cette longue pratique dont l'illégalité était souvent dénoncée a été finalement légalisée par l'article 6 al. 2 loi n° 2017-11 précité.

[25] Que penser de la situation de magistrats qui ayant réussi au concours de l'auditorat de la Cour suprême, en novembre 2020, n'ont été nommés dans leurs nouvelles fonctions qu'à compter du premier janvier 2022 à la suite de l'avis du CSM lors de son unique session du 22 novembre 2021 alors que durant cette période il y a eu des nominations par voie de consultation à domicile ?

supérieurs et une carence dans la maitrise des ressources humaines ; surtout, cela révèle une volonté de l'exécutif de conforter un peu plus sa prééminence sur le pouvoir judiciaire en s'arrogeant la possibilité de muter un magistrat à n'importe quel moment sans s'incommoder de la rigueur et des débats contradictoires d'une délibération.

L'urgence, en effet, ne peut, au détriment de la prévision, être érigée en principe de gestion sinon ce serait topique d'une carence chronique. Hélas, la situation est endémique et caractérise une absence de politique publique cohérente. L'archétype du bon magistrat, sa moralité, son éthique sa déontologie, ses compétences et les méthodes pour le façonner n'ont toujours pas étaient suffisamment définis, ni traités[26], y compris par les magistrats eux-mêmes, comme dignes d'intérêts. II ne faut pas se méprendre, le magistrat ne peut être le spartiate que lui impose son serment[27] que si les conditions de son indépendance, de sa dignité, de sa compétence, du renforcement de ses capacités, de transparence et d'objectivité dans la gestion de sa carrière sont définies et garanties. L'absence de transparence dans l'élaboration des propositions de nominations qui lui sont soumises et de délai raisonnable pour les étudier limitent l'influence du Conseil dans la gestion de la carrière des magistrats, quelles que puissent être les bonnes volontés qui la composent. Il n'est ni crédible ni sérieux que les membres du Conseil prennent connaissance des dossiers inscrits à l'ordre du jour prestement avant la tenue de la séance de délibération. C'est devenu un secret de polichinelle que la date annoncée du Conseil supérieur est plusieurs fois reportée jusqu'à ce qu'une brèche soit entrouverte dans l'agenda du Président de la République, et que les membres du Conseil soient convoqués en catimini pour recevoir les

---

[26] C'est seulement en 2017 qu'un recueil sur la déontologie des magistrats a été publié sous la direction du Ministère de la Justice, du Conseil supérieur de la magistrature et du centre de formation judiciaire (manuel de déontologie des magistrats du Sénégal, LexisNexis).

[27] Art. 9 du Statut des magistrats précité : «[…]Je jure de bien et loyalement remplir mes fonctions de magistrat, de les respecter en toute impartialité dans le respect de la Constitution et des lois de la République, de garder scrupuleusement le secret des délibérations et des votes, de ne prendre aucune position publique, de ne donner aucune consultation à titre privé sur les questions relevant de la compétence des juridictions et d'observer, en tout, la réserve, l'honneur et la dignité que ces fonctions imposent[…] ».

dossiers sur lesquels ils vont délibérer, à peine trente minutes à une heure de temps avant leur réunion au palais présidentiel[28].

De plus, les rapports sommaires se bornant à retracer de manière neutre le parcours des magistrats proposés aux différents postes sont sans intérêt. Concrètement, seul le Garde des Sceaux, par-là l'exécutif, ont une maitrise des dossiers à examiner, laissant les autres dans le flou avec leurs incertitudes et leurs appréhensions.

Il se murmure que timidement, un membre, de temps à autre, brave la pusillanimité ambiante et par son intervention, permet de corriger quelques anomalies. Comme le disait Aristote cependant, une hirondelle ne fait pas le printemps pas plus qu'un acte moral ne fait la vertu. Fondamentalement, seul un changement radical dans l'organisation du Conseil et l'instauration de la transparence dans la gestion des carrières permettra de rompre avec cette culture de l'occultation qui propageant inutilement le parfum de la collusion, dessert considérablement la justice. Les membres du Conseil supérieur doivent exiger, cela étant la moindre des choses, que non seulement les dossiers leurs soient remis dans un délai qui permette un examen sérieux et objectif mais également que les rapports qui accompagnent les propositions de nominations soient plus exhaustifs. A cet égard, la nouvelle loi organique portant organisation et fonctionnement du Conseil supérieur de la magistrature prévoit désormais pour chaque année la tenue de deux conseils ordinaires[29]. Sans la cristallisation des sessions du Conseil dans l'agenda républicain et la transmission à temps des dossiers inscrits à l'ordre du jour aux différents membres du Conseil, l'objectif de la réforme demeure inassouvi[30], laissant un peu plus la place à la consultation à domicile. Il est regrettable que les magistrats, dont l'indépendance et l'impartialité sont aussi fondamentales dans la préservation de l'État de droit, soient nommés avec cette légèreté, ce d'autant plus, que le risque est élevé que ces conseils furtifs soient le terreau de violations du Statut des magistrats. Le statut détermine les postes auxquels les magistrats peuvent être nommés en fonction de leur grade[31] instaurant ainsi un système

---

[28] Récemment un Conseil supérieur a été tenu le 20 février 2023, sans pré-conseil et à cette occasion presque tous les membres de droit (premiers président de cour d'appel et procureurs généraux près lesdites cours) ont été mutés.

[29] Art. 6 al. 1 loi n° 2017-11précité.

[30] En 2020 le CSM n'a tenu qu'une seule réunion ; idem en 2021.

[31] Art. 75 et s de la loi n° 2017-10 portant statut des magistrats.

pyramidal fondé sur l'ancienneté. Sauf que dans son application, s'il n'est contourné par le recours aux nominations par intérim, le système de l'ancienneté est mal appliqué. En effet, dans l'esprit du statut, le critère de l'ancienneté doit être complété par les états de service qui permettent de départager les différents magistrats susceptibles de par leur grade d'occuper un poste déterminé.

L'ancien statut prévoyait la notation des magistrats et le nouveau a évolué vers un système d'évaluation[32]. Ainsi, les magistrats hors hiérarchie sont appréciés et les autres sont notés par leurs supérieurs hiérarchiques. Tout cela à quelles fins, à partir du moment où les menus rapports qui accompagnent les propositions de nominations n'y font aucune référence et ne permettent pas d'affirmer que les états de service sont pris en compte ? D'ailleurs, la pratique est de ne faire qu'une proposition par poste ce qui exclut de prime abord toute comparaison objective. Aussi longtemps que, pour certains postes, il n'existera pas de mise en concurrence à travers des appels à candidatures, il ne peut y avoir de transparence. Et cette opacité dans les nominations sécrète les maux qui gangrènent la magistrature car, elle fertilise le parrainage et les démarches de couloir au détriment de la compétence et de la mise en compétition. Et un tel système repose sur un maître mot « la gratitude », laquelle s'accommode peu avec l'indépendance et l'impartialité attendues de la justice qui aux antipodes, a plutôt besoin de polariser des magistrats sans crainte de déplaire.

L'indépendance des magistrats est également fragilisée par le rôle du Garde des Sceaux en matière disciplinaire.

B – Le rôle prépondérant du Garde des Sceaux en matière disciplinaire

L'exercice du contrôle disciplinaire n'est pas l'apanage du Garde des Sceaux, mais sa prédominance est indéniable pour la simple raison qu'il est le seul habilité à saisir le Conseil supérieur siégeant en matière disciplinaire (1) ce qui n'est pas sans conséquences (2).

1 – Le pouvoir de saisine exclusif du Garde des Sceaux

[32] La loi n° 2017-10 précité décline, dans son exposé des motifs au titre des innovations, l'instauration d'une « évaluation traduite par une note chiffrée assortie d'une appréciation globale basée sur le professionnalisme et le mérite » et en précise les modalités de mise en œuvre dans ses articles 43 et s.

Aux termes de l'article 24 du Statut des magistrats « Le ministre de la justice dénonce au Conseil supérieur de la magistrature les faits motivant les poursuites disciplinaires. Les poursuites disciplinaires se prescrivent dans un délai d'une année à compter de la dénonciation des faits à l'autorité disciplinaire ».

En dépit des termes de ce texte, il s'agit bien d'un acte de saisine qui relève de son pouvoir exclusif et intervient à la suite des conclusions d'une inspection. Dans le discours juridique, en effet, la dénonciation est un simple signalement d'une infraction, à une autorité judiciaire et émanant d'un tiers qui n'est pas victime comme le serait l'auteur d'une plainte[33]. D'ailleurs selon l'article 23 du statut, le ministre de la justice est lui-même destinataire des plaintes et dénonciations[34] à l'encontre des magistrats.

Le contrôle disciplinaire est partagé entre l'Inspection générale de l'Administration de la Justice (IGAJ) qui opère sous la direction du Garde des Sceaux, l'Inspection générale des cours et tribunaux placée sous l'autorité du Premier président de la Cour suprême et l'Inspection générale des parquets rattachée au Procureur général près cette Cour.

A vrai dire, en 1998 partant du constat que « toutes ces inspections assurent le même travail et portent sur le même contrôle, la vérification, le fonctionnement des juridictions, le respect des prescription légales et règlementaires, le rendement et la tenue des magistrats et du personnel de la justice », le législateur par la loi n° 98-23 du 26 mars 1998[35] a abrogé les inspections des cours et tribunaux et des parquets au profit d'une seule inspection regroupant toutes ces compétences : l'Inspection Générale de l'Administration de la Justice. En 2011, les défuntes inspections ont été ressuscitées respectivement par les décrets n° 2011-84 et n° 2011-85 du 18 janvier 2011[36]. S'interroger sur la pertinence de cette reconduction est légitime sachant que ce dédoublement institutionnel a été dénoncé quelques années auparavant. Mais l'intérêt de la question c'est moins l'opportunité de la réactualisation des différentes inspections que leurs attributions respectives.

---

[33] V. G. CORNU, *Vocabulaire juridique*, PUF, 10ème éd.

[34] C'est le sens de la périphrase « informé de faits paraissant de nature à entrainer des poursuites disciplinaires », employé par l'article 23 du statut.

[35] *JO* n° 5798 du 25 avril 1998, p. 304.

[36] JO n° 6581 du 9 avril 2011, p. 412.

L'initiative peut, en effet, être parfaitement accréditée[37] parce qu'il est légitime, au nom de la séparation des pouvoirs, que la direction de l'inspection des magistrats de l'ordre judiciaire revienne à leurs autorités hiérarchiques. Seulement, il est à craindre qu'il ne s'agisse là que d'une réforme trompe l'œil. En effet, le Garde des Sceaux n'a cédé en réalité aucune parcelle de son pouvoir ce qui fait qu'à la suite de leur contrôle, les inspecteurs spéciaux ne peuvent que lui remettre leurs rapports et discrétionnairement, il avisera des suites à y tenir. De ce point de vue, l'impact réel de ces inspections laisse songeur étant donné que la saisine de l'organe disciplinaire relève exclusivement des attributions du Garde des Sceaux. Il est évident que cette concentration du pouvoir de saisine entre les mains du Garde des Sceaux impacte négativement la crédibilité du contrôle disciplinaire.

2 – Les limites du pouvoir exclusif de saisine du Garde des Sceaux

Cette exclusivité est une arme redoutable entre les mains d'un ministre de la justice, qui place les magistrats dans une situation de précarité et de vulnérabilité inacceptable, compte tenu de leurs devoirs d'indépendance et d'impartialité, de leur rôle de garant des droits et libertés fondamentaux sans oublier la situation à la fois arbitraire et injuste de laisser, en latence, des magistrats, fussent-ils fautifs, sous le joug du Garde des Sceaux. Sans doute en raison des multiples complaintes le nouveau statut, en son article 24 précité, a entendu corriger la procédure disciplinaire par l'instauration d'une prescription annale. Sauf que le champ d'application de ce texte semble être limité à l'intervalle de temps compris entre la saisine du conseil de discipline, autorité disciplinaire des magistrats[38], et le moment où celui-ci rend sa décision. Autrement dit, ce délai ne concerne pas le Garde des Sceaux mais plutôt l'organe disciplinaire. Or la réforme que les magistrats appelaient de leurs vœux était plutôt celle de l'institution d'un délai de prescription de l'action en poursuites disciplinaires qui aurait permis de circonscrire les pouvoirs du Garde des Sceaux.

Toujours est-il donc, qu'un ministre de la justice conserve un pouvoir qui lui confère la latitude de couvrir ses protégés en se gardant

[37] Il faut tout de même remarquer que cela pose un problème de séparation des fonctions d'instruction et de jugement.
[38] Voir article 22 du Statut des magistrats.

de saisir le conseil de disciplinaire quelle que soit la gravité de leurs fautes, de jeter, au moindre prétexte, l'opprobre sur ceux qui lui tiennent tête par l'initiative d'une procédure disciplinaire, et d'éprouver ceux qui ont le malheur d'être indexés dans un rapport, en agitant la menace d'une traduction au conseil de discipline. Cette position d'un membre de l'exécutif à l'égard des magistrats est une limite supplémentaire, au principe de la séparation des pouvoirs, fondement de l'État de droit. Une redistribution et un rééquilibrage des pouvoirs, principe élémentaire de tout système démocratique se présente comme une urgence car même le ministère public, en matière pénale, ne détient pas le monopole du déclenchement de l'action publique. La toute-puissance du ministre de la justice n'est pas circonscrite à ce niveau, elle est aussi très remarquée dans le fonctionnement de la justice.

II – Le ministre de la justice, « monstre juridique » en matière pénale

Dans un passé récent, les facultés de droit enseignaient, que faisant office de ministère public, de juge d'instruction et de jugement, le juge unique du tribunal départemental[39] est, en raison de ses multiples attributions, « un monstre juridique ». Il faut croire, fort de sa position de chef hiérarchique du ministère public, de sa qualité d'autorité de nomination des juges d'instruction et de l'application des peines, de ses prérogatives en matière de libération conditionnelle et de grâce présidentielle, que le Garde des Sceaux est le véritable « monstre juridique » au regard de ses pouvoirs dans le cadre du procès pénal (A) et de l'exécution des peines (B).

A – Les « pouvoirs » du ministre de la justice dans le procès pénal

Le procès pénal est précédé d'une phase préalable essentielle qui comporte l'enquête opérée sous la direction du procureur de la république et l'instruction préparatoire qui relève du juge d'instruction[40]. A cet effet, la qualité d'autorité hiérarchique du

---

[39] Loi n° 2014-26 abrogeant et remplaçant la loi n° 84-19 du 02 février 1984 fixant l'organisation judiciaire (*JO* n° 6818 p. 1359), modifié par la loi n° 92-28 du 4 juin 1992 (*JO* du 4 juin 1992 p. 266) a notamment remplacé les tribunaux départementaux par les tribunaux d'instance et introduit le principe de la collégialité devant cette juridiction.

[40] « L'instruction préparatoire, également appelée information, est une phase de la procédure pénale dirigée par un juge spécialisé (v. Juge d'instruction [Pén.]) qui a pour

ministère public (1) et d'autorité de nomination des juges d'instruction (2), confère au ministre de la justice un pouvoir non négligeable dans le procès pénal.

1 – Le pouvoir hiérarchique du ministre de la justice sur le ministère public

Le ministère public désigne les magistrats du parquet ou magistrats debout. Il est organisé suivant les principes de la subordination hiérarchique, de l'indivisibilité et de l'irresponsabilité etc. Il comprend le procureur général, les avocats généraux et les substituts généraux près les cours d'appel. Le procureur de la république et ses substituts près les tribunaux de grande instance et le délégué du procureur de la république près les tribunaux d'instance[41]. Il s'agit de l'ensemble des magistrats près les juridictions de fond[42] qui sont chargés de la mise en œuvre et de l'exercice de l'action publique[43]. A cette fin, les membres du ministère public dirigent l'enquête, apprécient l'opportunité des poursuites, participent à l'instruction, soutiennent l'accusation, exercent les voies de recours et peuvent ordonner, à titre provisoire des mesures privatives de liberté sans oublier leurs attributions en matière d'aménagement des peines. Le statut des magistrats en son article 7 consacre leur subordination hiérarchique. L'article 28 du Code de Procédure pénale précise que « le Garde des Sceaux, ministre de la justice peut dénoncer au Procureur général les infractions à la loi pénale dont il a connaissance, lui enjoindre d'engager ou de faire engager les poursuites, ou de saisir la juridiction compétente de telles réquisitions écrites que le ministre juge opportunes ». Et aux termes de l'article 25 du Code de Procédure pénale « Le ministère public est tenu de prendre

---

objet de rechercher l'existence d'une infraction, de déterminer quels en sont les auteurs, de préciser les circonstances dans lesquelles elle a été commise et, lorsque cet ensemble d'éléments constitue à l'égard des auteurs des charges suffisantes, d'aboutir au renvoi de ceux-ci devant la juridiction de jugement compétente ». ; v. Rép. de dr. pén. et de proc. pén., *Dalloz,* juin 2018 (act. déc. 2023), n° 3, *v° Instruction préparatoire*.

[41] V. Rép. de dr. pén. et de proc. pén., *Dalloz*, juin 2020 (act. sept. 2020), n° 88 à 263, *v° Ministère public.*

[42] Il existe un ministre public près la Cour suprême mais celui-ci n'exerce pas l'action publique et n'obéit pas au principe de la subordination hiérarchique.

[43] Mais pas que, il faut noter qu'ils ont aussi des attributions en matière civile notamment lorsque l'ordre public ou l'état des personnes est en cause (v. les articles 57 et 58 du Code de procédure civile ; Rép. proc. civ., *Dalloz*, avril 2022 (act. sept. 2022, n° 88 et s., *v° Ministère public*).

des réquisitions écrites conformes aux instructions qui lui sont données dans les conditions prévues aux articles 28 et 29 ».

Ces textes constituent le substrat de la subordination hiérarchique des magistrats du parquet vis-à-vis du Garde des Sceaux qui peut les instruire à la fois par voie réglementaire pour la mise en œuvre de la politique pénale ou par voie d'instructions individuelles ponctuelles dans le cadre d'une affaire précise. La justification de ce rapport hiérarchique serait que dans le domaine de la justice, le ministre est le délégué de l'exécutif, qui détermine et conduit la politique de la nation. Cependant, cette explication aisément compréhensible à propos des instructions générales en vue de la mise en œuvre de la politique pénale du gouvernement laisse perplexe lorsqu'il s'agit d'instructions individuelles. Habituellement, des magistrats du parquet, imbus de leur indépendance, minimisent leur subordination en s'adossant au principe de l'interdiction des ordres négatifs. Mais la subordination est beaucoup plus étroite. Seuls les ordres négatifs de poursuite sont prohibés, pour le reste, le ministre de la justice peut par ordre écrit exiger des réquisitoires de relaxe, de non-lieu, de renvoi, de mise en accusation, demander des suppléments d'information et ordonner que le parquet fasse appel des décisions rendues par le juge d'instruction ou la juridiction de jugement. Cette immixtion de l'exécutif, par la voie hiérarchique, dans les procédures judiciaires est malheureuse au regard des pouvoirs du parquet sénégalais en matière de détention provisoire. En effet, le ministère public peut non seulement décerner mandat de dépôt en cas de flagrant délit, mais de manière générale, en matière de détention provisoire, le recours et les délais de recours du ministère public, ordinaire comme extraordinaire, sont suspensifs d'exécution, avec les incidences liberticides que cela peut impliquer. Sans compter l'article 139 du code de procédure pénale aux termes duquel « sur les réquisitions dûment motivées du ministère public, le juge d'instruction est tenu de décerner mandat de dépôt contre toute personne inculpée de l'un des crimes ou délits prévus par les articles 56 à 100 et 255 du code pénal. La demande de mise en liberté provisoire d'une personne détenue provisoirement pour l'un des crimes ou délits spécifiés à l'alinéa précédent sera déclarée irrecevable si le ministère public s'y oppose par réquisition dûment motivée. ».

Autrement dit, dans ces cas spécifiques, l'opposition du ministère public prive l'inculpé de toute voie de recours. Et que dire des incidences fâcheuses de la mainmise du parquet sur l'enrôlement des affaires[44]. C'est d'une implacable acuité que les pouvoirs du ministère public sont considérables mais, dans ces conditions, sa subordination étroite au Garde des Sceaux constitue une grave atteinte à la séparation des pouvoirs et une entrave rédhibitoire à l'État de droit. D'ailleurs, la Cour européenne dans le célèbre arrêt *Moulin*, notamment en raison de leur subordination au ministre de la justice, a considéré qu'en France les membres du ministre public n'avaient pas la qualité de magistrats en retenant « que, du fait de leur statut ainsi rappelé, les membres du ministère public, en France, ne remplissent pas l'exigence d'indépendance à l'égard de l'exécutif, qui, selon une jurisprudence constante, compte, au même titre que l'impartialité, parmi les garanties inhérentes à la notion autonome de "magistrat" au sens de l'article 5, paragraphe 3 »[45]. Il est vrai que le magistrat du parquet retrouve sa liberté à l'audience, l'article 7 du statut prévoyant que « à l'audience leur parole est libre et l'article 25 sus visé précise que « Il développe librement les observations orales qu'il croit convenables au bien de la justice ». Ce que traduit usuellement l'adage « si la plume est serve la parole est libre ».

Mais à l'analyse, au vu de la forte propension révérencielle des relations entre le chef et son subordonné et à l'aune du rdu Garde des Sceaux dans le déroulement de la carrière des magistrats, cette once de liberté devient aléatoire. En tous les cas, les magistrats du parquet n'ignorent pas les risques à contrevenir aux ordres mêmes non écrits ou abusifs d'un Garde des Sceaux. S'il faille maintenir cette subordination hiérarchique des magistrats du parquet, en parallèle, la restriction de leurs pouvoirs s'impose. Un parquet hiérarchiquement soumis au ministre de la justice devra avoir un pouvoir plus restreint qu'un parquet indépendant, sinon l'atmosphère qui entoure les dossiers sensibles, en particulier politiques, sera toujours tendu, car sans même qu'il y ait lieu de prouver une quelconque manipulation, le lien étroit entre la chancellerie et les autorités de poursuite et d'instruction suffit à semer la graine de la suspicion.

---

[44] Il est souvent reproché au ministère public des enrôlements à la carte qui ne tiennent pas compte de la chronologie des affaires, ce qui est aussi source de grande crispation et une occasion de dénoncer une justice à deux vitesses particulièrement dans les affaires médiatisées.

[45] CEDH, 23 novembre 2010, req. 37104, *aff. Moulin c/. France*, *Revue générale de droit on line*, 2010, p. 57250 disponible sur www.revuegeneraledudroit.eu/?p=57250. Dernière consultation, le 11-01-2024.

Il apparait évident que le Sénégal ne peut continuer à ignorer que dans les tendances actuelles des systèmes démocratiques, la garantie des droits et libertés fondamentaux passe nécessairement par un choix entre ces deux systèmes[46]. A cet égard, l'option d'un ministère public plus indépendant semble correspondre le mieux à notre tradition judiciaire marquée par le principe de l'unité de corps entre magistrats du siège et du parquet.

Le lien étroit entre le ministre de la justice et le juge d'instruction, magistrat du siège, constitue également une faiblesse de notre système.

2 – L'influence du ministre de la justice sur l'instruction préparatoire

Au nom de la garantie des droits des personnes mises en cause, il est essentiel que les fonctions de poursuite et d'instruction soient séparées mais également que le juge d'instruction soit indépendant vis-à-vis du ministère public[47]. Toutefois, si une même autorité supérieure peut avoir un impact à la fois sur les magistrats du parquet et les juges d'instruction, l'objectif visé par cette séparation fonctionnelle devient hypothétique. En effet, l'emprise du ministre de la justice durant la phase préparatoire au procès ne se limite pas à ses pouvoirs hiérarchiques sur le ministère public ; il s'étend insidieusement au juge d'instruction qui se retrouve en situation de précarité. Nommé par le Garde des Sceaux, ce dernier peut parallèlement le démettre discrétionnairement, à tout moment, par simple arrêté, sans passer par le Conseil supérieur de la magistrature.

Aux termes de l'article 78 du statut des magistrats, en effet, « à l'exception des fonctions de doyen des juges d'instruction, les fonctions de juge d'instruction, de juge pour enfants et de l'application des peines sont confiées au magistrat des juridictions par arrêté du ministre de la justice ». Au vu des importants pouvoirs du juge d'instruction, l'inféoder au Garde des Sceaux constitue une limite de la séparation des pouvoirs, susceptible de porter atteinte aux droits fondamentaux, alors surtout qu'aucun fondement plausible ne peut justifier que le ministre

---

[46] V. J.-P. JEAN, « Le ministère public entre modèle jacobin et modèle européen », *RSC*, 2005, p. 670.

[47] V. Rép. de dr. pén. et de proc. pén., *Dalloz*, juin 2017 (act. sept. 2023), n° 46 et s, *v° Tribunal correctionnel*.

de la justice continue à nommer les juges d'instruction. L'entrave à la séparation des pouvoirs ne s'arrête pas là, l'exécutif conserve la possibilité de remettre en cause l'exécution des peines d'emprisonnement prononcées par les juges.

B – La possibilité de contourner l'autorité de la chose jugée au pénal

La préparation des décisions de grâce par ses services (1) ainsi que ses attributions en matière de libération conditionnelle (2) mettent en exergue on ne peut plus le pouvoir du ministre de la justice dans la chaîne pénale de bout en bout.

1 – La préparation de la grâce

La grâce permet au Chef de l'exécutif de dispenser un condamné frappé d'une condamnation irrévocable et exécutoire de subir tout ou partie de sa peine[48]. Il s'agit là d'une institution utile si elle est exceptionnelle et pratiquée avec parcimonie pour des motifs humanitaires ou pour réparer une décision dont l'extrême sévérité crée une injustice difficilement tolérable. C'est un instrument de sagesse qu'il faut manier d'une main tremblante[49].Toutefois, si toute occasion est belle pour recourir aux grâces collectives dans le but, soutient-on, de désengorger les prisons gangrénées par le surpeuplement, l'entorse à la séparation des pouvoirs est indéniable. Il s'y ajoute que certains graciés ne sont pas éligibles de sorte qu'il n'est pas rare, qu'à l'appel de la procédure, des juges d'appel médusés se voient rétorquer, par l'administration pénitentiaire, que le prévenu a été gracié[50] ! D'ailleurs

---

[48] V. J. PRADEL, *Droit pénal général*, 20ème éd, CUJAS, note 892 et s.

[49] Cf. Montesquieu, *Lettres persanes*, 1721, Lettre 79 : « Il est parfois nécessaire de changer certaines lois mais le cas est rare, et lorsqu'il arrive, il ne faut y toucher que d'une main tremblante. ».

[50] La Cour suprême a approuvé une cour d'appel qui a retenu « que la mesure de grâce qui est une dispense d'exécution d'une peine prononcée par les Tribunaux, ne peut intervenir que dans le cas d'une décision de justice passée en force de chose jugée ; qu'ainsi en accordant la grâce au prévenu A. W. D. alors que la décision de condamnation, frappée d'appel, est susceptible d'être réformée, l'autorité administrative s'est immiscée dans le déroulement d'une procédure judiciaire en cours, en violation flagrante du principe de la séparation des pouvoirs », et retient « que la mesure de grâce, intervenue à ce stade de la procédure, est manifestement entachée d'irrégularité ; qu'il échet, en conséquence, d'écarter le décret de grâce et de dire qu'il ne saurait avoir aucune conséquence sur le présent litige » (Cour suprême

au palais de justice, la grande boutade est d'assimiler la grâce à une ultime voie de réformation des décisions de justice. Tous les condamnés graciés collectivement seraient-ils éligibles que cette pratique ne serait qu'un succédané car à la mesure de son ampleur, elle induit inéluctablement un fonctionnement défectueux du service public de la justice parce qu'impliquant que les mécanismes juridictionnels qui permettent d'éviter des incarcérations inopportunes, et qui ont le mérite d'amenuiser l'immixtion de l'exécutif dans le fonctionnement de la justice, ne sont pas suffisamment mis en œuvre.

Le ministre de la justice tient certes un rôle central puisque ses services préparent les propositions de grâce soumises au Président de la République mais c'est en matière de libération conditionnelle qu'il dispose de pouvoirs propres.

2 – La libération conditionnelle

En ce qui concerne la libération conditionnelle, le pouvoir de décision appartient au Garde des Sceaux qui en tant que ministre chargé de l'administration pénitentiaire dispose de la prérogative d'accorder la libération conditionnelle en vertu de l'article 700 du Code de Procédure pénale. Autrement dit, lorsque le condamné a subi la moitié de sa condamnation ou les 2/3 pour les récidivistes et 25 ans pour les condamnés à perpétuité, le Garde des Sceaux peut, s'il présente des gages sérieux de réadaptation sociale, le dispenser de la peine qu'il lui reste à purger[51]. Cependant les mêmes causes entrainant les mêmes effets, des détenus dont la décision de condamnation n'était pas encore définitive ont bénéficié de la libération conditionnelle. Au-delà des erreurs flagrantes, les libérations conditionnelles massives constituent une dérive qui remet en cause la séparation des pouvoirs parce que à si grande échelle cela s'apparente plus à une révision de ce qui a été jugé qu'à un aménagement des peines. Le mieux serait de faire de l'aménagement des peines une attribution juridictionnelle du juge de l'application des peines et parallèlement le faire nommer en Conseil supérieur de la magistrature car ce juge également, qui pourtant exerce

du Sénégal, Chambre criminelle, 7 mai 2020, arrêt n° 18, aff. *Ministère public c/. A.-W. Diallo, Bulletin des arrêts n°21-22,* avril 2020, p. 32).

[51] V. art. 699 du Code de procédure pénale.

peu de pouvoirs propres en la matière, est lui aussi nommé par le Garde des Sceaux.

******

Jamais la justice n'a été autant avilie, malgré tout, la grande majorité des hommes et des femmes qui la composent, leur éthique et leur déontologie en bandoulière, parfois au prix de leur carrière, la servent du mieux qu'ils peuvent et ce dans le parfait anonymat. Cette dimension personnelle de leur indépendance est sans doute fondamentale car « il n'existe pas de démocratie sans respect de la légalité garantie par la Justice. Il n'existe pas de Justice sans indépendance garantie par la Constitution. Il n'existe pas d'indépendance sans exigences déontologiques[52] ». Mais, il ne faut pas s'y tromper, bien que l'indépendance des magistrats soit une question de personne, il n'empêche que sans garanties statutaires cette indépendance est une illusion. Les exigences indispensables[53] à l'indépendance des juges du siège sont leur inamovibilité et la gestion transparente de leur carrière par le Conseil supérieur de la magistrature et pour le ministère public la qualité d'autorité judiciaire ne lui est pas reconnu s'il reçoit des instructions individuelles du ministre de la justice[54].

Notre pays doit faire des efforts pour s'aligner sur les standards internationaux car relativement aux garanties institutionnelles notre système judiciaire ne peut plus se vanter d'être en avant-garde, ne serait-ce qu'en Afrique sub-saharienne[55]. D'ailleurs, le réseau francophone des Conseils de la magistrature judiciaire n'a pas manqué de le faire remarquer, en marge de son colloque organisé à Dakar les 7 et 8 novembre 2017. Quoique nous entendons bien qu'il revient au Chef de l'État, élu au suffrage universel, de définir et de faire conduire la politique de la nation, il nous apparait tout autant, qu'à cette fin, il n'est

---

52 V. communiqué du Conseil supérieur de la magistrature en France en date du 7 mars 2017, http://www.conseil-superieur-magistrature.fr/publications/avis-et-communiques/communication.

53 Référence au Statut universel du juge 17 novembre 1999; Principes fondamentaux, relatifs à l'indépendance de la magistrature, adoptés par le septième Congrès des nations unies pour la prévention des crimes et le traitement des délinquants, Milan 26 aout au 6 septembre 1985.

54 V. arrêt *Moulin* précité.

55 Par exemple au Togo, en République démocratique du Congo, au Burkina Faso, en Tunisie, le CSM, qui ne comprend plus parmi ses membres le président de la République, est présidé par un magistrat, cf. site Réseau francophone des conseils de la magistrature judiciaire, https ://rfcmj.com, consulté le 17 janvier 2024.

pas nécessaire que l'exécutif préside le Conseil supérieur de la magistrature, ait la mainmise sur la gestion de la carrière des magistrats, monopolise le pouvoir de saisine en matière disciplinaire et continue à garder ses prérogatives dans les libérations conditionnelles[56]. Pour conduire la politique de l'État en matière judiciaire les instructions générales suffisent[57]. A la réflexion, de quoi a-t-on peur ? Que l'on ne nous parle surtout pas de gouvernement des juges ! ce n'est ni notre histoire ni notre trajectoire. Et après tout, le pouvoir des juges n'est que celui de juger pour reprendre l'expression du professeur Loïc Cadiet.

[56] Pour le respect de la séparation des pouvoirs, il est préférable que la libération conditionnelle soit une attribution juridictionnelle.

[57] Et cela n'empêche pas qu'il puisse porter à la connaissance du Ministère Public une infraction à la loi pénale, cette prérogative étant largement ouverte au sens de l'article 32 du Code de Procédure pénale.

Le capital investissement dans la zone UEMOA : les défis de la règlementation

Yamar SAMB

Maître de Conférences, Agrégé
UFR des Sciences Juridiques et Politiques/UGB de Saint-Louis
Directeur Juridique et Conformité du Fonds Souverain d'Investissements Stratégiques du Sénégal (FONSIS)

De plus en plus, des Fonds d'investissement font leur apparition dans l'espace UEMOA. Il s'agit des entreprises porteuses de financements qui commencent à marquer leur territoire dans la place financière communautaire. Cependant, la réglementation reste une préoccupation pour les acteurs.

Dans les pays de l'UEMOA, les différents instruments de financements dont disposent les entreprises sont essentiellement constitués du crédit bancaire, des levées de fonds sur les marchés financiers ou, naturellement des fonds propres. Aujourd'hui, d'autres alternatives innovantes, comme le *private equity* (capital investissement en français), s'offrent à ces entreprises aux côtés du système bancaire, des systèmes financiers décentralisés et de la bourse. Cependant, des insuffisances sont observées sur le volet réglementaire régissant les fonds d'investissement qui sont sous la supervision de l'Autorité des Marchés Financiers de l'Union Monétaire Ouest Africaine (AMF-UMOA).

En effet, l'AMF est un organe de l'UMOA. Il a été créé le 3 juillet 1996 par décision du Conseil des Ministres de l'UMOA, dans le cadre de la mise en place du Marché Financier Régional dont il assure la tutelle[1].

[1] L'Autorité des Marchés Financiers de l'Union Monétaire Ouest Africaine (AMF-UMOA) est un Organe de l'UMOA. Il a été créé le 3 juillet 1996 par décision du Conseil des Ministres de l'UMOA, dans le cadre de la mise en place du Marché Financier Régional dont il assure la tutelle. Il est chargé d'une mission générale de

Anciennement Conseil Régional de l'Épargne Publique et des Marchés Financiers (CREPMF), l'AMF-UMOA est chargée d'une part, d'organiser et de contrôler l'appel public à l'épargne ; et d'autre part, d'habiliter et de contrôler les intervenants sur le marché financier régional. Mettant en œuvre son pouvoir normatif, l'AMF-UMOA a mis en place plusieurs instructions dont celle n° 66/CREPMF/2021 relative aux Organismes de Placement Collectif et à leurs Sociétés de Gestion[2] sur le marché financier régional de l'UMOA.

Ainsi, figurant parmi les textes d'application du Conseil Régional, les Instructions viennent préciser les dispositions du Règlement Général relatif à l'organisation, au fonctionnement et au contrôle du marché financier régional, adopté le 28 novembre 1997 par le Conseil des Ministres de l'Union Monétaire Ouest Africaine (UMOA) aux termes de la Décision n°001/97, laquelle a été modifiée en 2005.

L'un des instruments économiques majeurs dont l'AMF-UMOA veut assurer la promotion par une réglementation proactive et sur mesure reste le capital investissement (*private-equity*).

Le capital-investissement peut être défini comme l'ensemble des opérations qui consistent à prendre des participations au capital de sociétés non cotées. Ces prises de participation sont effectuées par des professionnels spécialisés ayant comme principal objectif la réalisation de plus-values substantielles dans un délai généralement compris entre 4 et 7 ans. Le capital investissement intervient à tous les stades de vie de l'entreprise : création, développement et cession. Il convient d'en saisir dans un élan furtif le cadre réglementaire (I) et les innovations marquantes (II).

I – Le cadre réglementaire : l'applicabilité de l'instruction 66

Il ne faut pas se méprendre, le capital-investissement est encadré dans la zone UEMOA. Pour comprendre les défis sur la réglementation

---

protection de l'épargne investie en valeurs mobilières et en tout autre placement donnant lieu à une procédure d'appel public à l'épargne dans l'ensemble des États membres de l'Union. Son siège est à Abidjan, en Côte d'Ivoire.

[2] À notre connaissance, *Teranga Capital* demeure le seul fonds de capital-investissement domicilié dans la zone UEMOA qui a pu obtenir, à titre dérogatoire entrainant des exigences de gouvernance supplémentaire, le statut réglementé de Société d'Investissements en Fonds Propres (SIFP), lui donnant ainsi accès à certains avantages conférés par la loi 2007-15 notamment en matière de fiscalité.

du capital-investissement dans la zone UEMOA, il faut repartir de l'origine de l'instruction n°66/CREPMF/2021 dite instruction 66[3]. En effet, la Directive n° 02/2010/CM/UEMOA portant harmonisation de la fiscalité applicable aux valeurs mobilières dans les États membres de l'UEMOA avait aussi pour ambition, l'adoption de mesures fiscales incitatives relatives aux valeurs mobilières de nature à dynamiser le marché financier régional et à offrir des moyens alternatifs de financement de l'économie.

Malgré la bonne volonté du législateur communautaire, la directive s'est avérée insuffisante, voire inopérante. Ce rendez-vous manqué était dû à un double facteur. Les États-membres n'ont pas tous transposé dans leur dispositif juridique interne la directive adoptée par le Conseil des Ministres. Dès lors, et c'est la deuxième raison de l'ineffectivité de la directive, peu de fonds se sont installés sur la base de ce cadre juridique mis en place à l'époque sous la houlette de la BCEAO.

Il faut se rappeler que sur le plan juridique, contrairement au règlement, pour faire grief dans le dispositif interne, l'instruction doit faire l'objet d'une transposition. Il s'agit d'un acte normatif secrété pour régir un domaine spécifique, précis et relevant de la compétence de l'organisation. En tant que tel, les principes du droit communautaire comme celui de « primauté », d' « application immédiate » s'appliquent à l'instruction.

Ainsi, elle se démarque des autres actes communautaires à l'exemple des directives et avis sur plusieurs aspects. Une fois adoptée, elle prime sur les normes législatives et réglementaires du droit national car elle régit un domaine particulier que le règlement général n'a pas pris en compte. Par conséquent, le nouvel instrument a une portée obligatoire et s'applique directement à toutes les sociétés visées dans son champ d'application. A la différence d'une directive et d'un avis, l'instruction ne laisse pas de choix à ses destinataires quant à son application. A défaut, elle ne saurait être coercitive.

[3] L'instruction précise en son Article 2 – Objet et champ d'application que « [...] La présente instruction ne s'applique pas aux entreprises d'investissement à capital fixe au sens de la loi uniforme relative aux entreprises d'investissement à capital fixe [...] ». Ce qu'il faudrait comprendre est que le cadre réglementaire différencie les fonds de capital-investissement et OPCVM même s'ils sont tous des organismes de placement dit collectif.

Relativement au capital-investissement, la directive est un dérivé du règlement général des marchés de 1997 qui est un texte d'application immédiate. Or, l'essentiel des fonds d'investissements[4], pas seulement en Afrique, ne sont avantageux pour leurs investisseurs que s'ils bénéficient d'une transparence fiscale dans les pays où ils s'installent.

Autrement dit, en renonçant à des recettes fiscales immédiates et certaines, l'État attire des capitaux privés dans son écosystème au profit des entreprises locales, les PME notamment. Ainsi, l'afflux de ces capitaux privés permettra de promouvoir une économie locale dynamique qui, grâce à sa croissance à moyen terme, va générer des recettes fiscales plus importantes que celles qui auraient pu être tirées de la captation de la fiscalité des Fonds d'investissement. Ce mécanisme a l'avantage de représenter une sorte de cercle vertueux pour l'État qui trouve là un moyen de pallier l'insuffisance de financement de l'économie par les Institutions bancaires. Pour l'investisseur, cela lui évite une double voire une triple taxation[5]. Cette directive de 2011 est complétée par l'Instruction n°46/2011 relative à la classification et aux règles d'allocation d'actifs des Organismes de Placement Collectif sur le marché financier qui, comme péché originel, ne fixait pas de règles de fonctionnement claires. Le législateur se contentant de donner une certaine flexibilité aux entités qui souhaitaient s'installer sur le marché financier. Objectif non atteint car cela a suscité l'incompréhension du côté des fonds d'investissements établis sur la base de ce texte.

---

[4] Les différences et similarités entre les fonds de capital-investissement et les organismes de placement collectif en valeurs mobilières OPCVM pourraient en effet faire l'objet de tout un article. Toutefois ce qui peut être retenu pour comprendre le cadre actuel, c'est la particularité des fonds de capital-investissement (en anglais « *Private Equity Funds* ») qui détiennent des actions non cotées alors que les OPCVM (en anglais « *Mutual Funds* ») ont une palette plus diversifiée d'actifs en ciblant, au-delà des sociétés non cotées, des actions cotées en bourses, des obligations, et des instruments du marché monétaire. En outre les OPCVM offrent une plus grande liquidité, quasiment quotidienne, ce qui les rend attractifs notamment aux investisseurs individuels particuliers, d'où un besoin accru de régulation. En outre les fonds de capital-investissement, en raison de la nature plutôt long terme des investissements, offrent une liquidité plus limitée et dans le long terme, ce qui explique la majorité d'investisseurs institutionnels, de fonds de pension et d'investisseurs privés dits « sophistiqués ».

[5] Au Sénégal, *Teranga Capital* bénéficie d'une transparence fiscale octroyée par le Ministère des Finances et du Budget.

L'Autorité des Marchés Financiers a donc capitalisé sur ses expériences passées pour mieux élaborer l'instruction 66.

II – Les innovations de l'article 66

L'instruction 66 a repris les principales prescriptions de l'instruction 46 tout en précisant les règles d'agrément et de fonctionnement. Concernant la nouvelle réglementation attendue depuis le 1er janvier 2023, les équipes de l'AMF-UEMOA évoquent un nouveau cadre juridique du capital investissement en préparation avec un texte prêt à 70%, mais les dispositions fiscales nécessaires pour les fonds d'investissements ne sont pas encore au rendez-vous.

L'instruction 66 est venue apporter un cadre réglementé à l'établissement des fonds d'investissements dans le marché financier.

Ainsi, dans le cadre d'un bon fonctionnement du marché financier, l'instruction 66 a mis en place les mécanismes d'agrément et d'enregistrement pour les fonds d'investissements. Ces deux mécanismes s'appliquent en fonction de la nature du Fonds.

Il est donc important de faire la distinction entre les fonds ouverts qui font des démarches pour accueillir de l'investissement privé et les fonds dits fermés.

Un fonds d'investissement est considéré comme fermé quand il ne permet pas l'entrée de nouveaux investisseurs et/ou la réalisation de nouveaux investissements par des investisseurs existants. Un fonds d'investissement peut devenir un fonds fermé à la fois temporairement et définitivement.

A contrario, un fonds est dit "ouvert", lorsqu'il est possible d'y entrer et d'en sortir à tout moment. Ces fonds émettent de nouvelles actions au fur et à mesure que les investisseurs ajoutent de l'argent au fonds commun, et retirent des actions au fur et à mesure que les investisseurs les rachètent.

Par conséquent, pour ce qui concerne ces fonds non ouverts, la procédure d'agrément, conformément à l'instruction n'est pas nécessaire. Il faut faire les formalités d'enregistrement auprès de l'AMF-UEMOA, une procédure beaucoup plus souple.

Toutefois, enseignement majeur, l'Instruction 66 n'est pas applicable aux Fonds d'investissement qui ne démarchent pas des fonds privés et qui sont donc essentiellement constitués de fonds publics, tel le FONSIS par exemple[6].

D'ailleurs, pour le cas du Sénégal, à date, le cadre réglementaire du capital-investissement est régi par une multitude de textes dont la loi uniforme 2007-15 relative aux entreprises d'investissement à capital fixe, la directive n°02/2011/CM/UEMOA portant harmonisation de la fiscalité applicable aux entreprises d'investissement à capital fixe au sein de l'UEMOA, la loi n° 2012-31 du 31 décembre 2012 portant Code général des Impôts au Sénégal et l'Acte uniforme relatif aux sociétés commerciales et groupement d'intérêt économique de l'OHADA révisé le 30 janvier 2014. Cette multitude de textes provenant de plusieurs autorités de régulation a ainsi rendu complexe le cadre réglementaire du capital-investissement, ce qui explique le faible nombre de fonds de capital-investissement domicilié au Sénégal, malgré la multitude d'acteurs. A titre d'illustration, sur la cinquantaine de fonds qui finance les PME et start-ups au Sénégal en capital et quasi-capital, seule une très faible minorité est domicilié au Sénégal, les fonds d'origine étatique ou avec des participations de l'État du Sénégal notamment.

Consciente du besoin urgent de rendre le cadre réglementaire plus attractif aux investisseurs dans le capital-investissement, en particulier ceux institutionnels aussi bien locaux qu'étrangers, l'UMOA avait entrepris un vaste programme de réforme avec l'appui de la Banque Mondiale[7]. Cette réforme au niveau communautaire est portée par l'Autorité des Marchés Financiers de l'UMOA (AMF-UMOA)). Les conclusions émanant des études et consultations effectuées auprès des acteurs de l'industrie de capital-investissement ont abouti sur des projets de textes réglementaires en septembre 2021. Il s'agit notamment :

- D'un projet de texte relatif au cadre réglementaire et fiscal des fonds de l'industrie de capital-investissement dans la zone UMOA ;

[6] Récemment le FONSIS a lancé un Fonds de 50 milliards dénommé « Oyass Capital » avec un gestionnaire de fonds international. Le fonds, abondé essentiellement par des ressources publiques dans sa première phase, n'est pas dans le périmètre de l'instruction 66 d'après le régulateur. Toutefois, dans sa deuxième phase où des fonds privés seront sollcités, Oyass devra solliciter l'agrément auprès de l'AMF-UMOA.

[7] L'UMOA avait entrepris le programme de réforme des textes relatifs au marché financier avec l'appui de la Banque Mondiale au travers de son programme *Joint Capital Markets* (JCAP).

- D’un projet de texte relatif à la procédure d’agrément et d’enregistrement des sociétés de gestion de portefeuille

Les projets de texte devront être finalisés et publiés courant 2024 et ainsi s’ouvrira une nouvelle ère pour la réglementation du capital – investissement en Afrique de l’Ouest.

Structures éditoriales du groupe L'Harmattan

L'Harmattan Italie
Via degli Artisti, 15
10124 Torino
harmattan.italia@gmail.com

L'Harmattan Hongrie
Kossuth l. u. 14-16.
1053 Budapest
harmattan@harmattan.hu

L'Harmattan Sénégal
10 VDN en face Mermoz
BP 45034 Dakar-Fann
senharmattan@gmail.com

L'Harmattan Cameroun
TSINGA/FECAFOOT
BP 11486 Yaoundé
inkoukam@gmail.com

L'Harmattan Burkina Faso
Achille Somé – tengnule@hotmail.fr

L'Harmattan Guinée
Almamya, rue KA 028 OKB Agency
BP 3470 Conakry
harmattanguinee@yahoo.fr

L'Harmattan RDC
185, avenue Nyangwe
Commune de Lingwala – Kinshasa
matangilamusadila@yahoo.fr

L'Harmattan Congo
219, avenue Nelson Mandela
BP 2874 Brazzaville
harmattan.congo@yahoo.fr

L'Harmattan Mali
ACI 2000 - Immeuble Mgr Jean Marie Cisse
Bureau 10
BP 145 Bamako-Mali
mali@harmattan.fr

L'Harmattan Togo
Djidjole – Lomé
Maison Amela
face EPP BATOME
ddamela@aol.com

L'Harmattan Côte d'Ivoire
Résidence Karl – Cité des Arts
Abidjan-Cocody
03 BP 1588 Abidjan
espace_harmattan.ci@hotmail.fr

Nos librairies en France

Librairie internationale
16, rue des Écoles
75005 Paris
librairie.internationale@harmattan.fr
01 40 46 79 11
www.librairieharmattan.com

Librairie des savoirs
21, rue des Écoles
75005 Paris
librairie.sh@harmattan.fr
01 46 34 13 71
www.librairieharmattansh.com

Librairie Le Lucernaire
53, rue Notre-Dame-des-Champs
75006 Paris
librairie@lucernaire.fr
01 42 22 67 13

www.ingramcontent.com/pod-product-compliance
Lightning Source LLC
LaVergne TN
LVHW011017061026
849535LV00006B/1923
* 9 7 8 2 3 3 6 4 6 1 7 8 6 *